环境影响评价系列丛书

海洋工程类环境影响评价

环境保护部环境工程评估中心　编

中国环境科学出版社·北京

图书在版编目(CIP)数据

海洋工程类环境影响评价/环境保护部环境工程评估中心编. —北京：中国环境科学出版社，2012.10
（环境影响评价系列丛书）
ISBN 978-7-5111-1124-1

Ⅰ. ①海… Ⅱ. ①环… Ⅲ. ①海洋工程—环境影响—评价 Ⅳ. ①P75 ②X820.3

中国版本图书馆 CIP 数据核字（2012）第 226825 号

责任编辑	黄晓燕
文字加工	赵楠婕
责任校对	唐丽虹
封面设计	宋　瑞

出版发行　中国环境科学出版社
　　　　　（100062　北京东城区广渠门内大街 16 号）
　　　　　网　　址：http://www.cesp.com.cn
　　　　　电子邮箱：bjgl@cesp.com.cn
　　　　　联系电话：010-67112765（编辑管理部）
　　　　　　　　　　010-67112735（环评与监察图书出版中心）
　　　　　发行热线：010-67125803，010-67113405（传真）
　　　　　印装质量热线：010-67113404

印　　刷	北京市联华印刷厂
经　　销	各地新华书店
版　　次	2012 年 10 月第 1 版
印　　次	2012 年 10 月第 1 次印刷
开　　本	787×960　1/16
印　　张	16
字　　数	300 千字
定　　价	60.00 元

序

　　今年是《中华人民共和国环境影响评价法》（以下简称《环评法》）颁布十周年，《环评法》的颁布，是环保人和社会各界共同努力的结果，体现了党和国家对环境保护工作的高度重视，也凝聚了环保人在《环评法》立法准备、配套法规、导则体系研究、调研和技术支持上倾注的心血。

　　我国是最早实施环境影响评价制度的发展中国家之一。自从 1979 年的《中华人民共和国环境保护法（试行）》，首次将建设项目环评制度作为法律确定下来后的二十多年间，环境影响评价在防治建设项目污染和推进产业的合理布局，加快污染治理设施的建设等方面，发挥了积极作用，成为在控制环境污染和生态破坏方面最为有效的措施。2002 年 10 月颁布《环评法》，进一步强化环境影响评价制度在法律体系中的地位，确立了我国的规划环境影响评价制度。

　　《环评法》颁布的十年，是践行加强环境保护，建设生态文明的十年。十年间，环境影响评价主动参与综合决策，积极加强宏观调控，优化产业结构，大力促进节能减排，着力维护群众环境权益，充分发挥了从源头防治环境污染和生态破坏的作用，为探索环境保护新道路作出了重要贡献。

　　加强环境综合管理，是党中央、国务院赋予环保部门的重要职责。规划环评和战略环评是环保参与综合决策的重要契合点，开展规划环评、探索战略环评，是环境综合管理的重要体现。我们应当抓住当前宏观调控的重要机遇，主动参与，大力推进规划环评、战略环评，在为国家拉动内需的投资举措把好关、服好务的同时促进决策环评、规划环评方面实现大的跨越。

　　今年是七次大会精神的宣传贯彻年，国家环境保护"十二五"规划转型的关键之年，环境保护作为建设生态文明的主阵地，需要根据新形势，新任务，及时出台新措施。当前环评工作任务异常繁重，因此要求我们必须坚持创新理念，从过于单纯注重环境问题向综合关注环境、健康、安全和社会影响转变；必须坚持创新机制，充分发挥"控制闸""调节器"和"杀手锏"的效能；必须坚持创新方法，推进环评管理方式改革，提高审批效率；必须坚持创新手段，逐步提高参与宏观调控的预见性、主动性和有效性，着力强化项目环评，切实加强规划环评，积极探索战略环评，超前谋划工作思路，自觉遵循经济规律和自然规律，增强环境保护参与宏观调控的预见性、主动性和有效性。建立环评、评估、审批责任制，加大责任追究和环境执法处罚力度，做到出了问题有据可查，谁的问题谁负责；提高技术筛选和评估的质量，要加快实现联网审批系统建设，加强国家和地方评估管理部门的互相监督。

要实现以上目标，不仅需要在宏观层面进行制度建设，完善环评机制，更要强化行业管理，推进技术队伍和技术体系建设。因此需要加强新形势下环评中介、技术评估、行政审批三支队伍的能力建设，提高评价服务机构、技术人员和审批人员的专业技术水平，进一步规范环境影响评价行业的从业秩序和从业行为。

本套《环境影响评价系列丛书》总结了我国三十多年以来各行业从事开发建设环境影响评价和管理工作经验，归纳了各行业环评特点及重点。内容涉及不同行业规划环评、建设项目环境影响评价的有关法律法规、环保政策及产业政策，环评技术方法等，具有较强的实践性、典型性、针对性。对提高环评从业人员工作能力和技术水平具有一定的帮助作用；对加强新形势下环境影响评价服务机构、技术人员和审批人员的管理，进一步规范环境影响评价行业的从业秩序和从业行为方面具有重要意义。

前　言

环境影响评价制度在我国实施以来，为推动我国可持续发展发挥了积极作用，也积累了丰富的实践经验。为了进一步提高对环境影响评价技术人员管理的有效性，我国从 2004 年 4 月起开始实施环境影响评价工程师职业资格制度，并纳入全国专业技术人员职业资格证书制度统一管理，这项制度的建立是我国环境影响评价队伍管理走上规范化的新措施，对于贯彻实施《中华人民共和国环境影响评价法》、加强新形势下对环境影响评价技术服务机构和技术人员的管理、进一步规范环境影响评价行业的从业秩序和从业行为具有重要意义。

为了提高环境影响评价队伍的技术水平和从业能力，正确掌握行业环保政策、产业政策及各行业建设项目的环评技术，环境保护部环境工程评估中心组织编写了这套"环境影响评价系列丛书"，《海洋工程类环境影响评价》是该套书其中的一册，作为环境影响评价工程师培训教材，也可供广大的环境影响评价工作者参考。

本书根据海洋工程的特点，从建设项目环境保护工作实际出发，重点介绍了海洋工程环境保护相关法律法规与政策、工程分析、环境影响识别与评价因子筛选、环境现状调查与评价、环境影响预测与评价、海洋工程环境风险评价、环境保护措施和海洋工程环境影响评价应关注的问题等，并结合书中内容提供了相关的案例。主要编写人员：第一章：刘振起、马丽；第二章：雷方辉、董振芳、李仙波；第三章：董振芳、雷方辉、；第四章：乔冰、詹兴旺、蔡梅；第五章：乔冰、孔令辉；第六章：董振芳、雷方辉；第七章：乔冰、黄小平、卓俊玲；第八章：

刘振起、乔冰、詹兴旺；第九章：案例 A：雷方辉，案例 B：乔冰。统稿工作主要由刘振起、乔冰、雷方辉、董振芳、詹兴旺、黄小平、马丽和陈凤先完成。

　　本书在编写过程中得到了环境保护部环境影响评价司的指导及华敬炘、余宙文、陈时俊、胡学海和乔英存等专家的帮助，在此一并表示感谢。

　　书中不当之处，敬请读者批评指正。

编　者

2012 年 8 月

目　录

第一章 海洋工程环境保护相关法律法规、政策与标准

第一节 海洋区域的法律划分和我国管辖的海域

一、海洋区域的法律划分

海洋在国际法上，被划分为不同的区域。依照《联合国海洋法公约》和有关国际法的规定，全球海洋主要被划分为内水、领海、毗连区、专属经济区、大陆架及公海和国际海底区域七种区域。它们相互之间的空间关系，如图 1-1 所示。

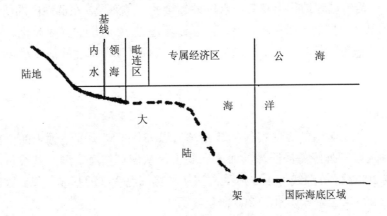

图 1-1　海洋区域划分

基线——划定领海、毗连区、专属经济区、大陆架的外部界限的起算线，也是内水与领海的分界线。

根据《联合国海洋法公约》，基线可分为正常基线、直线基线和群岛基线，具体规定如下：

正常基线："除本公约另有规定外，测算领海宽度的正常基线是沿海国官方承认的大比例尺海图所标明的沿岸低潮线。"

直线基线："①在海岸线极为曲折的地方，或者如果紧接海岸有一系列岛屿，测

算领海宽度的基线的划定可采用连接各适当点的直线基线法。②在因有三角洲和其他自然条件以致海岸线非常不稳定之处，可沿低潮线向海最远处选择各适当点，而且，即使以后低潮线发生后退现象，该直线基线在沿海国按照本公约加以改变以前仍然有效。③直线基线的划定不应在任何明显的程度上偏离海岸的一般方向，而且基线内的海域必须充分接近陆地领土，使其受内水制度的支配。④除在低潮高地上筑有永久高于海平面的灯塔或类似设施，或以这种高地作为划定基线的起讫点已获得国际一般承认者外，直线基线的划定不应以低潮高地为起讫点。⑤在依据①可采用直线基线法之处，确定特定基线时，对于有关地区所特有的并经长期惯例清楚地证明其为实在而重要的经济利益，可予以考虑。⑥一国不得采用直线基线制度，致使另一国的领海同公海或专属经济区隔断。"

群岛基线："①群岛国可划定连接群岛最外缘各岛和各干礁的最外缘各点的直线群岛基线，但这种基线应包括主要的岛屿和一个区域，在该区域内，水域面积和包括环礁在内的陆地面积的比例应在一比一到九比一之间。②这种基线的长度不应超过一百海里。但围绕任何群岛的基线总数中至多百分之三可超过该长度，最长以一百二十五海里为限……"

内水——基线向陆一面的海域，或基线和海岸线之间的海域。

领海——沿海国陆地领土及其内水以外邻接的一带海域，在群岛国的情形下则及于群岛水域以外邻接的一带海域，从基线量起不超过 12 海里的界限为止。

毗连区——在领海以外并毗连领海的区域，从测算领海宽度的基线量起不超过 24 海里。

专属经济区——在领海以外并邻接领海的区域，从测算领海宽度的基线量起不超过 200 海里。

大陆架——沿海国的大陆架包括其在领海以外依沿海国陆地领土的全部自然延伸，扩展到大陆边外缘海底区域的海床和底土，从测算领海宽度的基线量起不超过 350 海里或 2 500 m 等深线外 100 海里；如从测算领海宽度的基线量起到大陆边外缘的距离不到 200 海里，则扩展到 200 海里。

公海——不包括在国家的内水、领海、专属经济区内的全部海域。

国际海底区域——在内水和领海的海底区域及大陆架以外的海床和洋底区域。

不同海域在国际法上具有不同的法律地位，即国家在不同的海域享有的权力的性质不同，承担的义务也不同。依照国际法，国家的最高权力为主权。主权是指国家按照自己的意志处理本国事务而不受其他国家或任何外来势力控制和干涉的权力。主权是国家的根本属性，是国家固有的权力。国家行使主权的空间范围，即国家主权支配下的地球的确定部分，为国家领土。主权在国内是指在领土范围内所具有的最高的和排他的权力；在国际上是指独立自主地处理其国际事务的权力。在领土范围内行使的主权称为领土主权。国家的领土主权主要包括国家对领土范围内的一切人、物和事件具有排他性的管辖权，即领土管辖权，包括立法的、行政的和司法的（民事的和刑事的）管辖权；国家对其领土范围内的一切土地和自然资源拥有控制、使用和处置的权力，即领土所有权。国际法承认，国家对其领土享有完全的和排他的领土主权，但领土主权并不是一项绝对主权。根据一般国际法的原则和规则，国家在行使其领土主权时，应受到一定的制约。国际法对国家主权的行使设有若干一般的限制，国家还受到自愿承担的条约义务对其主权的行使的特殊限制。所有这些限制都是合法的，并且无损于国家的主权。依照《联合国海洋法公约》和有关国际法的规定，内水和领海都是沿海国领土的组成部分，沿海国对其享有领土所有权和领土管辖权，二者的区别仅在于民用船舶进入他国内水，需经该国主管当局同意，通过他国领海，只要不损害该国的利益，则不必事先通知或经该国许可。毗连区、专属经济区和大陆架，都不属于沿海国的领土，沿海国对其不享有主权，但在毗连区中对一些特定事项享有特殊权利，在专属经济区内和大陆架上享有对自然资源的主权权利及相应的管辖权。公海不是任何国家的领土，任何国家不得对它主张主权，公海对所有国家开放，不论其为沿海国或内陆国。国际海底区域是人类的共同继承财产，由国际海底管理局代表全人类加以管理。由此可见，从国家管辖权的角度，海洋被划分为国家管辖范围内的海域和国家管辖范围以外的海域两个部分。前者包括内水、领海、毗连区、专属经济区和大陆架，其面积约占海洋面积的35%；后者包括公海和国际海底区域，其面积约占海洋面积的65%。

二、我国管辖的海域

按照《中华人民共和国政府关于领海的声明》（1958年9月4日）、《中华人民共和国领海及毗连区法》（1992年2月25日）、《中华人民共和国政府关于领海基线的声明》（1996年5月15日）、《中华人民共和国专属经济区和大陆架法》（1998年6月26日）和全国人民代表大会常务委员会《关于批准〈联合国海洋法公约〉的决定》（1996年5月15日）的规定，划定我国管辖海域的基本法律框架，包括：

1．采用直线基线法划定领海基线。
2．在基线以内的海域包括渤海、琼州海峡在内都是中国的内水。
3．领海宽度为12海里。
4．毗连区宽度为12海里。
5．专属经济区宽度为200海里。
6．大陆架是依本国陆地领土的全部自然延伸，扩展到大陆边外缘的海底区域；在从基线量起到大陆边外缘的距离不到200海里的地方，则扩展到200海里。
7．与海岸相向或相邻的国家，通过协商，在国际法基础上，按照公平原则，划定各自海洋管辖权界限。

《海洋环境保护法》第二条规定："本法适用于中华人民共和国内水、领海、毗连区、专属经济区、大陆架以及中华人民共和国管辖的其他海域。在中华人民共和国管辖海域内从事航行、勘探、开发、生产、旅游、科学研究及其他活动，或者在沿海陆域内从事影响海洋环境活动的任何单位和个人，都必须遵守本法。"因此，在我国管辖海域内的海洋工程建设项目（以下简称海洋工程）适用国内法关于环境影响评价的规定，在我国和他国管辖海域范围以外的海洋工程的环境影响评价则应适用国际法的有关规定。在国际海底区域，我国拥有 7.5 万 km^2 保留区域的多金属结核的专属勘探权和未来商业开采的优先权。勘探和开采这个区域的环境影响评价，应执行国际海底管理局的有关规定。

第二节　海洋工程的定义和范围

一、科学上的定义和范围

从科学的意义上来讲，海洋工程指的是基于科学的原理和工程技术方法对海洋及海洋资源进行研究、开发、利用与保护的一项海上工程活动。它是人类在认识、探索和开发利用海洋的过程中应运而生的产物，从人类建造和驾驶船舶在海洋中航行开始，到随后远洋航海和港口堤岸的建设以及各种海洋探险考察活动，在对海洋的不断探索和开发利用的过程中，海洋工程不断被赋予新的内涵。到了 20 世纪 60 年代，海洋工程这个新术语开始普遍使用，这时的海洋科学技术已取得了很大进步，海洋工程也取得了很大的进步和进展，尤其是在海洋油气正处在大规模开发时期，海洋经济逐渐显露其强大的生命力，各类海洋工程活动蓬勃开展之中，海洋开发进入一个新的时代。

海洋工程的含义总是随着海洋科学技术的进步和海洋的开发利用以及海洋经济的发展而不断地拓展延伸，它经历了从海岸到近海、再到深海的发展过程，因而按海洋开发利用的海域，海洋工程可分为海岸工程、近海工程和深海工程。海岸工程是指海岸带上的工程，主要包括围海工程、海港工程、河口治理工程、海上疏浚工程、沿海渔业工程、海岸防护工程、环境保护工程等；近海工程，也称离岸工程，是指在海岸带以远、浅海范围内大陆架上进行海洋资源开发和空间利用所采取的各种工程设施和技术措施。近海工程涉及生物、矿产、海水化学、海洋能和空间利用等多个领域，但现阶段仍以开发海底石油和天然气为主，其主要工程类型有人工岛、海上平台、水下潜体，此外还包括海底电缆和管道的铺设、潜水施工、沉船沉物打捞工程等。深海工程，则是在大陆架以外深海水域进行的工程。

二、国务院对海洋工程的定义和范围的规定

《中华人民共和国宪法》第八十九条规定，国务院行使"规定各部和各委员会的任务和职责，统一领导各部和各委员会的工作，并且领导不属于各部和各委员会的全国性的行政工作"的职权。修订后的《中华人民共和国海洋环境保护法》第九十六条规定："涉及海洋环境监督管理的有关部门的具体职权划分，本法未作规定的，由国务院规定。"此条对海洋工程的定义和范围的规定，涉及海洋环境监督管理的有关部门的具体职权划分。因此，全国人大常委会法制工作委员会编写的《中华人民共和国海洋环境保护法释义》指出："关于海洋工程建设项目的定义和具体范围将由国务院作出规定。"

在国务院尚未对海洋工程的定义和具体范围作出规定之前，《海洋工程环境影响评价技术导则》（GB/T 19485—2004）曾对海洋工程的定义和具体范围作了这样的界定："本标准所称海洋工程是指工程主体或者工程主要作业活动位于海岸线向海一侧，或者需要借助、改变海洋环境条件实现工程功能，或其产生的环境影响主要作用于海洋环境的新建、改建、扩建工程。其中所提到的海洋工程主要包括：围海、填海、建闸、筑堤、筑坝等工程；海湾改造、滩涂改造、海上机场、海上工厂、人工岛、跨海桥梁、海底隧道、海上储藏库、海底物资储藏设施以及其他海上、海底人工构造物等工程；人工鱼礁、海水养殖等工程；海洋排污管道（污水海洋处置）、海中输送物质管道、海底电缆（光缆）等工程；码头和航道开挖与疏浚、冲（吹）填、海洋建筑物拆除等工程；海洋矿产资源勘探开发工程、海洋油（气）开发及其附属工程等；潮汐电站、波浪电站、温差电站等海洋能源开发利用工程；盐田、海水淡化等海水综合利用等工程；海上娱乐、运动及景观开发等工程；核电站及核设施工程；其他一切改变海水、海岸线、滩涂、海床和底土自然属性的工程。"

2006年9月19日国务院发布的《防治海洋工程建设项目污染损害海洋环境管理条例》第三条规定："本条例所称海洋工程，是指以开发、利用、保护、恢复海洋资源为目的，并且工程主体位于海岸线向海一侧的新建、改建、扩建工程。具体包括：

（一）围填海、海上堤坝工程；

（二）人工岛、海上和海底物资储藏设施、跨海桥梁、海底隧道工程；

（三）海底管道、海底电（光）缆工程；

（四）海洋矿产资源勘探开发及其附属工程；

（五）海上潮汐电站、波浪电站、温差电站等海洋能源开发利用工程；

（六）大型海水养殖场、人工鱼礁工程；

（七）盐田、海水淡化等海水综合利用工程；

（八）海上娱乐及运动、景观开发工程；

（九）国家海洋主管部门会同国务院环境保护主管部门规定的其他海洋工程。"

《海洋工程环境影响评价技术导则》（GB/T 19485—2004）对海洋工程的定义和具体范围的界定，与《防治海洋工程建设项目污染损害海洋环境管理条例》第三条的规定不一致，应以该条例的规定为准。

第三节　环境影响评价相关法律、法规、政策与标准

一、法律法规

1. 宪法

宪法是全国人民代表大会经过特定的程序制定的国家根本法。宪法第九条规定："矿藏、水流、森林、山岭、草原、荒地、滩涂等自然资源，都属于国家所有，即全民所有；由法律规定属于集体所有的森林和山岭、草原、荒地、滩涂除外。国家保障自然资源的合理利用，保护珍贵的动物和植物。禁止任何组织或者个人用任何手段侵占或者破坏自然资源。"第二十六条规定："国家保护和改善生活环境和生态环境，防治污染和其他公害。"宪法的这两条规定，既是海洋环境与资源保护领域的根本规范，也是进行海洋工程环境影响评价的根本依据。

2. 法律

法律是全国人民代表大会及其常务委员会制定的规范性文件。法律分为基本法律和其他法律。依照《中华人民共和国宪法》和《中华人民共和国立法法》的规定，全国人民代表大会制定和修改刑事、民事、国家机构和其他基本法律；全国人民代表大会常务委员会制定和修改除应当由全国人民代表大会制定的法律以外的其他法律；在全国人民代表大会闭会期间，人大常委会对全国人民代表大会制定的法律进行部分补充和修改，但是，不得同该法律的基本原则相抵触。基本法律由全国人民代表大会全体代表的过半数通过；其他法律由全国人民代表大会常务委员会全体组成人员的过半数通过。全国人民代表大会及其常务委员会通过的法律，由国家主席颁布主席令予以公布。法律一般称为"法"，个别的称为"条例"；对法律进行部分补充或者修改的，通常称为"决定"。海洋工程环境影响评价依据的法律，主要有：

（1）《中华人民共和国环境保护法》（1989年12月26日）。

（2）《中华人民共和国海洋环境保护法》（1999年12月25日）。

（3）《中华人民共和国环境影响评价法》（2002年10月28日）。

（4）《中华人民共和国大气污染防治法》（2000年4月29日）。

（5）《中华人民共和国环境噪声污染防治法》（1996年10月29日）。

（6）《中华人民共和国放射性污染防治法》（2003年6月28日）。

（7）《中华人民共和国渔业法》（2004 年 8 月 28 日）。

（8）《中华人民共和国野生动物保护法》（2004 年 8 月 28 日）。

（9）《中华人民共和国矿产资源法》（1996 年 8 月 29 日）。

（10）《中华人民共和国海域使用管理法》（2001 年 10 月 27 日）。

（11）《中华人民共和国海上交通安全法》（1983 年 9 月 2 日）。

（12）《中华人民共和国水污染防治法》（2008 年 2 月 28 日）。

（13）《中华人民共和国固体废物污染环境防治法》（2004 年 12 月 29 日）。

（14）《中华人民共和国海岛保护法》（2010 年 3 月 11 日）。

（15）《中华人民共和国突发事件应对法》（2007 年 8 月 30 日）。

（16）《联合国海洋法公约》（1996 年 5 月）。

（17）《〈1972 年防止倾倒废物及其他物质污染海洋公约〉1989 年修正案》，1990年 5 月 19 日起对我国生效。

（18）《经 1978 年议定书修订的〈1973 年国际防止船舶造成污染公约〉》及其附则：《73/78 防污公约》附则Ⅰ（防止油污规则），1983 年 10 月 2 日起对我国生效；附则Ⅳ（防止船舶生活污水污染规则），2007 年 2 月 2 日起对我国生效；附则Ⅴ（防止船舶垃圾污染规则），1989 年 2 月 21 日起对我国生效；附则Ⅵ（防止船舶造成空气污染规则），2005 年 5 月 19 日起对我国生效。

（19）《生物多样性公约》，1993 年 12 月 29 日起对我国生效。

（20）《船舶压载水和沉积物控制和管理国际公约》（2004 年 2 月）等。

3. 行政法规

行政法规是国务院根据宪法和法律制定的规范性文件。依据《中华人民共和国立法法》的规定，行政法规可以就下列事项作出规定：为执行法律的规定需要制定行政法规的事项；宪法第八十九条规定的国务院行使管理职权的事项。行政法规须经国务院常务会议审议通过或者由国务院总理审批，并由总理签署国务院令公布。行政法规一般称为"条例"，或者"规定""办法"。海洋工程环境影响评价依据的行政法规，主要有：

（1）《建设项目环境保护管理条例》（1998 年 11 月 29 日）。

（2）《防治海洋工程建设项目污染损害海洋环境管理条例》（2006 年 9 月 19 日）。

（3）《中华人民共和国海洋石油勘探开发环境保护管理条例》（1983 年 12 月 29 日）。

（4）《防治船舶污染海洋环境管理条例》（2009 年 9 月 9 日）。

（5）《中华人民共和国自然保护区条例》（1994 年 10 月 9 日）。

（6）《中华人民共和国水生野生动物保护实施条例》（1993 年 9 月 17 日）。

（7）《中华人民共和国水产资源繁殖保护条例》（1979 年 2 月 10 日）。

（8）《中华人民共和国水下文物保护管理条例》（1989 年 10 月 20 日）。

（9）《中华人民共和国航道管理条例》（1987 年 8 月 22 日国务院发布　根据 2008 年 12 月 27 日《国务院关于修改〈中华人民共和国航道管理条例〉的决定》修订）。

（10）《铺设海底电缆管道管理规定》（1989 年 2 月 11 日）。

（11）《中华人民共和国防治陆源污染物污染损害海洋环境管理条例》（1990 年 6 月 22 日）。

（12）《中华人民共和国海洋倾废管理条例》（1985 年 3 月 6 日）。

（13）《中华人民共和国船舶及其有关作业活动污染海洋环境防治管理规定》（2010 年 11 月 16 日）。

（14）《中华人民共和国船舶污染海洋环境应急防备和应急处置管理规定》（2011 年 1 月 27 日）。

4．地方性法规

地方性法规是省、自治区、直辖市和较大的市的人民代表大会及其常务委员会制定的规范性文件。依据《中华人民共和国立法法》和《中华人民共和国地方组织法》的规定：省、自治区、直辖市的人民代表大会及其常务委员会根据本行政区域的具体情况和实际需要，在不与宪法、法律、行政法规相抵触的前提下，可以制定地方性法规。较大的市的人民代表大会及其常务委员会可根据本市的具体情况和实际需要，在不与宪法、法律、行政法规和本省、自治区的地方性法规相抵触的前提下，可以制定地方性法规，报省、自治区的人民代表大会常务委员会批准后施行。

这里所称较大的市是指省、自治区的人民政府所在地的市，经济特区所在地的市和经国务院批准的较大的市。

地方性法规可以就下列事项作出规定：为执行法律、行政法规的规定，需要根据本行政区域的实际情况作具体规定的事项；属于地方性事务需要制定地方性法规的事项。规定本行政区域特别重大事项的地方性法规，应当经人民代表大会审议，并由过半数的代表通过。省、自治区、直辖市人民代表大会制定的地方性法规，由大会主席团发布公告予以公布。省、自治区、直辖市人民代表大会常务委员会制定的地方性法规，由过半数的常务委员会组成人员通过，由常务委员会发布公告予以公布。较大的市的人民代表大会及其常务委员会制定的地方性法规报经批准后，由较大的市的人民代表大会常务委员会发布公告予以公布。地方性法规行政法规一般称为"条例"，或者"规定""办法"。适用于海洋环境保护的地方性法规如：《福建省海洋环境保护条例》《浙江省海洋环境保护条例》《山东省海洋环境保护条例》《深圳经济特区海域污染防治条例》《浙江省南麂列岛国家级海洋自然保护区管理条例》《宁波市象山港水产资源保护条例》《青岛市近岸海域环境保护规定》《珠海市防治船舶污染海域条例》《海南省红树林保护规定》和《海南省珊瑚礁保护规定》等。地方性法规只在本行政区域内施行。在其管辖范围内的海洋工程环境影响评价，必须以有关的地方性法规为依据。

5．部门规章

部门规章是国务院各部、委员会和具有行政管理职能的直属机构，根据法律和国务院的行政法规、决定、命令，在本部门的权限范围内制定的规范性文件。部门规章规定的事项应当属于执行法律或者国务院的行政法规、决定、命令的具体事项。部门规章应当经部务会议或者委员会会议决定，由部门首长签署命令予以公布。部门规章不得称"条例"，可称"规定""办法""规则"。海洋工程环境影响评价依据的部门规章，主要有：

（1）国家环境保护部（原环保总局）发布的：

《建设项目环境保护管理程序》（1990 年 6 月）；

《建设项目环境保护设施竣工验收管理规定》（1994 年 12 月 31 日）；

《建设项目环境影响评价分类管理名录》（2008 年 9 月 2 日）；

《建设项目环境影响评价资格证书管理办法》（2005 年 8 月 15 日）；

《建设项目环境影响评价行为准则与廉政规定》（2005 年 11 月 23 日）；

《环境影响评价公众参与暂行办法》（2006 年 2 月 14 日）等。

（2）国家海洋局发布的：

《中华人民共和国海洋石油勘探开发环境保护管理条例实施办法》（1990 年 9 月 20 日）；

《海洋石油勘探开发环境保护管理若干问题暂行规定》（1999 年 10 月 18 日）；

《海洋工程环境影响评价管理暂行规定》（2008 年 7 月 1 日）；

《海洋石油开发工程环境影响评价管理程序》（2002 年 5 月 17 日）；

《海洋石油开发工程环境影响后评价管理暂行规定》（2003 年 10 月 27 日）；

《海洋自然保护区管理办法》（1995 年 5 月 29 日）等。

6．地方政府规章

地方政府规章是省、自治区、直辖市和较大的市的人民政府根据法律、行政法规和本省、自治区、直辖市的地方性法规制定的规范性文件。依照《中华人民共和国立法法》的规定，地方政府规章可以就下列事项作出规定：为执行法律、行政法规、地方性法规的规定需要制定规章的事项；属于本行政区域的具体行政管理事项。地方政府规章应当经政府常务会议或者全体会议决定，由省长、自治区主席或者市长签署命令予以公布。地方政府规章不得称"条例"，可称"规定""办法"。适用于海洋环境保护的地方政府规章包括：《天津市海域环境保护管理办法》、《大连市沿海水域环境保护管理规定》、《上海市金山三岛海洋生态自然保护区管理办法》、福建省《官井洋大黄鱼繁殖保护区管理规定》、《厦门市文昌鱼自然保护区管理办法》、《厦门市中华白海豚保护规定》等。地方政府规章只在本行政区域内施行。在其管辖范围内的海洋工程环境影响评价，还必须以有关的地方政府规章为依据。

二、法律适用规则

不同形式的规范性文件具有不同的法律效力等级。依据宪法和《中华人民共和国立法法》的规定，海洋工程环境影响评价适用法律应遵循以下规则：

1．上位法优于下位法，下位法要服从上位法

《中华人民共和国宪法》具有最高的法律效力，一切法律、行政法规、地方性法规、规章都不得同宪法相抵触。法律的效力高于行政法规、地方性法规、规章。行政法规的效力高于地方性法规、规章。地方性法规的效力高于本级和下级地方政府规章。省、自治区的人民政府制定的规章的效力高于本行政区域内较大的市的人民政府制定的规章。

2．同位法中一般规定与特别规定不一致，适用特别规定

同一机关制定的法律、行政法规、地方性法规、规章，特别规定与一般规定不一致的，适用特别规定。如《中华人民共和国环境保护法》第十三条第二款规定："建设项目的环境影响报告书……依照规定的程序报环境保护行政主管部门批准。"《中华人民共和国海洋环境保护法》第四十七条第一款规定："海洋工程建设项目……环境影响报告书，由海洋行政主管部门核准，并报环境保护行政主管部门备案，接受环境保护行政主管部门监督。"前者为一般规定，后者为特别规定，海洋工程建设项目环境影响报告书的审批程序应适用后一规定。

3．同位法当中新的规定与旧的规定不一致，适用新的规定

同一机关制定的法律、行政法规、地方性法规、规章，对同一事项，新的规定与旧的规定不一致的，适用新的规定。如《海洋环境保护法》第三十八条规定："在岸滩弃置、堆放和处理尾矿、矿渣、煤灰渣、垃圾和其他固体废物的，依照《中华人民共和国固体废物污染环境防治法》的有关规定执行。"2004 年《中华人民共和国固体废物污染环境防治法》第二条第二款则规定："固体废物污染海洋环境的防治……不适用本法。"依后一规定执行，《海洋环境保护法》第三十八条规定则不适用。

4．部门规章之间、部门规章与地方政府规章之间具有同等效力

部门规章之间、部门规章与地方政府规章之间具有同等效力，在各自的职权范围内施行。对同一事项的规定不一致时，由国务院裁决。

5．对同一事项的规定不一致，不能确定如何适用时的裁决权限

（1）法律之间对同一事项的新的一般规定与旧的特别规定不一致，不能确定如何适用时，由全国人大常委会裁决。

（2）行政法规之间对同一事项的新的一般规定与旧的特别规定不一致，不能确定如何适用时，由国务院裁决。

（3）根据授权制定的法规与法律规定不一致，不能确定如何适用时，由全国人大

常委会裁决。

（4）地方性法规、规章之间对同一事项的规定不一致，不能确定如何适用时，由有关机关依照下列规定的权限作出裁决：

①同一机关制定的新的一般规定与旧的特别规定不一致时，由制定机关裁决。

②地方性法规与部门规章之间对同一事项的规定不一致，不能确定如何适用时，由国务院提出意见，国务院认为应当适用地方性法规的，应当决定在该地方适用地方性法规；认为应当适用部门规章的，应当提请全国人大常委会裁决。

③部门规章之间、部门规章与地方政府规章之间对同一事项的规定不一致时，由国务院裁决。

三、政策

国务院制定并公布或由国务院有关主管部门，省、自治区、直辖市负责制定，经国务院批准发布的环境保护规范性文件（包括决定、办法、批复等）均归属于环境政策类。环境政策是推动和指导经济与环境可持续协调发展的重要依据和措施，在环境影响评价工作中必须认真贯彻执行，其中包括：

1.《中共中央关于制定国民经济和社会发展第十二个五年规划的建议》第六部分"加快建设资源节约型、环境友好型社会，提高生态文明水平"；

2.《国务院关于加强环境保护重点工作的意见》（国发[2011]35号）；

3.《中国水生生物资源养护行动纲要》（国发[2006]9号）；

4.《全国生态环境保护纲要》（国发[2000]38号）；

5.《全国生态环境建设规划》（国发[1998]36号）；

6.《全国海洋功能区划》（2011—2020年）（2012年3月）；

7.《沿海海域船舶排污设备铅封管理规定》（交海发[2007]165号，2007年5月1日起施行）；

8.《水产种质资源保护区管理暂行办法》（农业部令[2001]第1号，2011年3月1日起执行）。

四、标准

环境标准是指国务院环境保护行政主管部门和有关行政主管部门及省、自治区、直辖市人民政府，依据国家有关法律、法规规定的权限和程序，对环境保护工作中需要统一的各项技术准则和技术要求，制定和发布的技术规范的总称。

环境标准分为环境质量标准、污染物排放标准、环保方法标准和环保基础标准四种，其中环境质量标准和污染物排放标准，是国家环境保护法律、法规和方针、政策的技术指标量化形式，是数字化的环境保护法规，是环境管理中的目标管理。环保方法标准和环保基础标准是促进和保障环境保护各项活动，实现规范化、科学化的技术基础。

1. 海洋环境质量标准

（1）《海水水质标准》（GB 3097—1997）；

（2）《渔业水质标准》（GB 11607—1989）；

（3）《中华人民共和国海洋沉积物质量》（GB 18668—2002）；

（4）《海洋生物质量》（GB 18421—2001）。

2. 污染物排放标准

（1）《船舶污染物排放标准》（GB 3552—1983）；

（2）《海洋石油勘探开发污染物排放浓度限值》（GB 4914—2008）；

（3）《污水综合排放标准》（GB 8978—1996）；

（4）《大气污染物综合排放标准》（GB 16297—1996）；

（5）《污水海洋处置工程污染控制标准》（GB 18486—2001）等。

3. 导则与规范

（1）《海洋工程环境影响评价技术导则》（GB/T 19485—2004）；

（2）《环境影响评价技术导则—总纲》（HJ 2.1—2011）；

（3）《环境影响评价技术导则—生态影响》（HJ 19—2011）；

（4）《建设项目环境风险评价技术导则》（HJ/T 169—2004）；

（5）《海洋监测规范》（GB 17378—2007）；

（6）《海洋调查规范》（GB 12763—2007）；

（7）《海洋生物质量监测技术规程》（HY/T 078—2005）；

（8）《红树林生态监测技术规程》（HY/T 081—2005）；

（9）《珊瑚礁生态监测技术规程》（HY/T 082—2005）；

（10）《海草床生态监测技术规程》（HY/T 083—2005）；

（11）《建设项目海洋环境影响跟踪监测技术规程》（2002 年 4 月）；

（12）《海洋石油勘探开发污染物生物毒性分级》（GB 18420.1—2009）；

（13）《海洋石油勘探开发污染物生物毒性检验方法》（GB 18420.2—2009）；

（14）《海洋石油开发工业含油污水分析方法》（GB/T 17923—1999）；

（15）《环境影响评价技术导则—声环境》（HJ 2.4—2009）；

（16）《环境影响评价技术导则—大气环境》（HJ 2.2—2008）；

（17）《建设项目对海洋生物资源影响评价技术规程》（SC/T 9110—2007）；

（18）《环境影响评价技术导则—地面水环境》（HJ/T 2.3—93）；

（19）《环境影响评价技术导则—地下水环境》（HJ 610—2011）等。

第四节　海洋工程应遵守的环境影响评价制度

一、先评价后建设

《中华人民共和国环境影响评价法》第二十五条规定："建设项目的环境影响评价文件未经法律规定的审批部门审查或者审查后未予批准的，该项目审批部门不得批准其建设，建设单位不得开工建设。"第三十一条规定："建设单位未依本法第二十四条报批建设项目的环境影响评价文件，擅自开工建设的，由有权审批该项目环境影响评价文件的环境保护行政主管部门责令停止建设，限期补办手续；逾期不补办手续的，可以处五万元以上二十万元以下的罚款，对建设单位直接负责的主管人员和其他直接责任人员，依法给予行政处分。建设项目环境影响评价文件未经批准……建设单位擅自开工建设的，由有权审批该项目环境影响评价文件的环境保护行政主管部门责令停止建设，可以处五万元以上二十万元以下的罚款，对建设单位直接负责的主管人员和其他直接责任人员，依法给予行政处分。海洋工程建设项目的建设单位有前两款所列违法行为的，依照《中华人民共和国海洋环境保护法》的规定处罚。"

《中华人民共和国海洋环境保护法》第四十七条第一款规定："海洋工程建设项目必须……在可行性研究阶段，编报环境影响报告书，由海洋行政主管部门核准。"第八十三条规定："违反本法第四十七条第一款……的规定，进行海洋工程建设项目，……由海洋行政主管部门责令其停止施工……并处五万元以上二十万元以下的罚款。"《防治海洋工程建设项目污染损害海洋环境管理条例》第四十六条规定："对海洋工程环境影响报告书未经核准，擅自开工建设的，由负责核准该工程环境影响报告书的海洋主管部门责令停止建设、运行，限期补办手续，并处五万元以上二十万元以下的罚款。"

二、分类管理

《中华人民共和国环境影响评价法》第十六条规定："国家根据建设项目对环境的影响程度，对建设项目的环境影响评价实行分类管理。

建设单位应当按照下列规定组织编制环境影响报告书、环境影响报告表或者填报环境影响登记表（以下统称环境影响评价文件）：

（一）可能造成重大环境影响的，应当编制环境影响报告书，对产生的环境影响进行全面评价；

（二）可能造成轻度环境影响的，应当编制环境影响报告表，对产生的环境影响进行分析或者专项评价；

（三）对环境影响很小，不需要进行环境影响评价的，应当填报环境影响登记表。

建设项目的环境影响评价分类管理名录，由国务院环境保护行政主管部门制定并公布。"

海洋工程的环境影响评价分类管理，依照《防治海洋工程建设项目污染损害海洋环境管理条例》和《建设项目环境保护分类管理名录》，并结合《海洋工程环境影响评价技术导则》的有关规定执行。

三、评价机构和评价技术人员

《中华人民共和国环境影响评价法》第二十条规定："环境影响评价文件中的环境影响报告书或者环境影响报告表，应当由具有相应环境影响评价资质的机构编制。

任何单位和个人不得为建设单位指定对其建设项目进行环境影响评价的机构。"

《中华人民共和国环境影响评价法》第十九条规定："接受委托为建设项目环境影响评价提供技术服务的机构，应当经国务院环境保护行政主管部门考核审查合格后，颁发资质证书，按照资质证书规定的等级和评价范围，从事环境影响评价服务，并对评价结论负责。为建设项目环境影响评价提供技术服务的机构的资质条件和管理办法，由国务院环境保护行政主管部门制定。

国务院环境保护行政主管部门对已取得资质证书的为建设项目环境影响评价提供技术服务的机构的名单，应当予以公布。

为建设项目环境影响评价提供技术服务的机构，不得与负责审批建设项目环境影响评价文件的环境保护行政主管部门或者其他有关审批部门存在任何利益关系。"

《建设项目环境保护管理条例》第十四条第一款规定："建设单位可以采取公开招标的方式，选择从事环境影响评价工作的单位，进行环境影响评价。"

国家环境保护总局根据以上规定制定的《建设项目环境影响评价资格证书管理办法》规定国家对接受委托为建设项目环境影响评价提供技术服务的机构（简称评价机构）实行资质审查制度，对为建设项目环境影响评价提供技术服务的专业技术人员实行资质管理制度，并对评价机构取得资质证书的条件和程序、资质证书的分级、取得资质证书评价机构的权利和义务、评价工程师和评价专职技术人员的职责和责任等作了具体规定，强调评价机构应当坚持公正、科学、诚信的工作原则，遵守职业道德，讲求专业信誉，对相关社会责任负责，不得违反国家法律、法规、政策及拒绝有关管理要求承担环境影响评价工作，不得无任何正当理由拒绝承担环境影响评价工作，特别是应当对环境影响评价结论负责。

国家环境保护总局发布的《建设项目环境影响评价行为准则与廉政规定》，对评价机构或者其评价技术人员应当遵守的行为准则作了下列 11 项规定：

1．评价机构及评价项目负责人应当对环境影响评价结论负责；

2．建立严格的环境影响评价文件质量审核制度和质量保证体系，明确责任，落实环境影响评价质量保证措施，并接受环境保护行政主管部门的日常监督检查；

3．不得为违反国家产业政策以及为国家明令禁止建设的建设项目进行环境影响评价；

4．必须依照有关的技术规范要求编制环境影响评价文件；

5．应当严格执行国家和地方规定的收费标准，不得随意抬高或压低评价费用或者采取其他不正当竞争手段；

6．评价机构应当按照相应环境影响评价资质等级、评价范围承担环境影响评价工作，不得无任何正当理由拒绝承担环境影响评价工作；

7．不得转包或者变相转包环境影响评价业务，不得转让环境影响评价资质证书；

8．应当为建设单位保守技术秘密和业务秘密；

9．在环境影响评价工作中不得隐瞒真实情况、提供虚假材料、编造数据或者实施其他弄虚作假行为；

10．应当按照环境保护行政主管部门的要求，参加其所承担环境影响评价工作的建设项目竣工环境保护验收工作，并如实回答验收委员会（组）提出的问题；

11．不得进行其他妨碍环境影响评价工作廉洁、独立、客观、公正的活动。

《防治海洋工程建设项目污染损害海洋环境管理条例》第十条规定："新建、改建、扩建海洋工程的建设单位，应当委托具有相应环境影响评价资质的单位编制环境影响报告书。"第八条第二款规定："海洋工程环境影响报告书应当依据海洋工程环境影响评价技术标准及其他相关环境保护标准编制。"第十四条规定："建设单位可以采取招标方式确定海洋工程的环境影响评价单位。其他任何单位和个人不得为海洋工程指定环境影响评价单位。"第十五条规定："从事海洋工程环境影响评价的单位和有关技术人员，应当按照国务院环境保护主管部门的规定，取得相应的资质证书和资格证书。国务院环境保护主管部门在颁发海洋工程环境影响评价单位的资质证书前，应当征求国家海洋主管部门的意见。"

四、评价文件审批的权限和程序

《中华人民共和国环境影响评价法》第二十二条规定："海洋工程建设项目的海洋环境影响报告书的审批，依照《中华人民共和国海洋环境保护法》的规定办理。"《中华人民共和国海洋环境保护法》第五条第一款"国务院环境保护行政主管部门作为对全国环境保护工作实施统一监督管理的部门，对全国海洋环境保护工作实施指导、协调和监督"和第二款"国家海洋行政主管部门……负责全国防治海洋工程建设项目……对海洋环境污染损害的环境保护工作"的规定相协调。第四十七条规定："海洋工程建设项目必须在可行性研究阶段，编报海洋环境影响报告书，由海洋行政主管部门核准，并报环境保护行政主管部门备案，接受环境保护行政主管部门监督。海洋行政主管部门在核准海洋环境影响报告书之前，必须征求海事、渔业行政主管部门和军队环境保护部门的意见。"

据此，《防治海洋工程建设项目污染损害海洋环境管理条例》第十条规定："新建、改建、扩建海洋工程的建设单位，应当委托具有相应环境影响评价资质的单位编制环境影响报告书，报有核准权的海洋主管部门核准。

海洋主管部门在核准海洋工程环境影响报告书前，应当征求海事、渔业主管部门和军队环境保护部门的意见；必要时，可以举行听证会。其中，围填海工程必须举行听证会。

海洋主管部门在核准海洋工程环境影响报告书后，应当将核准后的环境影响报告书报同级环境保护主管部门备案，接受环境保护主管部门的监督。"

《防治海洋工程建设项目污染损害海洋环境管理条例》第十一条对海洋工程环境影响报告书的核准权限划分，作了如下规定。

"下列海洋工程的环境影响报告书，由国家海洋主管部门核准：

（一）涉及国家海洋权益、国防安全等特殊性质的工程；

（二）海洋矿产资源勘探开发及其附属工程；

（三）50 hm^2 以上的填海工程，100 hm^2 以上的围海工程；

（四）潮汐电站、波浪电站、温差电站等海洋能源开发利用工程；

（五）由国务院或者国务院有关部门审批的海洋工程。

前款规定以外的海洋工程的环境影响报告书，由沿海县级以上地方人民政府海洋主管部门根据沿海省、自治区、直辖市人民政府规定的权限核准。

海洋工程可能造成跨区域环境影响并且有关海洋主管部门对环境影响评价结论有争议的，该工程的环境影响报告书由其共同的上一级海洋主管部门核准。"

五、核准时限

《中华人民共和国环境影响评价法》第二十二条规定："建设项目的环境影响评价文件，由建设单位按照国务院的规定报有审批权的环境保护行政主管部门审批；……审批部门应当自收到环境影响报告书之日起六十日内，收到环境影响报告表之日起三十日内，收到环境影响登记表之日起十五日内，分别作出审批决定并书面通知建设单位。"根据这个规定，《防治海洋工程建设项目污染损害海洋环境管理条例》第十二条规定："海洋主管部门应当自收到海洋工程环境影响报告书之日起 60 个工作日内，作出是否核准的决定，书面通知建设单位。需要补充材料的，应当及时通知建设单位，核准期限从材料补齐之日起重新计算。"

六、评价文件的重新编报和重新核准

《中华人民共和国环境影响评价法》第二十四条规定："建设项目的环境影响评价文件经批准后，建设项目的性质、规模、地点、采用的生产工艺或者防治污染、防止生态破坏的措施发生重大变动的，建设单位应当重新报批建设项目的环境影响评价文件。

建设项目的环境影响评价文件自批准之日起超过五年，方决定该项目开工建设的，其环境影响评价文件应当报原审批部门重新审核；原审批部门应当自收到建设项目环境影响评价文件之日起十日内，将审核意见书面通知建设单位。"

根据这个规定，《防治海洋工程建设项目污染损害海洋环境管理条例》第十三条规定："海洋工程环境影响报告书核准后，工程的性质、规模、地点、生产工艺或者拟采取的环境保护措施等发生重大改变的，建设单位应当委托具有相应环境影响评价资质的单位重新编制环境影响报告书，报原核准该工程环境影响报告书的海洋主管部门核准；海洋工程自环境影响报告书核准之日起超过五年方开工建设的，应当在工程开工建设前，将该工程的环境影响报告书报原核准该工程环境影响报告书的海洋主管部门重新核准。

海洋主管部门在重新核准海洋工程环境影响报告书后，应当将重新核准后的环境影响报告书报交同级环境保护主管部门备案。"

《环境影响评价法》第三十一条规定："建设单位……未依照本法第二十四条的规定重新报批或者报请重新审核环境影响评价文件，擅自开工建设的，由有权审批该项目环境影响评价文件的环境保护行政主管部门责令停止建设，限期补办手续；逾期不补办手续的，可以处五万元以上二十万元以下的罚款，对建设单位直接负责的主管人员和其他直接责任人员，依法给予行政处分。建设项目环境影响评价文件……未经原审批部门重新审核同意，建设单位擅自开工建设的，由有权审批该项目环境影响评价文件的环境保护行政主管部门责令停止建设，可以处五万元以上二十万元以下的罚款，对建设单位直接负责的主管人员和其他直接责任人员，依法给予行政处分。"

根据上述规定，《防治海洋工程建设项目污染损害海洋环境管理条例》第四十七条对违反重新编报或重新核准规定的行政处罚作了如下规定：

"建设单位违反本条例规定，有下列行为之一的，由原核准该工程环境影响报告书的海洋主管部门责令停止建设、运行，限期补办手续，并处五万元以上二十万元以下的罚款：

（一）海洋工程的性质、规模、地点、生产工艺或者拟采取的环境保护措施发生重大改变，未重新编制环境影响报告书报原核准该工程环境影响报告书的海洋主管部门核准的；

（二）自环境影响报告书核准之日起超过 5 年，海洋工程方开工建设，其环境影响报告书未重新报原核准该工程环境影响报告书的海洋主管部门核准的。"

七、公众参与

公众参与环境影响评价是动员民众力量保护环境的途径之一，是人民群众参与国家管理的一种形式，也是实施以人为本的环境政策的必然要求。从 1982 年《中华人民共和国海洋环境保护法》颁布起，所有的环境立法都规定任何单位和个人都有保护环境的义务，并有权对污染和破坏环境的行为进行监督、检举和控告。其中阐明了公众对开发建设活动环境影响评价的监督权力。因为除少数例外，开发建设活动会都与当地人民群众发生一定的联系，所以应把他们的意见作为环境影响评价的重要依据之一。但直到 1998 年《建设项目环境保护管理条例》才作出这样的规定："建设单位编制环境影响报告书，应当依照有关法律规定，征求建设项目所在地有关单位和居民的意见。"《环境影响评价法》第五条和第二十一条健全了公众参与环境影响评价的制度，规定："国家鼓励有关单位、专家和公众以适当方式参与环境影响评价。""除国家规定需要保密的情形外，对环境可能造成重大影响、应当编制环境影响报告书的建设项目，建设单位应当在报批建设项目环境影响报告书前，举行论证会、听证会，或者采取其他形式，征求有关单位、专家和公众的意见。建设单位报批的环境影响报告书应当附具对有关单位、专家和公众的意见采纳或者不采纳的说明。"国家环境保护总局为推进和规范公众参与环境影响评价活动，根据上述规定，制定了《环境影响评价公众参与暂行办法》，对公众参与环境影响评价活动的适用范围、征求意见的主体、对象、原则、形式、方法等问题作出了详细规定。这是对我国环境影响评价制度的新发展。《防治海洋工程建设项目污染损害海洋环境管理条例》第十条第二款关于"海洋主管部门在核准海洋工程环境影响报告书前……必要时，可以举行听证会。其中，围填海工程必须举行听证会"的规定，体现了公众参与的原则。

八、评价机构和核准机关的法律责任

评价机构应对评价结论负责，核准海洋工程环境影响报告书的海洋主管部门应对核准决定负责。按照《中华人民共和国环境影响评价法》第二十八条、第三十三条和第三十五条及《建设项目环境保护管理条例》第二十九条和第三十条的规定，海洋主管部门应当对海洋工程投入生产或者使用后所产生的海洋环境影响进行跟踪检查，对造成严重海洋环境污染或者生态破坏的，应当查清原因、查明责任。对属于评价机构编制环境影响报告书不负责任或者弄虚作假的，由国务院环境保护行政主管部门降低其资质等级或者吊销其资质证书，并处所收费用一倍以上三倍以下的罚款；构成犯罪的，依法追究刑事责任。属于核准环境影响报告书的海洋主管部门工作人员徇私舞弊、滥用职权、玩忽职守，违法核准环境影响报告书的，依法给予行政处分；构成犯罪的，依法追究刑事责任。对于后者，《防治海洋工程建设项目污染损害海洋环境管理条例》第五十七条也有相应的规定，即"海洋主管部门的工作人员未按规定核准海洋工程环境影响报告书的，依法给予行政处分；构成犯罪的，依法追究刑事责任"。

九、后评价

《环境影响评价法》第二十七条规定："在项目建设、运行过程中产生不符合经审批的环境影响评价文件的情形的，建设单位应当组织环境影响的后评价，采取改进措施，并报原环境影响评价文件审批部门和建设项目审批部门备案；原环境影响评价文件审批部门也可以责成建设单位进行环境影响的后评价，采取改进措施。"根据这个规定，《防治海洋工程建设项目污染损害海洋环境管理条例》第二十条规定："海洋工程在建设、运行过程中产生不符合经核准的环境影响报告书的情形的，建设单位应当自该情形出现之日起 20 个工作日内组织环境影响的后评价，根据后评价结论采取改进措施，并将后评价结论和采取的改进措施报原核准该工程环境影响报告书的海洋主管部门备案；原核准该工程环境影响报告书的海洋主管部门也可以责成建设单位进行环境影响的后评价，采取改进措施。"《防治海洋工程建设项目污染损害海洋环境管理条例》第四十八条规定："建设单位违反本条例规定，未在规定时间内进行环境影响后评价或者未按要求采取整改措施的，由原核准该工程环境影响报告书的海洋主管部门责令限期改正；逾期不改正的，责令停止运行，并处 1 万元以上 10 万元以下的罚款。"

十、调查监测资料的取得与使用

国家对从事海洋环境监测工作的机构实行资质审查制度，从事海洋环境监测工作的专业技术人员必须持证上岗。进行海洋工程环境影响评价使用的海洋环境调查、监测资料，应当从具有相应资质的监测机构取得。《防治海洋工程建设项目污染损害海洋环境管理条例》第八条第二款规定："编制环境影响报告书应当使用符合国家海洋主管部门要求的调查、监测资料。"

《中华人民共和国环境影响评价法》第六条规定：国家建立必要的环境影响评价信息共享制度，国务院环境保护行政主管部门应当会同国务院有关部门建立和完善环境影响评价的基础数据库。通过共享渠道获取一部分监测资料和其他海洋环境信息资源，可以避免重复调查和监测，节约社会资源，是正确的方向。

第五节　海洋工程环境影响评价技术路线和评价内容

一、评价技术路线

《环境影响评价技术导则—总纲》（HJ/T 2.1—2011）中规定，环境影响评价工作一般分为三个阶段，即前期准备、调研和工作方案阶段，分析论证和预测评价阶段，环境影响评价文件编制阶段。

根据《海洋工程环境影响评价技术导则》（GB/T 19485—2004），海洋工程环境影响评价工作一般可分为三个阶段（图 1-2）。编制环境影响报告表的建设项目可简化评价工作阶段。

1. 第一阶段为准备工作阶段

主要工作内容包括：

（1）研究有关环境保护与管理的法律、法规和政策，研究与工程环境影响评价有关的其他文件；

（2）搜集历史资料，开展环境现状踏勘，开展建设项目的初步工程分析；

（3）确定各单项环境影响评价的评价等级和建设项目的评价等级，明确建设项目环境影响评价内容、评价范围、评价标准；

（4）筛选出主要环境影响要素、环境敏感目标和环境保护目标；

（5）明确环境现状的调查内容、调查范围、调查项目（要素或因子）、调查站位布设、调查时段、调查频次、分析检测方法、评价方法、应执行的技术标准等；

（6）筛选、确定主要环境影响评价要素和评价因子；

（7）明确下阶段环境影响评价工作的重点内容和环境影响报告书的主体内容等。

2. 第二阶段为正式工作阶段

主要工作内容包括：

（1）开展详细的工程分析；

（2）按照已明确的环境评价内容、评价范围和重点评价项目，组织实施环境现状调查和公众参与调查；

（3）依据环境质量要求，分析所获数据、资料，开展环境现状分析、评价；

（4）开展环境影响预测的分析、评价；

（5）开展清洁生产、环境风险、总量控制等的分析、评价。

3. 第三阶段为报告书或报告表编制阶段

主要工作内容包括：

（1）依据环境现状调查和预测分析结果，依照环境质量要求，阐明建设项目选址、规模和布局的环境可行性分析、评价结论；

（2）给出环境保护的具体对策措施和建议；

（3）给出环境管理和环境监测计划。

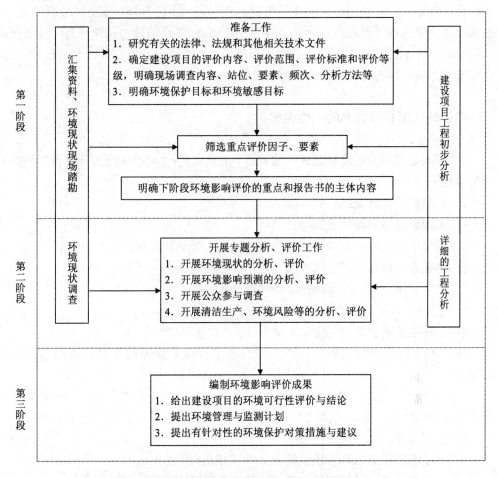

图 1-2　海洋工程环境影响评价工作阶段

二、评价的重点和目标要求

《防治海洋工程建设项目污染损害海洋环境管理条例》第八条规定："海洋工程的环境影响评价，应当以工程对海洋环境和海洋资源的影响为重点进行综合分析、预测和评估，并提出相应的生态保护措施，预防、控制或者减轻工程对海洋环境和海洋资源造成的影响和破坏。"

建设对生态环境有影响的海洋工程必须采取海洋生态保护、生态恢复与补偿措施，预防、控制或者减轻对海洋生态环境和海洋资源造成的影响和破坏。建设产生污染的海洋工程必须遵守污染物排放的国家标准和地方标准；在实施主要污染物排海总量控制的重点海域内，还必须符合主要污染物排海总量控制的要求。要把海洋环境容量作为海洋工程环境影响评价的重要依据，在污染严重的海域，实行"以新带老"，做到增产不增污或增产减污。为此，《防治海洋工程建设项目污染损害海洋环境管理条例》第六条规定："国家海洋主管部门根据国家重点海域污染物排海总量控制指标，分配重点海域海洋工程污染物排海控制数量。"

三、环境影响报告书的主要内容

《中华人民共和国环境影响评价法》第十七条规定："建设项目的环境影响报告书应当包括下列内容：
（一）建设项目概况；
（二）建设项目周围环境现状；
（三）建设项目对环境可能造成影响的分析、预测和评估；
（四）建设项目环境保护措施及其技术、经济论证；
（五）建设项目对环境影响的经济损益分析；
（六）对建设项目实施环境监测的建议；
（七）环境影响评价的结论。
涉及水土保持的建设项目，还必须有经水行政主管部门审查同意的水土保持方案。"
《防治海洋工程建设项目污染损害海洋环境管理条例》第九条根据这个规定，结合海洋工程的特点，将其具体化为："海洋工程环境影响报告书应当包括下列内容：
（一）工程概况；
（二）工程所在海域环境现状和相邻海域开发利用情况；
（三）工程对海洋环境和海洋资源可能造成影响的分析、预测和评估；
（四）工程对相邻海域功能和其他开发利用活动影响的分析及预测；
（五）工程对海洋环境影响的经济损益分析和环境风险分析；
（六）拟采取的环境保护措施及其经济、技术论证；
（七）公众参与情况；
（八）环境影响评价结论。海洋工程可能对海岸生态环境产生破坏的，其环境影响报告书中应当增加工程对近岸自然保护区等陆地生态系统影响的分析和评价。"

第二章 工程分析

海洋工程类建设项目的工程分析与其它建设项目的工程分析内容既有共同点，也有其特点。工程分析是对海洋工程的项目规划、可行性研究和设计等文件资料和数据进行综合归纳、结合工程所在海区的环境特征和海洋功能区划等情况，为海洋工程环境影响进行预测和评价提供基础数据，为海洋工程环境管理、环境监控和采取相应的环保措施提供依据，为环境影响预测计算和评价提供主要评价参数，为核查污染物达标排放状况，执行污染物排放总量控制目标、评述污染预防控制措施的完整性和先进性等提供依据，从而为建设项目正确决策提供科学依据。

海洋工程建设项目的工程分析应关注工程建设、运营和废弃过程中所评价海域内产生的污染、水文动力、地形地貌与冲淤、生态等主要环境问题，包括：产污环节、污染和非污染要素和源强、分析评价内容和评价重点等。

第一节 工程类别及工程分析要点

一、典型海洋工程类别

常见的典型海洋工程主要包括：海洋矿产资源勘探开发及其附属工程；海底管道、海底电（光）缆工程；围填海、海上堤坝工程；人工岛、跨海桥梁、海底隧道工程、海上和海底物资储藏设施。

二、工程分析要点

海洋工程在进行工程分析时要注意工程海区的潮流、潮汐、波浪、泥沙、海冰、地形地貌、岸滩和海床稳定性、海洋生态环境、台风及台风暴潮等特点，分析海洋工程建设对海水水质环境、海洋生态环境、水文动力环境、海洋沉积物环境、海洋地形地貌与冲淤环境可能造成的影响，对于可定量分析的内容尽可能给出定量分析结果。

工程分析的内容应突出海洋工程的重点和环境影响特征。海洋工程对海洋环境的影响分为建设、运营和废弃三个时期。建设期对海洋环境的影响主要表现为施工过程直接造成对海洋地形地貌的改变、对海水水质和海洋生态环境的影响。运营期主要表现为水工工程构筑物对海洋水文动力环境、海洋地形地貌与冲淤环境的影响（如围填海、海上堤坝工程、人工岛等）；建设项目可能的排污对海水水质、海洋生态、沉积物环境的影响；以及由此可能带来的岸线侵蚀和堆积等。海洋工程在封场期可能因为工程功能结束，海上的构筑物废弃造成海洋环境污染，对船舶航行的影响，对海上景观的影响等。

工程分析应对海洋工程项目选址、工程总工艺方案、工程施工方案、工程各部分的施工顺序、运行方式进行充分的研究。根据工程实现目的及可能的选址要求提出备选方案。对于海洋油、气开发项目的选址，由于受到海洋石油蕴藏地的限制，工程建设及井位选择余地很小。而对于施工建设方式可以在经济、技术可行的情况下，结合海洋环境特点进行施工方式的比选，提出可能更利于环境保护的施工建设方式。

第二节　工程分析内容

工程分析主要包括工程概况介绍、工程组成、施工工艺、生产工艺及工艺流程、产污环节分析及污染源分析等内容。

一、工程概况

1. 工程概况主要内容

海洋工程概况主要内容一般包括建设项目名称、建设单位、建设性质（新建、改建、扩建）、建设地点（附项目所在区域的地理位置图）、项目组成及建设内容、主要经济技术指标、建设工期、生产天数、公用工程和环保工程等。

应注重以下内容：

（1）建设项目的名称、地点，地理位置（应附地理位置图），建设规模与投资规模（扩建项目应说明原有规模）。

（2）建设项目的总体布置（应附总体布置图，包括附属工程）和建设方案。

（3）建设项目的典型结构布置图、立面图，主要工程结构的布置、结构和尺度；建设项目的基础工程结构、布置，施工组织和工艺、分项工程量、进度计划等。

（4）项目依托的公用设施（包括给水、排水、供电、供热、通信等）。

（5）生产物流与工艺流程的特点，原（辅）材料、燃料及其储运，燃料等的理化性质、毒性、易燃易爆性等，用水量及排水量等。

（6）主体和附属工程的生产工艺及水平、工程施工方案、工程量及作业主要方法、作业时间等。

（7）建设项目利用海洋完成部分或全部功能的类型和利用方式、范围、面积和控制或利用海水、海床、海岸线和底土的类型和范围，包括占用海域、海岸线的类型、面积和长度，涉及的沿海陆域面积，典型地质剖面图等。

2．工程设计及施工方案

项目的工程设计方案（工程各组成部分内容）、环保设计指标、投资、工程施工方案（施工工艺）、施工周期、施工过程环保措施等。

二、工程组成

和陆上工程类似，海洋工程按照工程各部分的功能划分为：主体工程（完成工程目的）、输运工程（船舶、海底管道、海上栈道桥梁等）、配套工程、辅助工程和依托工程等。海洋工程在建设期一般需要借助专门的施工船舶进行建设，因工程类别不同、工程内容不同所采用的施工机具差别也很大，这些特殊的施工机具也可以列入依托工程。

三、典型海洋工程施工工艺简介

1．围填海工程

填海造地（包括海上人工岛）项目分为围堤工程和陆域回填工程两部分，施工顺序为先围堤后陆域回填。

围填海工程主要施工工艺包括：护岸基础范围内做抛石基床，外侧采用大块石护脚；基床施工完成后再安放曲面体，护岸内侧为混合倒滤层；在护岸所围范围内吹填沙（淤泥或土）或回填其他材料至一定标高，吹填采用绞吸式挖泥船或耙吸式挖泥船进行吹填沙。

围堤为常规的抛石斜坡式结构，主要的施工顺序见图2-1。

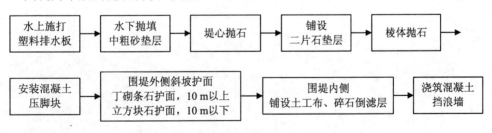

图2-1 围堤施工顺序

陆域回填采用吹填方式，主要的施工顺序见图2-2。

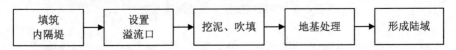

图2-2 吹填式陆域回填施工顺序

目前对海岸滩涂软弱淤泥质地基的处理通常采用如下四种方法：挤密法、置换法、塑料排水板堆载预压法、爆破挤淤填石法。下面简要介绍爆破挤淤施工工艺。

（1）爆炸处理软基技术简介

爆破挤淤地基加固原理：爆破挤淤填石的方法是在抛石体外缘一定距离和深度的淤泥质软基中埋放炸药包群、起爆瞬间产生的巨大压力在淤泥中形成空腔，将淤泥破坏挤出去。当空腔继续扩大到一定范围，靠水面薄弱处，能量释放出去，同时抛石体借助自身重力，在受到震动后滑入空腔形成新的石舌，达到置换淤泥的目的。通过多次堤头推进爆破，第一次爆破位置的堤心石才能在这多次的爆破中不断下沉，最后达到设计要求的堤心石基础底标高，完成石头置换淤泥处理软土地基的目的。

（2）爆破挤淤施工流程

爆破挤淤施工工艺包括堤头爆破挤淤填筑堤和堤内、外侧侧向爆破挤淤加宽堤身。通过上述工艺使堤身抛石体落底至设计高程，并按设计尺寸形成稳定堤身。爆破挤淤施工主要工艺流程见图2-3。

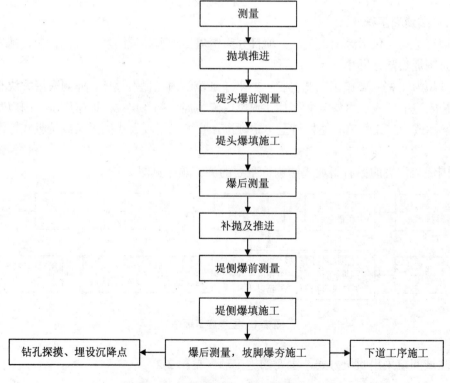

图2-3　爆破挤淤施工工艺流程示意

①堤头爆破挤淤工艺流程。采用陆上抛石先形成起爆平台（抛填石料规格为10～200 kg 自然级配开山石，含泥量＜10%），然后在抛石堤前方一定位置、一定深度处

的淤泥层内用布药船埋置单排群药包，引爆群药包，在淤泥内形成爆炸空腔，抛石体随即坍塌充填空腔形成"石舌"，完成石料对淤泥的置换。然后按照设计要求补抛至围堤设计断面，进行内、外坡埋坡施工。同时由于抛石体前方和下方一定范围内的淤泥被爆炸弱化，强度降低，抛石体下沉滑移挤淤，随后进行抛石，抛石体沿定向滑移线，达到新的平衡后滑移停止。继续加高抛填，从而又出现新的定向滑移下沉，如此反复出现多次，直到抛石堤稳定为止，此时单循环结束，每炮抛填进尺 5～6 m。然后再开始石料推填—装药—起爆，进行下一个循环。

堤头爆破挤淤筑堤施工工艺循环过程见图 2-4。堤头抛填布药平面示意图见图 2-5。堤头爆填横断面示意图见图 2-6。

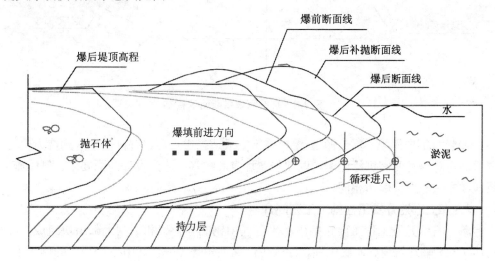

图 2-4　爆前、爆后及循环抛填断面示意

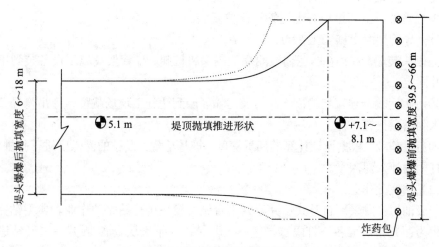

图 2-5　堤头抛填布药平面示意

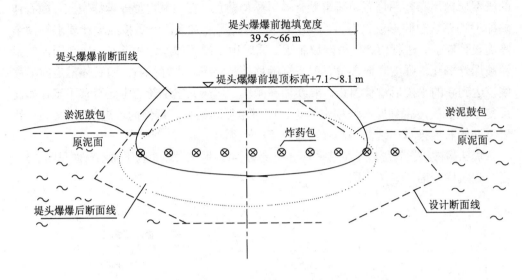

图 2-6　堤头爆填横断面示意

②堤身侧向爆填。堤头抛填-爆炸施工完成适当进尺后，石料基本落到持力层上，之后仍需对堤身两侧进行侧爆，以便加宽堤身和整形，达到设计断面要求。侧爆施工原理和方法与堤头爆填相同。

2. 海上石油开发工程施工工艺简介

海上石油开发工程主要包括生产平台（由钢制导管架和钢制上部组块组成），海底油（气）输送管道、海底电缆、浮式生产储油轮等工程。其中生产平台的施工工艺主要是平台陆地预制、导管架及平台上部组块海上安装，其主要施工工艺如下：

①平台陆地预制（导管架、上部组块建造）；

②导管架、上部组块海上运输、就位安装。

（1）导管架海上施工工艺为：

①码头装船。浮吊，即运输驳船靠泊码头将桩腿、导管架及施工设备装到甲板驳船上并固定。

②海上运输及导管架就位。浮吊及运输驳船到达施工现场就位、浮吊将导管架吊放下水到指定位置。

③打桩作业。根据设计计算的插桩深度、桩基承载力及桩的灌入度进行打桩作业，直至打入设计入泥深度。

（2）钻完井作业：

一般油田开发采用自升式钻井船或平台钻机模块进行钻完井作业。典型钻完井工艺流程为：开钻前准备→打隔水导管→一开钻进→下表层套管/固井→二开钻进→下技术套管/固井→三开钻进→完钻→下油管固井→完井。

（3）平台组块海上施工工艺：

①平台上部组块码头吊装（或滑移）装船。

②平台上部组块海上吊装就位（安装于已就位好的导管架上部）。

③平台上部组块和导管架进行连接作业。

④平台生产设备的调试。

海底管道（电缆）铺设、试压、投产准备。

3. 线性海洋工程施工工艺简介

线性海洋工程指穿越海域铺设在海底的输油、输气、输水管道和输电、通信电（光）缆等。与油气勘探开发相关的海底管道一般为油、气、水混输管道，也可能是输运油、气、水中的一种物质。海底隧道工程也属于线性海洋工程的一类。

（1）海底管道施工工艺简介

对于海底输送管道，在浅水区采取挖沟埋设方式，管道铺设方式一般采用铺管船铺设法或拖管法，根据具体情况在工程施工方案中确定。

铺管船法一般包括 S 形铺设方法（S-LAY）、J 形铺设方法（J-LAY）、卷盘式铺设方法（REEL-LAY）三种，见图 2-7，拖管法见图 2-8。

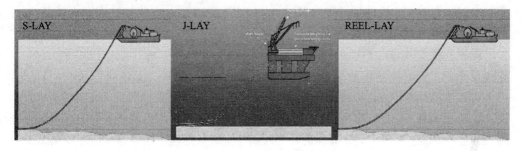

图 2-7　铺管船法示意

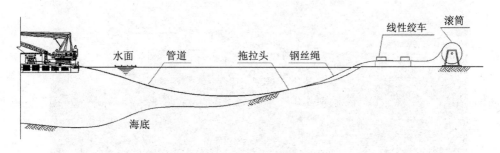

图 2-8　托管法示意

海底管道的施工工艺一般包括：管道分段陆上预制、分段托管下水、海上接口连接、立管安装、管道挖沟、清管试压。

海底管道在海底的状态一般分为全部埋入底土中（1～2 m）、部分埋入底土中、裸露海底三种。在海底管道登陆段（水深 4 m 左右以浅的近岸段），一般采用预挖沟方式而后将其管道埋入土中；浅水段（水深在 5～50 m）则为先铺管后挖沟方式而后将其管道埋入土中；深水段多为直接裸铺在海底表面，若海底表层沉积物为软弱淤泥，靠管线自重沉入或部分沉入底土中。

海底管道无论是预挖沟还是后挖沟，其挖沟方式一般为埋设犁法、高压冲射流法和耙吸式挖泥法。而挖沟方式的不同对悬浮物的产生量有一定的影响，这在污染物源强核算时需注意。

（2）海底隧道施工工艺简介

海底隧道的施工方式有两种可以选择，一是沉管法，二是盾构法。

隧道的沉管法施工主要工艺包括：海底基槽开挖、抛填碎石与基床平整、管段沉放与对接及管底基础处理、暗埋段施工及通风竖井等工程的施工、机电设备安装及路面施工等。

若海底隧道进行盾构作业，则隧道工程设计方案也会发生相应变化。一般主航道海底隧道左、右线分别采用 1 台盾构机施工，盾构机先由隧道人工岛一侧出发下井，在井内安装调试成功后沿隧道轴线掘进至接收井，在接收井内解体盾构机，吊出外运。

（3）海底光缆施工工艺简介

海底光缆安装作业可以分解成以下几个步骤：铺线前开道作业、登陆段作业、海底铺设作业、铺后监测和埋线作业、专业的海上服务体系。

①铺线前开道作业。铺线前开道作业是将已报废的海底光缆向施工路由两侧进行清除，给施工路由一个足够宽度的施工空间。回收上来的报废海底光缆和其它垃圾储存在施工船上，等施工船施工完毕靠岸后，再拉到岸上进行处理。铺线前开道作业见图 2-9。

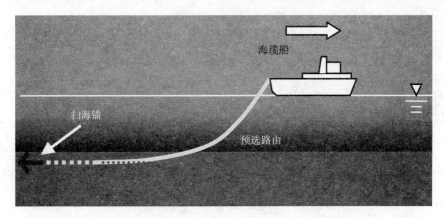

图 2-9   铺线前开道作业示意

②登陆段作业。利用高潮位，首先将尽量靠近光缆一侧登陆始端。然后利用工作

艇将牵引绳一端从海缆施工船带至海岸边，岸上牵引机开始牵引，当光缆被牵引开始离开施工船时，按一定间距在光缆上系上浮球助浮。

③海底铺设作业。海底铺设作业的主要方式有冲埋犁作业、埋设犁作业等。

冲埋犁的工作步骤主要是：埋缆机被吊入海中并沉到海底，启动水泵，同时通过液压系统将滑靴推入海底且将其锁定在工作位置，在光缆施工船牵引和高压水的喷射下，埋缆机边挖沟边敷缆。当接近作业终点时，埋缆机液压锁定装置解除，操作滑靴逐步收起，然后关闭水泵，停船，回收埋缆机。

光缆铺设掩埋原理见图 2-10。

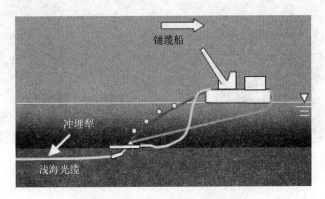

图 2-10　浅海光缆铺设掩埋示意

埋设犁作业工作步骤主要是：埋设作业海缆船到达施工现场后，先进行打捞工作，光缆接续完成后，在甲板上完成埋设犁装配和测试，将光缆装入其光缆通道内。随后，埋设犁将由船尾的 A 形架按操作程序缓缓投放入水中，在海床上就位。向前调整船位以保证入水的光缆保持较为合理的悬链线状态，牵引机逐步放出光缆维持一定的张力，调整埋设犁牵引钢缆和传感脐带的长度，使埋设犁与海缆船之间的距离保持最佳值。

光缆铺设掩埋原理见图 2-11。

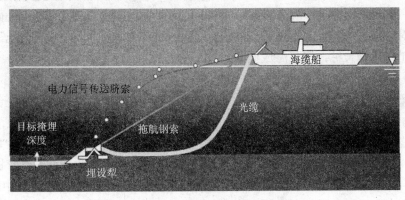

图 2-11　埋设犁铺设掩埋示意

④后期光缆铺设掩埋作业。在光缆埋设好的区域，光缆通过埋设犁上的传感器持续监控，随时掌握光缆的状态。后期光缆铺设掩埋作业原理见图2-12。

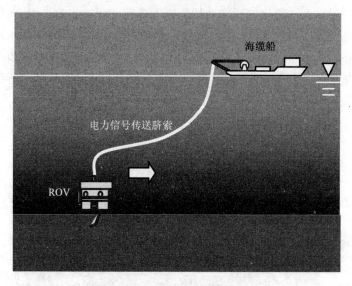

图 2-12　后期光缆铺设掩埋作业示意

4．跨海大桥施工工艺分析

跨海大桥建设的施工内容包括海上及陆地桥梁（包括梁式桥、斜拉桥、悬索桥以及拱桥等）的施工，海中人工岛（包括口岸人工岛和隧道人工岛）的填筑，路基路面施工，明挖、暗挖隧道施工，山岭隧道施工及临时便道和临时用地等的建设。其中涉海工程施工为海上桥梁施工、口岸人工岛施工、隧道人工岛施工、海底隧道施工，其中人工岛施工、海底隧道施工工艺在本章节均有介绍，这里主要介绍航道桥梁的施工工艺。

施工时，先施工栈桥，利用栈桥搭设钢管桩施工平台，插打钢护筒进行钻孔灌注桩施工，承台采用钢围堰现浇施工，桥墩采用支架加翻模浇筑施工；利用桥面吊机或架桥机对称悬臂拼装上部箱梁或现浇，施工两侧桥台、桥面为附属设施。施工完成后拔除施工栈桥钢管桩，恢复海域原貌。

（1）钻孔灌注桩施工方法

桥梁施工工艺为成熟工艺，桩基的施工顺序为：采用钢管桩搭设钻孔平台→震动锤下沉桩基钢护筒至淤泥和中砂底→回旋钻机泥浆护壁进行钻孔→清孔→下桩基钢筋笼→浇注桩基混凝土。在桩基施工过程中，为确保海上打桩又快又准，桩基施工采用 GPS 与常规定位技术相结合的方法：首先采用打桩船在墩位处打入钢管桩，搭设钻孔平台；准确定位每根桩基，然后用震动锤将桩基钢护筒下沉至淤泥和中砂深度；在钻孔平台上采用回旋钻机在钢护筒内钻孔，直到桥墩基础所需的深度，清孔排出泥浆；将预制好的桩基钢筋笼船运至施工点位，利用吊机将钢筋笼下沉入桩基孔中（见图 2-13）。

钻孔桩作业时，一般配备专用的泥浆船，在船上设置泥浆槽、沉淀池和储浆池，用泥浆泵压送泥浆。为避免泥浆从护筒顶部溢出，应配备并及时开动辅助泥浆泵，将护筒内多余泥浆抽回泥浆池循环使用。目前国内从事打桩作业的施工船如海力 801、海桩 7 号等均可打入长度 80 m 以上的直径为 2.0～2.5 m 的钢管桩，打桩时的吃水深度在 2.8 m 左右。

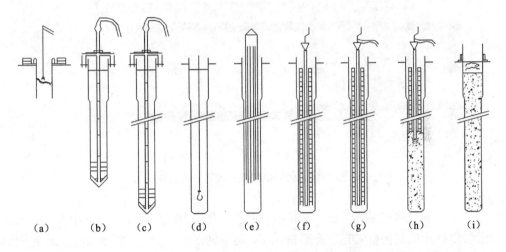

（a）埋设护筒；（b）安装钻机、钻进；（c）第一次清孔；（d）测定孔深；（e）吊放钢筋笼；

（f）插入导管；（g）第二次清孔；（h）灌注水下混凝土；（i）拔出导管

图 2-13 钻孔灌注桩施工示意

（2）承台及墩身施工方法

承台采用钢套箱工艺进行施工，施工顺序为：安装钢套箱→在低潮位时安装套箱底板→浇注封底混凝土→绑扎承台钢筋→浇注承台混凝土。拟采用钢套箱工艺进行桥墩与承台施工，施工过程包括钢套箱预制安装、封底混凝土浇筑、桩芯混凝土浇筑、承台填芯混凝土浇筑等。在施工过程中，将预制好的钢套箱船运至施工点位，通过精确定位和吊运，将巨大的钢套箱整体沉入水中；然后在低潮时套箱内水抽干，安装套箱底板，再浇注水下封底混凝土；套箱封底后，测量放出承台尺寸以及承台底面标高，绑扎承台钢筋，承台底面受力钢筋采用焊接或机械接头，其它非受力钢筋可采用搭接接头。然后，安装承台模板，浇筑承台混凝土。采用海工混凝土，在岸上拌和站集中拌和，由混凝土搅拌船运输，承台混凝土输送泵浇注。混凝土采用分层浇筑，一次成型。当承台顶表面收浆后，采用淡水养护。在承台内部埋设降温管路施工工艺，通过循环水以达到降温防裂目的。

（3）上部结构施工方法。

①移动模架逐孔现浇施工法。移动模架逐孔现浇法主要是根据模架的承重梁位置进行，逐跨现浇施工支架可分为下导梁式、上导梁式两种，见图2-14。下导梁式的模板置于承重梁上，承重梁低于桥面，其长度大于桥梁跨径，浇注混凝土时承重梁支承于桥墩托架上。上导梁式的模板悬吊于承重梁下方，承重梁高于桥面，其长度大于两倍桥梁跨径，浇注混凝土时承重梁支承于已架设的墩顶梁段上（前支点也可置于桥墩上）。

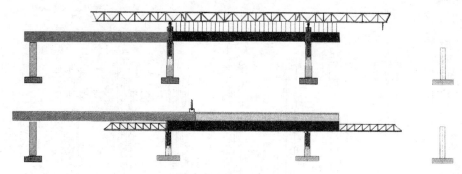

图2-14　移动模架逐孔现浇施工示意

②架桥机逐孔拼装施工法。架桥机逐孔悬拼施工方法见图2-15，采用在已完成结构上可以行走的架桥机进行逐孔悬拼施工，架桥机支承于前一个桥墩及已架设完成的梁上，箱梁预制节段不断拼装，形成最大单悬臂状态后，完成中间合拢段的施工，然后整体移动架桥机至前一墩顶。这样，架桥机每一跨只行走一次，施工速度较快。

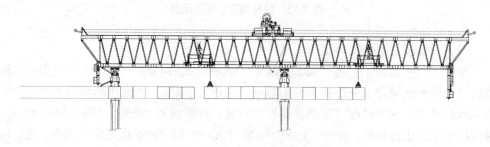

图2-15　架桥机逐孔悬拼施工示意

③节段挂篮悬浇施工法。通航主桥采用主梁节段悬浇，在索塔墩承台顶架设支架，吊安组拼挂篮，利用前支点挂篮对称浇筑主梁，依次挂设并张拉斜拉索，同时在边跨搭设支架进行主梁现浇段施工。主塔采用常规方法翻模爬升分段浇筑施工，因此，主梁及主塔均采用现浇施工。

（4）箱梁预制场及施工码头。

根据施工需要，设置箱梁预制场，用于预制采用预制拼装技术的预制节段，包括箱梁预制区、箱梁存放区、生活施工用水水库区、混凝土搅拌区、砂石料堆放区、钢筋模板加工区、实验室、工作人员办公生活区，各区之间通过混凝土路面的便道相通。利用就近作业区码头作为预制块下海专用码头，预制块在该码头用移动龙门吊从堆放台座移到驳船上。

四、典型海洋工程生产工艺及工艺流程

1. 海洋石油开发工程生产工艺流程

海上油田开发工程一般由中心平台（简称 CEP 平台，为具有生产处理功能、生活功能和钻井功能的平台）和多个井口平台（只具备钻井和采油功能的平台）以及连接平台之间的管道、电缆组成。生产工艺流程一般包括油气水处理工艺、含油生产水处理工艺、天然气处理工艺、注水工艺等。以下简要介绍典型海洋工程的生产工艺流程。

图 2-16 为井口物流（物流是指地下所产生的油、气、水）工艺处理流程，井口物流经采油树油嘴节流后进入生产管汇，经计量加热器加热和计量分离器分离出的油、气、水，通过清管球发射器，经海底管道输送至中心平台进行处理。

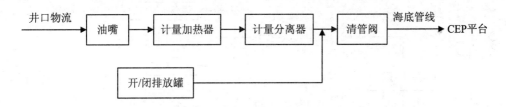

图 2-16　井口平台生产物流处理工艺流程

图 2-17 为原油处理工艺流程，在中心平台上，经海底混输管线来自各井口平台的生产井流首先进入游离水分离器进行初步油/气/水分离，油相经生产分离加热器进入生产分离器进行进一步三相分离，气相去往燃料气系统（过量部分去往火炬系统），含油污水去往含油污水处理系统。经生产分离器处理后的油相进入原油处理器进一步处理，合格原油经泵输送至储油舱，定期装船外输。各工艺设施所分离出的含油污水进入含油污水处理系统进行处理。

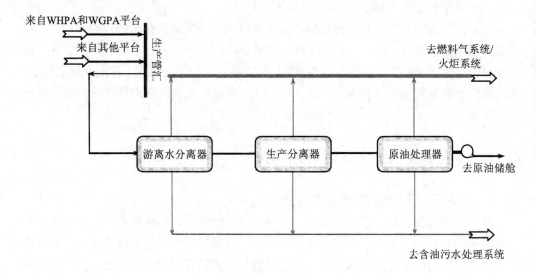

图 2-17　中心平台生产物流处理工艺流程

图 2-18 为伴生天然气处理工艺流程图。经生产分离器分离的伴生气一部分进入燃料气系统用作热介质加热炉和发电机组燃料，多余的去往火炬系统燃烧；另一部分进入伴生气压缩系统，经过滤分离后通过海底管道输送到陆上终端。

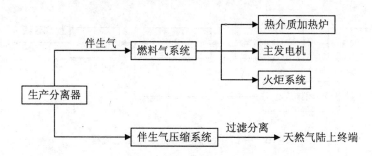

图 2-18　伴生天然气处理工艺流程

图 2-19 为含油生产水处理工艺流程。分离后的含油污水与来自原油处理器的含油污水一同进入水力旋流器和气浮选机进行除油处理，然后进入核桃壳过滤器进行过滤。经过滤处理后的含油污水，进入储水罐，含油浓度小于 20 mg/L，来自储水罐的水经增压泵进入过滤器过滤后经水泵输送至注水分配系统。分离的含水油相经泵输送至开/闭式排放系统返回原油处理系统。

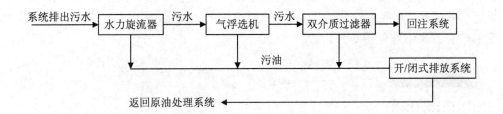

图 2-19 含油生产水处理工艺流程

图 2-20 为注水示意图。油藏注水层位于含油区底部，注水后油藏的压力有所回升，对保持油藏压力和提高油藏采收率具有一定的辅助效果，并在注采逐渐平衡的作用下，油藏压力最后趋于稳定恢复到油藏的初始压力值附近，该压力远低于地层破裂压力值。

在地层破裂压力水平下注水，地震资料和油藏生产动态监测显示该油藏的盖层和底层封闭性能良好，距离注水井一定范围以内没有明显的断层和裂缝与其它砂体连通，可以保证地层不会产生裂缝而引起水窜现象。

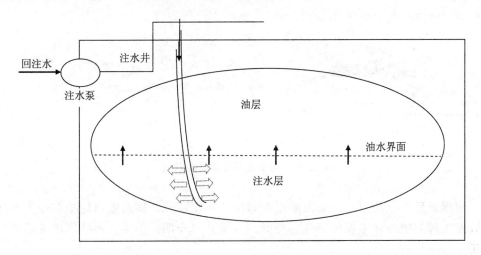

图 2-20 注水示意

2．采砂工程生产工艺

采砂工程主要项目为取砂、运砂，均由船舶在海中作业，作业方式主要包括耙吸式挖沙船、绞吸式挖沙船等。

水下取砂主要采用抗风浪能力较强的耙吸式挖泥船和绞吸式挖泥船，局部配合大型抓斗式挖泥船开采。

耙吸式挖沙船工作程序：空载航行→采砂区→定位下耙→装舱满舱溢流→起耙→航行至吹填区。耙吸船的施工工艺以及施工船舶的性能都属于国际上最先进的。耙吸船的作业方式示意见图 2-21。

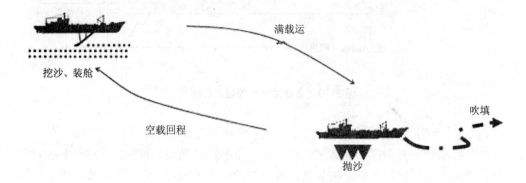

图 2-21　耙吸式挖沙船作业示意

绞吸式挖沙船挖泥、吹填作业方式是：定位下绞刀开始挖沙作业，含沙量约 70%的泥沙流经泵吸入泥舱后，加压至输泥管吹至回填区，经在回填区沉淀后，表层清水再经溢流口排入海中。绞吸式挖沙船的作业示意见图 2-22。

图 2-22　绞吸式挖沙船作业示意

根据采砂工程特点，结合采砂附近海域的环境特征，按照重点保护海洋生态环境以及工程海域外环境保护目标的原则，对采砂作业期间的主要污染环境影响进行分析。

3. 海洋倾废工程

（1）海洋倾废的概念

海洋倾废，利用海洋的自净能力，处理难以在陆地处置社会生产活动中产生的大量固体、液体等。

利用海洋的自净能力和海洋的环境容量选择适宜的海洋空间来处理废弃物质，这就是海洋倾废，海洋倾废是海洋空间资源环境效益的重要体现。按《伦敦倾废公约》的规定："任何从船舶、飞机、平台或其他海上人工构筑物上有意地向海上倾弃废物和其他物质的行为，以及任何有意地向海上倾弃船舶、飞机、平台和其他海上人工与构筑物的行为"均属海洋倾废的范畴。海洋倾废既利用了海洋广阔的空间，又利用了海洋巨大的自净能力。所以，在海上处理废弃物比陆上经济许多。

（2）海洋倾废分类管理

为保护海洋生态环境，维护人们身体健康，我国对海洋倾废作了严格规定。我国也和《伦敦倾废公约》一样，按照废弃物有毒性、有害物质含量和对环境的影响等因素，把废弃物分为三类。

①一类废弃物

被列入"黑名单"中，严格禁止向海洋倾倒，包括：

含有机卤素化合物、汞及汞化合物、镉及镉化合物的废弃物。

强放射性废弃物及其他强放射性物质以及含有上述物质的污泥和疏浚物、原油及其废弃物。

渔网、绳索、塑料制品及其他能在海面漂浮或在水中悬浮、严重妨碍航行、捕鱼及其他活动或危害海洋生物的人工合成物质。

除非在陆地处置会严重危及人类健康，而把这类物质向海洋倾倒是防止威胁的唯一办法时，经国家海洋主管部门批准，获得紧急许可证，方可在指定的区域按规定的方法倾倒。

②二类废弃物

被列入"灰名单"，包括：

含砷、铅、铜、锌、铍、铬、镍、钒及其他化合物、有机硅化合物、氰化合物、氟化物等的废弃物。

含弱放射性物质的废弃物。

各种废金属和金属容器及某些杀虫剂等。

向海洋倾倒这类废弃物，要采取特别有效的措施，以减少对海洋环境的有害影响。倾倒"灰名单"废弃物必须事先获得特别许可证。

③三类废弃物

被列入"白名单"，是指除一、二类以外的其他无毒无害或毒性害处轻微的其他废弃物。倾倒"白名单"废弃物应当事先获得普通许可证。

倾倒上述三类废弃物有相应三类倾倒区。

此外，我国还划出试验倾倒区和临时倾倒区。试验倾倒区是正式划定倾倒区之前，为所进行的倾倒试验而确定的，其使用期限不超过两年。在试验期间，需进行大量的科学研究，确定试验区试验是否可行，最后经有关部门商定同意后，可报国务院批准，确定为正式倾倒区。

临时倾倒区是因工程需要等特殊原因，而划定的一次性专用倾倒区。临时性海洋倾倒区是指为满足海岸和海洋工程等建设项目的需要而划定的限期、限量倾倒废弃物的倾倒区。临时性倾倒区使用过后，立即封闭。

五、工程环境影响环节分析

1．施工期产污环节分析

（1）海洋工程施工过程中如人工岛填海施工陆域的形成，海底管道、海底电（光）缆的挖沟埋设等会破坏局部地貌，会影响海底底栖生物的生存环境、会造成海水中悬浮泥沙含量的增加。跨海桥梁钻孔桩施工、石油平台导管架安装等工程和施工均会造成悬浮泥沙含量的增加，也会短暂性影响海水水质。

（2）施工人员的生活污水、生活垃圾若不加强管理，直接排入海洋，将会对海水造成污染。

（3）施工车辆、船舶和机械冲洗、维修时排放的含油废水对海洋环境的影响。

（4）海上工程施工时，雨水冲刷施工现场，雨水径流含有的悬浮固体物，产生对海洋环境的短暂性影响。

（5）施工过程中产生的固体垃圾对海洋环境的污染。

（6）施工材料如沥青、油料、化学品物质等保管不善进入水体引起污染，建筑材料冲洗（如砂石冲洗）等引起水质混浊，影响海水水质。

（7）施工对大气环境的影响。

（8）施工期施工机械产生的噪声对声环境的污染。

2．运营期产污环节分析

主要海洋工程运营期产污环节分析如下：

（1）海洋石油开发工程运营期产污环节为：水污染源及污染物主要是石油开采井底物流中的含油生产水、以及生产过程中的洗井、修井废水、平台甲板初期雨水及作业人员产生的生活污水等。石油开采过程中通过火炬燃烧产生的氮氧化物及平台发电设备及锅炉燃烧原油或天然气产生的氮氧化物。而海上油田所产生的固体废弃物则来自工艺生产设施底部产生的污泥、工业垃圾等。

（2）跨海桥梁主要产污环节为：废水产生环节。主要包括桥面初期雨水冲刷、工作人员（及旅客）排放生活污水等。废气产生环节：通行于大桥的各类车辆排放发动机尾气。固体废物产生环节：桥面维护过程中产生的清扫物、废弃路面材料落入海洋对海洋环境的影响。

（3）线性工程运营期产污环节为：线性工程营运期间对海洋环境可能的影响主要为管线原料及其他辅料腐蚀后对海洋水质及沉积物环境的影响、光缆发生风险事故后的后期修复作业影响以及对光缆路由两侧限制部分海洋功能的影响。

主要海洋工程的典型产污环节见图2-23至图2-28。

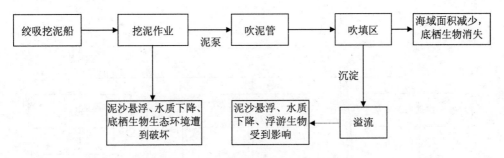

图 2-23　绞吸船疏浚吹填工艺污染环节

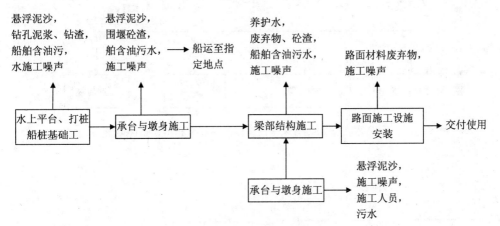

图 2-24　桥梁施工过程污染物产生环节示意

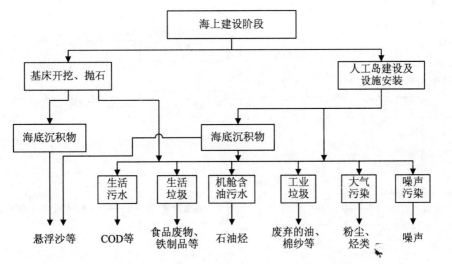

图 2-25　海上人工岛施工阶段的产污环节及产污种类

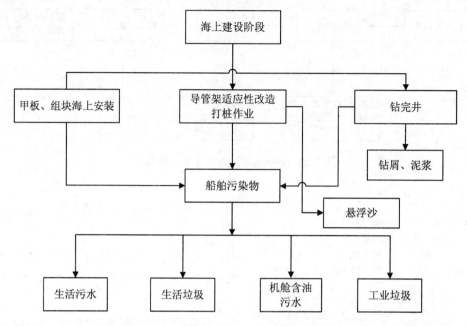

图 2-26　海上导管架平台建设产污环节和污染物种类

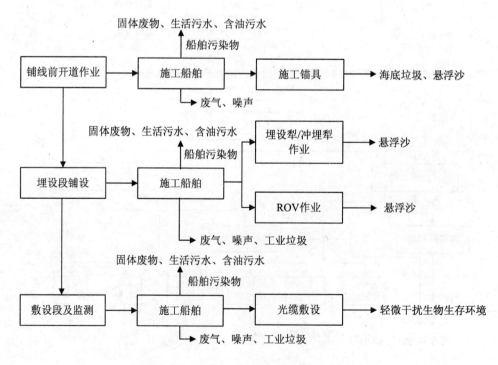

图 2-27　海底光（电）缆工程建设产污环节

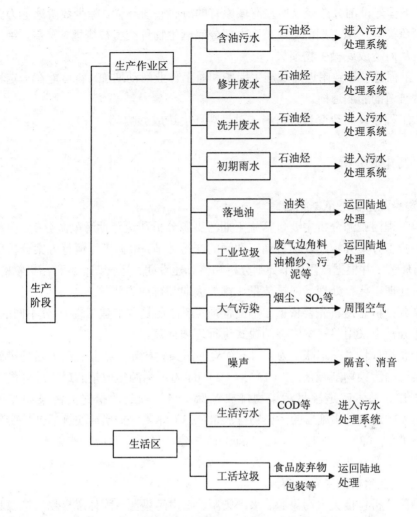

图 2-28 海上油田生产阶段产污环节和污染物种类、去向

3．工程建设生态影响环节分析

根据海洋工程特点，工程建设对生态影响环节主要是：

（1）海洋工程建设期间搅动海床，引起悬浮物排放，从而导致局部海域内的游泳生物迁移，浮游生物也将受到不同程度的影响，尤其是对滤食性浮游动物和进行光合作用的浮游植物的影响较大。此外，海域水体混浊水质下降，也会对鱼类造成一定的影响。

（2）围填海、人工岛、大桥桥墩等海洋工程建成后占用海域，导致岸线和海底地形改变，从而改变潮流场，降低海湾纳潮能力，对水动力环境造成一定影响。此外，潮流场改变还会对冲淤环境造成一定影响。

（3）工程建设部分改变了所在海域原有的海底底质环境，除少数游泳能力强的生物如底栖鱼类等在施工期前逃离外，大部分底栖生物种类将被掩埋、覆盖，绝大多数将死亡，从而造成底栖生物损失。

（4）工程建设导致附近海域施工船舶和海上作业活动增加，将可能在一定程度上影响正常航道的船舶通航。

（5）工程建设后改变景观格局，对景观环境造成影响。

六、污染源分析

1. 污染源分析的依据和思路

海洋工程污染源分析主要包括施工期污染源分析和运营期污染源分析。根据工程所采用的施工方案分析建设项目施工期间的产污环节；根据工程运行方案分析生产期间的产污环节。并根据产污环节详细分析和核算建设期、运营期、各种污染物的源强、产生量、处理工艺、处理量、排放量、排放去向和排放方式等。

污染源分析思路首先要依据工程的性质（新建还是改扩建工程），分不同的情况，在污染源分析上采用"三本账"的模式进行逐项计算。

对于新建项目"三本账"为：（1）工程的污染物核定排放量；（2）治理措施实施后能够实现的污染物削减量；[（1）－（2）]即为污染源排放量的最终外排量。

改扩建和技术改造项目污染物排放包括：（1）项目改扩建的污染物实际排放量；（2）改扩建项目实施后的污染物排放量；（3）环境保护措施实施后能够实现的污染源削减量。[（2）－（1）－（3）]即为改扩建项目污染源最终外排量。

在各污染要素计算后，列出一总表表达本项目最终污染物的排放量。

2. 污染源分析的主要内容

污染源分析包括大气污染源、水污染源、噪声污染源、固体废弃物污染源和生态影响分析。

大气污染源分析主要包括分析污染物来源，污染因子的确定，污染物排放方式和排放量，大气污染源的核定方法一般为类比分析法和经验系数法。

水污染源包括废水来源、废水处理处置方案及处理效果，废水污染源估算可采用排放系数法。

噪声污染源主要为各类施工设备和生产设备运行时产生的机械、动力噪声，评价中应根据不同类型噪声源的特点，对其来源、噪声值、采取的降噪措施等逐一分析。噪声污染源的分析方法主要有类比法、经验估值法等。

固体废弃物污染源分析主要为识别固体废弃物的来源及产生量，识别固体废物的特性，特别是有毒有害特性。海洋石油工程施工期所产生的固体废弃物一般为：海底输油（气）管道、海底电缆挖沟铺设所产生的悬浮沙、施工船舶和人员所产生的工业垃圾、生活垃圾等；钻井作业过程中所产生钻屑、泥浆（非含油）、工业垃圾及作业人员所产生的生活垃圾等。估算的方法一般为公式法、排放系数法和经验估算法。对运营期产生的生活垃圾、工业垃圾，估算的方法也为排放系数法和经验估算法，而对于运行期所产生的含油生产污水和废水，则以油田产能及配产中的水量为准。对含油钻屑、含油泥浆（属于特殊危险废物）等应根据国家的有关危险废弃物的处理规定和方法做安全处理。

海洋生态影响因素的分析比较复杂，应详细分析建设项目施工、生产运行、维护检修和事故等各阶段中产生的生态影响要素，确定其主要影响方式、内容、范围和可能产生的结果，分析其主要控制因素，核算并列出影响要素清单。生态环境影响往往具有长期性、累积性和潜在性的特点，应重视现有同类工程存在的环境问题，进行类比分析。

海洋工程在建设及运营期的生态影响主要来自因海洋工程造成部分海底生境的改变，对大型围填海过程可能造成海底地形的变化、海流流场的改变以及对近岸生物多样性的影响，要进行深度的分析。

3. 污染源分析方法

（1）类比分析法

在采用类比分析法进行工程污染分析时，要注意类比条件的相似性、可比性，不仅要考虑同类型、同规模海洋工程条件的可比，还要注意不同海区、不同地形、地貌、地质、污染气象条件的可比，并应进行必要的修正。

（2）经验系数法

在采用经验系数法进行工程污染分析时，要注意系数选取的基本条件，例如在分析疏浚和海底挖掘悬浮泥沙的污染源强时，常采用日本神户港的经验公式：

$$Q = \frac{R}{R_0} \times T \times W_0 \qquad (2-1)$$

式中，Q —— 疏浚时悬浮物发生量，t/h；

W_0 —— 悬浮物发生系数，t/m^3；

R —— 发生系数 W_0 时的悬浮物粒径累计百分比，%；

R_0 —— 现场流速悬浮物临界粒子累计百分比，%；

T —— 挖泥船疏浚效率，m^3/h。

悬浮物的发生系数不是一个定数，它与取沙的粒径级配有关。污染源源强还取决于挖泥船的作业方式和效率，同样的挖泥船在不同水域作业产生的污染源源强可能会出现数量级的差别。

大型海洋工程建设项目一般要作粒径分析，评价可利用工程上的基础数据。在没有粒径分析数据的情况下，也要参考邻近已有的资料或者类似项目的有关数据粒径分析资料。对于耙吸式、绞吸式挖泥船作业，初步的分析也可按表 2-1 参照选取。

表 2-1　疏浚悬浮物粒径分布参考值

施工项目	$R/\%$	$R_0/\%$	$W_0/$（t/m³）
填　筑	23.0	36.55	1.49×10^{-3}
疏　浚	89.2	80.2	38.0×10^{-3}

（3）模式计算法

利用模式进行预测，一般情况下是拿来就用，模式存在适用性的问题是值得注意的，采用者最好能了解一下，模式建立的条件和模式应用的范围、限制，必要时对模式的参数进行适当地调整，使模式的具体应用更趋合理。

（4）实测法

用实测法进行工程污染分析是最直观、最可靠的方法之一，虽然实测有它的偶发性，但毕竟比上述方法更贴近实际情况，由于受工程进度和评价经费的限制，就单个项目来说，实测法的可操作性不一定强，评价工作者应注意日常实测资料的收集统计，有针对性地选用，可以达到事半功倍的效果。

4．污染源分析与计算负荷（示例）

（1）施工期污染负荷

①水污染源污染负荷。海洋工程施工期产生的水污染源一般为施工期生活污水、船舱含油污水，海管试压液等。其污染负荷一般如下：

A．船舱含油污水

含油量 2 000～20 000 mg/L，未使用油水分离器的船舶一般按表 2-2 选取污水产生量。

表 2-2　舱底油污水水量

海上设施载重吨/t	舱底油污水产生量/[t/（d·艘）]
500	0.14
500～1 000	0.14～0.27
1 000～3 000	0.27～0.81
3 000～7 000	0.81～1.96
7 000～15 000	1.96～4.20
15 000～25 000	4.20～7.00
拖轮	0.50～0.80

B．生活污水

水量：可根据海上设施人数和海上作业时间确定。

C．海管试压液

海管铺设完毕、启用前要进行试压，其试压液计算方式一般如下：

$$Q=\pi D^2 \cdot L/4 \qquad (2-2)$$

式中，Q —— 管线用水量；

　　D —— 管线内径；

　　L —— 管线总长度。

②大气污染源污染负荷

海洋工程施工期大气污染源一般为施工来往船只排放的废气，废气排放量采用英国劳氏船级社推荐的计算方法，每 1 t 燃油产生的 NO_2 排放量为 7.2 kg，SO_2 排放量为 10 kg，通过作业时间、辅机运转时间，计算海洋工程海上设施排放废气总量。

③固体废弃物产生量

海洋工程固体废弃物主要包括海上设施及施工船舶的生活垃圾、施工生产垃圾（其中分离处理后的废油，以及沾有液体化工品的棉纱等，列入危险品固体废物）、钻井过程中产生的钻屑泥浆等。

A．生活垃圾量的通用参数按表 2-3 选取。

表 2-3　海上设施生活固体废弃物产生量通用参数选取

设施类型	小型	中型	大型	特大型
废弃物量/[kg/（d·人）]	1.0	1.5	2.2	2.4

B．工业垃圾。

工业垃圾一般类比同类工程施工过程中产生的固体废弃物产生量。

C．钻屑、泥浆。

钻井施工期钻屑产生量按以下公式进行计算

$$V=\pi R^2 \times h \qquad (2-3)$$

式中：V —— 钻屑产生体积，m^3；

　　π —— 3.14；

　　R —— 井眼半径，m；

　　h —— 井深，m。

注：含油钻屑根据井身的含油段长度进行计算。

钻井作业中，泥浆循环使用、泥浆产生环节主要有 4 个：外排钻屑黏附、固井置换、提钻携带以及钻井结束后的一次性排放，钻井泥浆的产生量一般根据各个油田钻井经验系数确定。

D. 管线类施工产生的悬浮泥沙

悬浮泥沙的产生速率和产生量计算公式如下：

$$产生量=搅动沉积物的横截面积×搅动悬浮物的长度×起沙率 \qquad (2\text{-}4)$$

$$产生速率=搅动沉积物的横截面积×设备移动的速度×沉积物密度×起沙率 \quad (2\text{-}5)$$

（2）运行期污染物产生量

根据工程的特点，对运行期可能产生的污染物（水、气、固废）排放的情况进行分析，分别给出可能的污染物排放总量。

① 水污染源负荷

海洋工程类运营期产生的水污染源一般为含油生产水、生活污水、初期雨水等。具体污染负荷计算一般如下，但是要根据具体工程类别具体问题具体分析。

A. 含油生产水

含油生产水是指油田采出水，最终含油生产水的产生量一般按物料平衡法进行计算。

$$含油生产水（Q_0）=油田采出水（Q_1）-随油输走的水量（Q_2） \qquad (2\text{-}6)$$

B. 生活污水

生活污水发生量按照定员和当地污水量标准估算。

C. 初期雨水

初期雨水按项目所在地区地区暴雨公式进行估算。

例如营口某海洋石油开发项目初期雨水计算按以下公式进行计算

$$q = \frac{3\,888.62(1+0.78\lg P)}{(t+10)^{0.91}} （引自《东营港城工业区规划分区规划》2006 年 4 月）$$

$$(2\text{-}7)$$

式中，q —— 暴雨强度，$L/s \cdot hm^2$；

　　　P —— 设计暴雨重现期，采用 $P=1$ 年；

　　　t —— 集流时间，min，采用 30 min。

雨水量公式：　　　　　　　　$Q=C \cdot F \cdot q$ 　　　　　　　(2-8)

式中，Q —— 雨水量，L/s；

　　　F —— 汇水面积，hm^2；

　　　C —— 径流系数。

② 大气污染源污染负荷

海洋工程运营期大气污染源一般是指火炬、发电机组燃烧伴生天然气产生的废气，其计算方式有经验系数法、公式计算法。

A．经验系数法

如果火炬、发电机组燃烧的天然气未给出含硫量等具体成分，一般参考《八五环境统计手册》计算每燃烧 $1\,m^3$ 天然气约产生 $14.24\,m^3$ 烟气量；NO_2 排放系数为：$3\,400\,kg/（10^6\,m^3$ 燃料气），烟尘排放系数为：$286\,kg/（10^6\,m^3$ 燃料气），SO_2 排放系数为：$1.0\,kg/（10^4\,m^3$ 燃料气）。

B．公式计算法

如果火炬、发电机组燃烧的天然气已给出含硫量，燃烧产生的二氧化硫一般按照以下公式进行计算：

$$二氧化硫排放量＝燃气量×含硫量×80\%×2 \qquad (2-9)$$

③固体废弃物产生量

海洋工程运营期产生的固体废弃物一般为生产工业垃圾、含油生产水处理设施产生的含油污泥、生活垃圾等。一般均按照同类工程产生的经验数值进行计算。

④非正常工况污染分析

根据工程的特点，对工程调试、检修、扫气、事故工况下，可能产生的意外污染物（水、气、固废）排放的情况进行分析，分别给出污染物排放总量。

七、污染物排放汇总表

污染源分析完毕后要对海洋工程施工期、运营期等阶段进行污染源排放汇总，以海洋石油开发为例给出一个示范表格（表2-4）。

表2-4　海洋工程污染物排放汇总

阶段	污染源	产生量/ m^3	排放量/ m^3	最大排放速率/（g/s）	污染因子	处理方式和去向	影响对象	影响程度
海上施工期	悬浮沙				SS	管线两侧自然沉降	海水水质、沉积物、生物	中
	船舶机舱含油污水				石油类	运回陆上统一处理	—	无
	生活污水				COD	经处理达标后排海	海水水质、生物	小
	固体废弃物				废弃边角料等	运回陆上统一处理	—	无
	不含油钻屑、泥浆				SS	排海	海水水质、沉积物、生物	中
	含油钻屑、泥浆				SS、石油类	运回陆上统一处理	—	无

阶段	污染源	产生量/m³	排放量/m³	最大排放速率/（g/s）	污染因子	处理方式和去向	影响对象	影响程度
运营期	含油生产水				石油类	处理达标后排海或回注地层	海水水质、沉积物、生物	中
	生活污水				COD	经处理达标后排海	海水水质、生物	小
	初期雨水				石油类	进入生产水处理系统	—	小
	固废				废弃边角料等	运回陆上处理	—	无
	废气					自然排放	海水、沉积物、生物	中

第三章　环境影响识别与评价因子筛选

环境影响识别和评价因子筛选应全面、准确地分析建设项目在施工、运营、废弃等各阶段和环境事故状态下的环境影响要素，筛选出主要环境问题及评价因子；阐明各阶段环境影响评价因子识别与筛选的原则和方法；针对主要环境影响要素、环境敏感区、环境敏感目标和主要环境保护对象，给出各阶段环境影响要素的影响范围、内容和方法。

第一节　环境影响识别

一、识别的目的和技术要求

1. 识别的目的

环境影响识别是通过系统性地检查建设项目的各种"活动"与各环境要素之间的关系，识别可能的环境影响，包括环境影响因子、影响对象、环境影响程度和环境影响方式，定性说明环境影响的性质、程度和可能的范围。其中环境影响的程度与建设工程的特征、强度及相关环境要素的承载能力有关。

2. 识别的技术要求

在建设项目环境影响识别中，应考虑以下方面：

（1）项目的特性（如项目类型、规模等）；

（2）项目涉及的当地环境特性及环保要求（如自然环境、社会环境、海洋功能区划和环境保护规划等）；

（3）识别主要的环境敏感区和敏感目标；

（4）从自然环境和社会环境两方面识别环境影响；

（5）突出对重要的或社会关注的环境要求识别。

环境影响识别要识别出主要环境影响要素和主要环境影响因子，说明环境影响性质，判断环境影响程度、影响范围和影响时段。

二、识别原则

环境影响识别的目的一方面是在于找出环境影响的各个因素，特别是不利的环境影响，为环境影响预测指出目标，为污染综合防治指出方向；另一方面是通过污染综合防治，控制不利影响，使其减少到符合环境质量标准的要求。海洋工程对环境产生的影响主要取决于两个方面：一方面是项目的工程特征，另一方面是项目所在海区的环境特征。因此海洋工程建设项目的环境影响因素识别应遵循下述原则：

1. 判别项目建设与项目所在海区区域发展规划、海洋功能区划的相容性、协调性，判别项目建设是否存在重大的环境相容性判别因素。

2. 施工期是海洋工程建设项目可能产生环境污染和生态破坏的主要环节，应重点从施工工艺方案判别施工全过程可能产生的污染因素。

3. 从海洋工程特征，特别是相关物料的理化和毒理性质，工艺流程，判别项目建设运营期可能产生的污染因素，特别是应有针对性地提出该项目的特征污染因子。

4. 对项目在运营期可能发生的事故进行分析，如管道破裂和油井井喷等事故，这些事故可能诱发重大的溢油（液）事故，给环境带来严重的污染。

三、识别内容

1. 影响范围识别

建设项目环境影响范围，主要指工程施工活动和运行过程直接或间接影响涉及的区域。海洋工程环境影响范围一般比较大，根据工程因素作用区域的变化，对环境影响范围划分不同的区域。工程环境影响范围的识别为确定环境影响评价和影响预测范围提供依据。环境影响识别一般可分为施工期和运行期涉及的范围。

2. 影响性质识别

工程的环境影响性质识别，可以分为有利影响和不利影响两类。工程对环境问题的治理和改善为有利影响；工程使环境质量变差为不利影响。环境质量改善和变差的识别标准，可与无工程时的环境质量状况进行比较分析。

环境影响性质识别还可分为可逆影响和不可逆影响，对于不可逆影响应重点进行评价。显著影响和潜在影响，应更关注潜在影响可能发生的环境风险。长期影响和短期影响，应更关注长期影响。

3. 影响程度识别

环境影响程度识别，可从环境受工程影响的范围、时段和强度上进行识别。影响范围大小可用淹没占地面积、施工占地面积、移民安置占地面积及受影响的水域面积来识别；影响时段长短可用施工期和运行期引起的环境改变时段的长短来识别；影响强度可根据作用因素和污染源强度来识别。环境要素受影响的敏感性可依据环境敏感度、资源敏感度、经济敏感度和受社会及民众的关注程度来识别。环境影响程度识别为确定重点评价因子服务。

在环境影响识别中，可以使用一些定性的、具有"程度"判断的词语来表征工程建设项目对环境因子的影响程度，通常按 3 个等级或 5 个等级来定性划分影响程度。3 个级别包括重大、轻微和微小；5 个级别分为极端不利、非常不利、中度不利、轻度不利和微弱不利。

如按 5 级划分不利环境影响：

（1）极端不利：外界压力引起某个环境因子无法替代、恢复与重建的损失，此种损失是永久的，不可逆的。如使某濒危的生物种群或有限的不可再生资源遭受灭绝威胁。

（2）非常不利：外界压力引起某个环境因子严重而长期的损害或损失，其代替、恢复和重建非常困难和昂贵，并需很长的时间。如造成稀少的生物种群濒危或有限的、不易得到的可再生资源严重损失。

（3）中度不利：外界压力引起某个环境因子的损害或破坏，其替代或恢复是可能的，但相当困难且可能要较高的代价，并需比较长的时间。包括对正在减少或有限供应的资源造成相当损失，对当地优势生物种群的生存条件产生重大变化或严重减少。

（4）轻度不利：外界压力引起某个环境因子的轻微损失或暂时性破坏，其再生、恢复与重建可以实现，但需要一定的时间。

（5）微弱不利：外界压力引起某个环境因子暂时性破坏或受干扰，此级敏感度中的各项是人类能够忍受的，环境的破坏或干扰能较快地自动恢复或再生，或者其替代与重建比较容易实现。

四、识别方法

环境影响识别是在环境影响分析的基础上进行的，因此，其方法同时可以用于工程环境影响分析和环境影响识别。主要方法包括以下几种。

1. 定性分析法

工程环境影响分析从性质上讲，可以分为定性和定量两种。定性分析法是对环境影响从宏观上做出概念性判断，即依据实测和调查资料，通过因果分析和统计对比后，按逻辑推理，定性判断出某种影响的利或害，长久或短暂，能否恢复等。

定性分析法又分两种：一种是比较法，对工程兴建前后的环境影响要素、影响的机制及变化过程进行对比分析；另一种是类比法，是用已建成的相似工程进行类比，类比法可以是定性的，也可以是定量的，或者定性与定量结合使用。

2. 矩阵分析法

矩阵法由清单法发展而来，不仅具有影响识别功能，还有影响综合分析评价功能。它将清单中所列内容系统加以排列。把拟建项目的各项活动和受影响的环境要素组成一个矩阵，在拟建项目的各项活动和环境影响之间建立起直接的因果关系，以定性或半定量的方式说明拟建项目的环境影响。

该类方法主要有相关矩阵法和迭代矩阵法两种。

在环境影响识别中，一般采用相关矩阵法。即通过系统地列出拟建项目各阶段的各项活动，以及可能受拟建项目各项活动影响的环境要素，构建矩阵确定各项活动和环境要素及环境因子的相互作用关系。

如果认为某项活动可能对某一环境要素产生影响，则在矩阵相应交叉的格点将环境影响标注出来。可以将各项活动对环境要素、环境因子的影响程度，划分为若干个等级，如三个等级或五个等级。为了反映各个环境要素在环境中的重要性不同，通常还采用加权的方法，对不同的环境要素赋不同的权重，也可以通过各种符号来表示环境影响的各种属性。

3. 清单法（核查表法）

早在 1971 年有专家提出了将可能受开发方案影响的环境因子和可能产生的影响性质，通过核查在一张表上一一列出的识别方法，故也称"列表清单法"或"一览表法"。根据工程分析的结果，将污染物的等标排放量进行排序，按照工程各节段对海洋环境要素的影响，依次确定其影响的程度，根据工程组成逐项对应于环境组成要素及环境事故进行分析，列表汇总。该方法虽然是较早发展起来的方法，但现在还在普遍使用，并有多种形式。

（1）简单型清单：仅是一个可能受影响的环境因子表，不作其他说明，可作定性的环境影响识别分析，但不能作为决策依据。

（2）描述型清单：比简单型清单增加环境因子如何度量的准则。

（3）分级型清单：在描述型清单基础上又增加了对环境影响程度进行的分级。

环境影响识别常用的是描述型清单。目前有两种类型的描述型清单。比较流行的是环境资源分类清单，即对受影响的环境因素（环境资源）先做简单的划分，以突出有价值的环境因子。通过环境影响识别，将具有显著性影响的环境因子作为后续评价的主要内容。该类清单已按工业类、能源类、水利工程类、交通类、农业工程、森林资源、市政工程等分类的基础上，编制主要环境影响识别表。

另一类描述型清单即是传统问卷式清单。在清单中仔细地列出有关"项目一般环境影响"要询问的问题，针对项目的各项活动和环境影响进行询问。答案可以是"有"或"没有"。如果问答为有影响，则在表中注解栏说明影响的程度、发生影响的条件及环境影响的方式。而不是简单地回答某项活动将产生某种影响。

4. 图形叠置法

图形叠置法是美国麦哈格（Lan Mc Harg）于 1968 年提出的。该法是将研究的区域的经济、社会、自然环境分别制成环境质量等级分布图，将这些图叠置起来，可以做出影响识别和综合评价。

5. 网络法

采用网络图表示环境影响的因素与影响结果，按照工程行为对水文情势的影响、水环境理化指标的影响、生态影响等，分别绘制影响因素和影响结果网络图，分析得出主要环境影响因子。

第二节　评价因子筛选

环境影响评价因子筛选是在环境影响识别的基础上，分析受工程影响的环境要素及相应的因子，将重点环境要素作为评价的重点，相应的环境因子为重点评价因子。筛选的目的就是要抓住主要受影响的环境要素，突出评价的重点，对重点评价因子进行定量影响预测评价，有针对性地提出环境保护措施。

海洋工程的环境影响评价因子筛选是根据工程涉及的不同物料、工艺方案及施工期和运营期的特点，筛选出的评价因子主要包括：（1）特征污染物；（2）当地已造成严重污染的污染物；（3）列入国家主要污染物总量控制指标的污染物。从而有针对性地对不同的特征内容和污染因子进行评价工作。

一、评价因子筛选过程

环境影响评价因子的具体筛选过程如下：

首先，根据污染源强排定污染类影响因子的顺序，筛选出主要的污染因子，由此反映海洋工程待建项目对海洋环境的主要影响。生态染类影响因子表现周期长、有一定的潜伏性，识别起来要困难一些，尽可能采用类比法，查找相类似的海洋工程进行分析比对，识别出主要的非污染类影响因子。对于海洋工程施工阶段环境影响较大的影响因子主要包括往海域排放的大量悬浮物，爆破施工造成邻近海域大量生物的死亡，构筑物造成流场和波浪场的变化而引起海洋水体交换能力降低，造成一定海域海水水质下降，海底冲淤平衡的破坏，发生海岸堆积或者侵蚀等。

其次，对于某些污染物，要注意海洋环境特点，在陆地环境条件下可能是很严重的污染影响因素，向海洋排放时，由于海洋具有大得多的环境容量和自净能力，可能就不再是主要的环境影响因素，例如向海洋排放含盐（$NaCl$、Na_2SO_4、$CaCl_2$ 等）废水时，盐类可能就不是主要环境影响因素。

二、编制评价因子分析一览表注意事项

1. 评价时段

评价时段包括：建设（施工）期、运营期、废弃期等。

2．环境影响要素内容

由于海洋环境具有将海水水质环境、海洋沉积物环境、海洋水文动力环境、海洋地形地貌与冲淤环境和海洋生态环境集为一体的特殊性，海洋工程对海洋环境的影响作用与地表水、大气、噪声、固体废弃物等其它以介质划分的环境影响相比，具有显著的综合性和复合性的特点。《海洋工程环境影响评价技术导则》（GB/T 19485—2004）从落实《中华人民共和国海洋环境保护法》角度出发，依据多年来海洋工程环境影响评价的实践经验，根据海洋环境的特征和海洋工程的类型，界定了海洋工程环境影响评价的主要内容，包括海洋水文动力环境、海洋地形地貌与冲淤环境、海水水质环境、海洋沉积物环境、海洋生态环境与生物资源、自然保护区、环境空气、环境噪声、固体废物、放射性、电磁辐射、热污染、景观、人文遗迹、社会环境等。

3．环境影响内容及表现形式

由工程分析得到的环境影响内容及其主要表现形式包括：填海、航道疏浚、港池开挖，清淤、疏浚物倾倒、填海围堰溢流口排放的悬浮物；水下炸礁（爆破），基础爆破挤淤（爆夯），基础开挖，海底管道（电缆、光缆）挖沟、海中取沙土吹填等产生的悬浮物；填海和构筑物造成的水动力、冲淤造成的海洋流态的变化；填海和构筑物掩埋海床对生物、生境的损害；污水排海，放射性废水排海，余氯排放，温升（温降）水排放等对海水水质的环境影响等。

4．影响程度与分析评价深度

影响程度与分析评价深度：指针对某一评价因子及其对应的环境影响内容及其主要表现形式，经工程分析判断出的环境影响程度，以及针对这一评价因子应开展的环境影响评价和预测的内容要求与工作深度，一般用符号标识。最后，列出分析评价内容所在的章节号或页码。环境影响要素和评价因子分析一览表，见表3-1。

表3-1 环境影响要素和评价因子分析一览表（示例）

评价时段	环境影响要素	评价因子	工程内容及其表征	影响程度与分析评价深度
建设期	海洋生态	底栖生物	填海和构筑物掩埋	+++
		鱼卵仔鱼	航道疏浚、港池开挖产生悬浮物	++
	海洋水文动力	纳潮量	填海和构筑物影响	+++
	海水水质	悬浮物	航道疏浚、港池开挖产生悬浮物	+++
……	……	……	……	……

注1：+ 表示环境影响要素和评价因子所受到的影响程度为较小或轻微，需要进行简要的分析与影响预测；

注2：++ 表示环境影响要素和评价因子所受到的影响程度为中等，需要进行常规影响分析与影响预测；

注3：+++ 表示环境影响要素和评价因子所受到的影响程度为较大或敏感，需要进行重点的影响分析与影响预测。

三、评价因子筛选

1. 海洋水文动力评价因子

海洋水文动力环境影响是海洋环境的特定影响内容。由于海洋形态的整体性和动力过程的连续性，更由于海洋的流体特征，海洋工程的作用会改变自然条件下的水文动力状态，会直接或间接地影响地形地貌与冲淤状态、物质的输运、沉积物质量、底栖生物的生境和海水质量。

建设项目海洋水文动力环境影响评价主要根据所在海域的环境特征、工程规模及工程特点来划分等级。海洋水文动力环境的现状调查内容和评价因子主要包括：水温、盐度、潮流（流速、流向）、波浪、潮位、水深、灾害性天气等要素。

2. 海洋地形地貌与冲淤评价因子

海洋地形地貌与冲淤环境影响评价就是根据用海工程项目的特点，通过对工程建设区域自然条件的分析，了解和研究工程区域的岸滩演变规律，避开不利岸段或采取一定的措施减轻或消除因岸滩变化带来的不利影响，并预测工程建设后可能引起的海岸冲刷、淤积与海底地形变化，以便对工程进行调整和优化，并采取有效的防治措施。海洋地形地貌与冲淤的评价因子主要包括海洋地形地貌、海岸线、海床、滩涂、海底沉积环境和腐蚀环境等。

3. 海洋水质评价因子

海水水质常规评价因子主要评价指标，一般情况可根据《海水水质标准》（GB 3097—1997）中的指标，选取其中部分指标。按照其性质可分类如下：

物理指标：温度、漂浮物质、悬浮物质、臭、味、色。

化学指标：无机氮、活性磷酸盐、硫化物、溶解氧、化学需氧量、重金属（汞、铅、镉、铬、砷、铜、锌等）、石油类等。

生物指标：大肠杆菌、粪大肠菌群、病原体等。

4. 海洋沉积物评价因子

海洋沉积物是众多水生生物的栖息地，是海洋生态系统的一个重要组成部分。沉积物是营养盐生物地球化学循环的主要储存和释放场所，底栖生物区系处在水生生态系食物链下端，其密度及种群结构随沉积物的类型、季节、捕食压力的变化而改变。

海洋沉积物常规评价因子，一般情况可根据《中华人民共和国海洋沉积物质量》（GB 18668—2002）中的部分指标作为评价因子。指标主要包括：重金属（汞、铜、铅、镉、锌、铬、砷）、有机碳、硫化物、石油类等。

5. 海洋生态评价因子

海洋生态和生物资源环境现状评价内容应包括：

叶绿素、初级生产力、浮游动植物、底栖生物、潮间带生物的种类组成和群落的时空分布；海洋生物的生物量、密度、物种多样性（含优势度指数、物种多样性指数）、均匀度、丰富度等参数。

海域的生物生境现状、珍稀濒危动植物现状、生态敏感区现状、海洋经济生物现状等；海洋生物质量及经济价值。

渔业资源的种类、密度、主要经济种类、资源量等及其分布特征。

四、主要环境影响

1．海上石油勘探开发工程运营期的主要环境影响

（1）海洋石油勘探开发施工期的主要环境影响

爆破强声源、钻井泥浆、钻屑、悬浮物、含油废水、固体废物（旧工具、绳索、包装箱等）、生活废水、生活垃圾等对海洋水质、海洋沉积物、海洋生态的影响；构筑物（堤坝、人工岛等）对海洋动力环境、海底冲淤平衡、海洋生态、海岸景观的影响。

（2）海上石油勘探开发工程运营期的主要环境影响

含油废水、固体废物、生活废水等对海洋水质、海洋生态的影响。排空火炬对大气环境的影响；海上石油平台、人工岛、钻井船等水文动力和冲淤环境的影响，以及对海上航运、海水养殖、海岸景观造成影响。

2．海底采砂、采矿工程主要环境影响

悬浮物对海水水质、海洋生态环境的影响；采掘后造成海底深度增加，减弱了波浪的破碎程度，影响采砂、采矿区的水文动力条件和冲淤平衡，可能造成海岸的侵蚀或堆积；采掘场所海底底栖生物毁灭。

3．海底管线的主要环境影响

（1）海底管线铺设施工期的主要环境影响

施工过程中对海底的搅动产生的悬浮物，需要对当地沉积物的组成、搅动溶出特性、悬浮物的中心粒径、密度、组成等进行调查分析，底泥扰动过程中搅起的悬浮物对海洋水质、海洋生态造成污染影响。

（2）海底管线铺设运营期的主要环境影响

海底管线在运营期，正常情况下对海洋环境的影响较小，主要是事故状态下可能的物料泄漏、爆炸对海洋水质、海洋生态造成的影响。

4．海上倾废区使用过程中的主要环境影响

海上倾废区在使用过程中，倾倒物形成的悬浮物、废物的溶出毒性物质对海洋水质、海洋生态的影响；对海洋沉积物环境直接造成改变；倾倒物改变海洋沉积环境，直接掩埋海底的底栖生物，造成底栖生物的灭绝；倾倒过程中在海面形成漂浮物，影响海洋浮游植物的光合作用，进而影响海洋初级生产力。

5. 围填海的主要环境影响

（1）围填海对海洋水质和沉积物环境的影响

围填海过程中，溢流口排放的含泥沙排水，会造成项目附近海域悬浮泥沙增加，对水质和沉积物产生不利影响。

（2）围填海对海洋生态的影响

围填海工程改变了项目区域的海洋地利用方式，对该范围内的海域产生直接的、长期的、不可逆的影响，导致海洋生物消失，失去原有的生态环境功能；在填海过程中，溢流口排放的含泥沙排水，会导致项目附近区域海水水质和能见度降低，对水生生物有负面影响。

（3）围填海对地形地貌和潮流特征的影响

填海陆域形成后，可能使项目附近海域潮流特征发生变化，而项目的围填海也将对当地的水流流态和泥沙的运动状况产生影响。

6. 跨海桥梁的主要环境影响

（1）桥梁施工过程中产生的悬浮泥沙对海洋水质环境的影响；

（2）大桥建设对水动力条件的影响；

（3）潮流场改变对附近海域冲淤环境的影响；

（4）装载有毒、有害物质的车辆因交通事故泄漏的影响；

（5）对通航环境的影响。

五、环境保护目标

环境保护目标包括区域应达到的环境质量标准或功能要求的环境功能保护目标和环境敏感保护目标两大类。

1. 环境功能保护目标

环境功能保护目标根据环境质量标准确定。不同的功能类别分别执行相应类别的标准值。如：按照海域的不同使用功能和保护目标，海水水质分为四类：

第一类：适用于海洋渔业水域，海上自然保护区和珍稀濒危海洋生物保护区。

第二类：适用于水产养殖区，海水浴场，人体直接接触海水的海上运动或娱乐区，以及与人类食用直接有关的工业用水区。

第三类：适用于一般工业用水区、滨海风景旅游区。

第四类：适用于海洋港口水域、海洋开发作业区。

兴建海洋工程应维护所在地区环境功能，因工程建设需要改变功能类别和标准的，应经有关部门审批。

环境功能保护目标应结合建设项目所在省、市或地区关于海洋功能分区的资料和文件，按照相关的保护目标和要求进行确定。一般情况下，需要在分析当地海洋生态环境问题、海洋功能要求、海洋生态过程的特点、生态环境的敏感性之后，确定生态环境的敏感目标和保护目标。

2．环境敏感保护目标

海洋生态环境敏感区是指对于人类具有特殊价值或潜在价值，极易受到人为不当开发活动影响而产生负面效应的海（区）域。在海洋生态环境评价中被列为海洋生态环境敏感区的，是必须重点调查评价和实施保护措施的海域，根据相关法律规定的保护区（表3-2），以及《建设项目环境影响评价分类管理名录》规定的环境敏感目标。海洋工程环评中的环境保护目标主要包括如下：

（1）自然保护区，一般指国家级和省市级自然保护区；

（2）重要物种（列入保护名录的、珍稀濒危的、特有的物种）及其生境，例如海龟、白鳍豚、儒艮等；

（3）重要的海洋生态系统和特殊生境：重要河口与海湾、重要滨海湿地、红树林、珊瑚礁、海草床等；

（4）重要海洋生态功能区：一般指国家级和省市级海洋生态功能保护区和其他海洋生态保护区，鱼类产卵场、越冬场、索饵场、洄游通道、生态示范区等；

（5）重要自然与人类文化遗迹（自然、历史、民俗、文化等）：风景名胜区、海岸森林、滨海沙滩、海滨浴场、海滨地质景观、海滨动植物景观、特殊景观等；

（6）生态环境脆弱区：生物资源养护区、脆弱生态系统等；

（7）重要资源区：重要渔场水域、海水增养殖区等。

表 3-2　法律确定的保护目标

保护目标	依据法律
1．具有代表性的各种类型的自然生态系统区域	《中华人民共和国环境保护法》《中华人民共和国海洋环境保护法》
2．珍稀、濒危的野生动植物自然分布区域	《中华人民共和国环境保护法》《中华人民共和国野生动物保护法》
3．具有重大科学文化价值的地质构造、著名溶洞和化石分布区、火山、温泉等自然遗迹	《中华人民共和国环境保护法》《中华人民共和国矿产资源法》《中华人民共和国文物保护法》
4．人文遗迹	《中华人民共和国环境保护法》《中华人民共和国文物法》
5．风景名胜区、自然保护区等	《风景名胜区条例》《自然保护区条例》
6．自然景观	《中华人民共和国环境保护法》《风景名胜区条例》
7．海洋特别保护区、海上自然保护区、滨海风景游览区	《中华人民共和国海洋环境保护法》
8．水产资源、水产养殖场、鱼蟹洄游通道	《中华人民共和国渔业法》
9．海涂、海岸防护林、风景林、风景石、红树林、珊瑚礁	《中华人民共和国海洋环境保护法》

　　依据建设项目的主要环节问题和环境特征，全面、准确地识别和筛选出环境保护目标和环境敏感目标。明确建设项目的环境保护目标及其具体环境质量要求；清晰阐明各环境敏感目标（对象）的方位、距建设项目的距离、环境功能等具体内容和要求并做图示。

第四章　环境现状调查与评价

　　环境现状既反映工程环境影响因子的背景情况和工程拟建区域原有的主要环境问题，也代表了影响受体在受影响之前的状况，以及对环境影响过程具有影响作用的环境条件的现状。由此可见，环境现状分析评价是海洋工程环境影响评价的基础。

　　海洋工程项目的环境现状调查与评价专题的工作内容主要包括：海水、沉积物、海洋生物生态（浮游生物、底栖生物、渔业资源及渔业生产等）、水文动力环境和地形地貌冲淤环境的调查与评价。此外，还包括项目所处海域及周边区域的自然环境状况、海洋功能区划、环境功能区划及环境敏感目标的调查。以上调查内容根据海洋工程项目和所处海域环境的特点进行选取。

　　环境现状调查的方法有收集资料法和现场调查法。收集资料法应用范围广、收效大，比较节省人力、物力和时间。环境现状调查时，应首先通过此方法获得现有的各种有关资料，但此方法只能获得第二手资料，而且往往空间针对性和时间有效性不强，不能完全符合建设项目环评的要求，需要其他方法补充。

　　现场调查法可以针对使用者的需要，直接获得具有时效性和空间针对性的第一手数据和资料，从而可以弥补收集资料法的不足。不过这种方法工作量大，需占用较多的人力、物力和时间，有时还可能受季节、仪器设备等条件的限制。现状资料通常采用收集方式获得，如现有资料不能满足评价要求，必要时需进行现场实测。海洋环评中，应根据具体建设项目情况和评价等级，选择相应的现状调查站位数量及布点位置、调查频次。

　　收集和分析拟建工程环评范围内已经开展的相关环境条件和环境质量指标的调查、监测、统计分析资料，收集过程中应注意根据不同的环评目标，选择具有时效性的相关资料。

　　海洋工程建设项目涉及放射性、热污染、大气、噪声、文物等内容的环境影响评价时，可参照其他相关技术标准（例如《环境影响评价技术导则—总纲》《环境影响评价技术导则—大气环境》《环境影响评价技术导则—地面水环境》《环境影响评价技术导则—声环境》等）的要求进行现状评价，或采用现行成熟的评价方法进行现状调查和评价。

第一节 海水水质现状调查与评价

一、资料收集与使用

水质环境现状应尽量利用调查区内已有的三年内的监测数据资料。现状监测数据资料应是国家海洋行政主管部门认可、具有海洋环境监测资质单位所出具的调查监测数据和资料。

使用已有资料时须经过筛选，应按《海洋监测规范 第 2 部分：数据处理与分析质量控制》（GB 17378.2—1998）中数据处理与分析质量控制和《海洋调查规范 第 7 部分：海洋调查资料处理》（GB 12763.7—2007）中海洋调查资料处理的方法和要求，处理后方可使用。

二、调查时间与范围

调查时间和调查频次原则上按所确定的评价工作等级进行，可选择评价期内最不利于污染物扩散、稀释的潮时进行调查。

海洋水质环境现状的调查与评价范围，应能覆盖建设项目的评价区域及周边环境影响所及区域，并能充分满足环境影响评价与预测的要求。调查范围包括具体的经纬度坐标和海域覆盖面积。

在确定水质调查频率时，应综合考虑工程海域水质的变化规律以及工程/环评工作进度安排。位于沿岸、河口、近岸海域的 1 级评价项目，调查时间应尽量安排在丰水期、平水期和枯水期进行，若时间不允许，至少应进行丰水期和枯水期的调查；位于其他海域的 1 级评价项目，调查时间尽量安排在丰水期和枯水期进行，若时间不允许，则至少应进行一次现状调查。位于沿岸、河口、近岸海域的 2 级评价项目，调查时间应尽量安排在丰水期和枯水期进行，若时间不允许，至少应进行丰水期或枯水期的调查；位于其他海域的 2 级评价项目，至少应进行一次现状调查。对于 3 级评价项目而言，至少应进行一次现场调查。

在"导则"中列出了位于河口、海湾、沿岸海域、近岸海域和其他海域的不同评价级别的建设项目水质环境现状的调查时间。

当河口和海湾海域的调查区域面源污染严重，丰水期水质劣于枯水期时，应尽量进行丰水期调查或收集丰水期有关监测资料。

三、调查站位布设

在布设调查站位时应综合考虑工程所涉及的海域范围及排污特征、工程所处海域的地理位置、评价范围及工程海域特点，按照全面覆盖、均匀分布、突出重点的原则布设调查站位。站位设置应以能反映评价海域内污染物浓度分布的状况及趋势为宜。

根据导则要求：1 级水质环境评价项目一般应设 5～8 个调查断面，2 级水质环境评价项目一般应设 3～5 个调查断面，3 级水质环境评价项目一般应设 2～3 个调查断面；每个调查断面应设置 4～8 个测站；调查断面方向大体上应与主潮流方向或海岸垂直，在主要污染源或排污口附近应设主断面；位于生态环境敏感区和生态环境亚敏感区的调查站位数量应取大值。导则中的表 3 给出了各评价等级的最少调查站位数量，一般在 6～20。

如果建设项目为线性工程，则可以线性工程为主断面，在主断面两侧设置 1～2 个调查断面。每个断面上的站位数量可根据线性工程的长度和所处海域的位置确定。

在确定各个调查站位的站间距时应综合考虑工程设施覆盖的海域（新建工程、依托工程设施）和工程所处海域的位置（沿岸海域、近岸海域、其他海域）。

在环境影响报告书中应明确给出各个调查站位的详细经纬度坐标和调查的内容（表 4-1）。

表 4-1　调查站位和调查内容

站号	调查站位		调查内容
	东经	北纬	
01			水质、沉积物、生物
02			水质
……			……

四、调查项目

水质调查参数应根据建设项目所处海域的环境特征、环境影响评价等级、环境影响要素识别和评价因子筛选结果，在导则中给出了建设项目的类型及相应的参考水质调查参数，使用时可根据具体要求适当增减。通常情况下，调查项目主要由两部分组成，一部分是常规的监测项目，如盐度、pH 值、DO、COD 等；另外一部分则为拟建项目排放的特征污染物，如石油勘探开发类的项目的特征污染物为石油类。

五、调查分析方法

调查项目层次、样品的保存、运输和分析均严格按照《海洋监测规范》（GB 17378—2007）和《海洋调查规范》（GB 12763—2007）中的规定执行。

通常情况下，水深小于 10 m，只采集表层样品即可；水深在 10～25 m，可在表层和底层采集样品；水深 25～50 m，可在表层、距离海面下约 10 m 层、底层采集样品。随着水深的增加，可酌情增加样品采集层次。

空样容器送往采样地点或装好样品的容器运回实验室供分析，都应非常小心。包装箱可用多种材料，用以防止破碎，保持样品完整性，使样品损失降低到最低程度。包装箱的盖子一般都应衬有隔离材料，用以对瓶塞施加压力，增加样品瓶在箱内的固定程度。

六、海水质量现状评价

通过现场调查，将各调查因子的分析结果汇总表（表 4-2），并分别阐述各调查因子的分布特征，具体包括平面分布、垂直分布、取值范围、分布趋势等。

表 4-2　海水水质各调查因子的调查分析结果汇总

站号	层次	水温	盐度	pH	DO	COD	活性磷酸盐	无机氮	硫化物	挥发酚	……
01	表层										
	10 m										
	……										
	底层										
02	表层										
	10 m										
	……										
	底层										

海水质量现状评价应根据工程所在海域的海洋环境保护规划和环境保护目标，严格执行《海水水质标准》（GB 3097—1997）中相应的海水水质评价标准级别。

海水水质现状评价建议采用环境影响评价技术导则推荐的标准指数加超标率法，按评价因子逐项计算出指数值后，再根据指数值的大小评价其污染水平。

评价内容一是对各调查因子的调查分析结果并分层次进行统计，其中应采用调查因子的监测值范围、检出率、超标率等统计值（表 4-3）。二是对依据标准指数法公式计算所得的标准指数值进行统计,给出标准指数变化范围,并根据统计出的标准指数值计算超标率(表4-4)。三是对本次调查结果进行类比分析,选取具有可比性的相近海区或本海区相近年份的调查资料,了解本次调查的综合现状与以往调查的相对关系,得出评价结论(表4-5)。

表4-3 海水水质调查分析统计结果

项	目	表 层	10 m 层	……	底 层	全海区
COD	范围/(mg/L)					
	检出率/%					
	超标率/%					
……	范围					
	检出率/%					
	超标率/%					

表4-4 海水水质标准指数统计结果

站号	层次	pH	DO	COD	活性磷酸盐	无机氮	硫化物	挥发酚	悬浮物	……
01	表层									
	10 m									
	……									
	底层									
……	表层									
	10 m									
	……									
	底层									
范围	表层									
	10 m									
	……									
	底层									
	全区									
超标率										

表4-5 类比分析统计表

项目	本次调查					以往调查				
石油类	表层	10 m	……	底层	全海区	表层	10 m	……	底层	全海区

第二节 沉积物质量现状调查与评价

一、资料收集与使用

沉积物环境质量现状应充分利用评价区域内或邻近区域已有的调查监测数据资料，其调查监测数据资料应具有海洋环境监测资质的单位所出具的十年内的调查监测数据。

使用已有资料时须经过筛选，应按《海洋监测规范 第 2 部分：数据处理与分析质量控制》（GB 17378.2）中数据处理与分析质量控制和《海洋调查规范 第 7 部分：海洋调查资料处理》（GB 12763.7）中海洋调查资料处理的方法和要求，处理后方可使用。

二、调查时间与范围

一般情况下，海洋沉积物调查时间与范围可以与海洋水质和海洋生态环境调查同步进行，通常进行一次现状调查。

当建设项目所在区域有生态环境敏感区和自然保护区时，调查评价范围应适当扩大，将生态环境敏感区和自然保护区涵盖其中，以满足评价和预测敏感区和自然保护区所受影响的需要。

三、调查站位布设

3 级评价项目的沉积物环境调查站位布设应覆盖污染物排放后的达标范围；一般可设 2～4 个断面，每个断面设置 2～3 个测站。断面方向大体上应与主潮流方向或海岸垂直，在主要污染源或排污口附近应设主断面。

1 级和 2 级评价项目的沉积物环境调查断面设置可与海洋水质调查相同，调查站位宜取水质调查站位量的 50%左右，站位应均匀分布且覆盖整个评价海域，评价海域内的主要排污口应设有站位。

四、调查项目

常规沉积物参数主要包括[参见《海洋监测规范 第 5 部分：沉积物分析》（GB 17378.5—1998）中所列各测定项目]：总汞、铜、铅、镉、锌、铬、砷、硒、石油类、六六六、滴滴涕、多氯联苯、狄氏剂、硫化物、有机碳、含水率、氧化还原电位等。可依据海域功能类别，评价等级及评价要求，建设项目的环境特征和环境影响要素识别和评价因子筛选结果进行适当增减。

特征沉积物参数应根据建设项目排放污染物的特点、海域功能类别及环境影响评价的需要选定，主要包括：沉积物温度、密度、氯度、酸度、碱度、含氧量、硫化氢、电阻率等项目；沉积物中的大肠菌群、病原体、粪大肠菌群等项目。

若海洋工程包含有疏浚工程、围（填）海工程等有疏浚物处置的建设项目，且处于生态环境敏感区和生态环境亚敏感区时，应进行疏浚物的生物毒性检验试验。

以上调查项目可按海域类别、评价工作等级、污染源/污染物状况进行适当增减。

五、调查分析方法

调查项目层次、样品的保存、运输和分析均严格按照《海洋监测规范》（GB 17378—2007）和《海洋调查规范》（GB 12763—2007）中的规定执行。

沉积物的调查层次一般为表层，有特殊需要时，可采集柱状样。沉积物表层样品的采集深度不应小于 5 cm，否则应重新采样。为使沉积物样品具有代表性，在同一采样点周围应采样 2～3 次，将各次采集样品混合均匀分装。

用于储存海洋沉积物样品容器应为广口硼砂玻璃和聚乙烯袋，其中，湿样测定项目和硫化物等样品的储存应采用不透明的棕色广口玻璃瓶做容器；用于分析有机物的沉积物样品应置于棕色玻璃瓶中，测痕量金属的沉积物用聚四氟乙烯容器。凡装样的广口瓶需用氮气充满瓶中空间，放置阴冷处，最好采用低温冷藏。一般情况也可将样品旋转阴暗处保存。

沉积物样品运输方法同水质样品。

六、沉积物质量现状评价

阐述调查海域沉积物的粒度分析结果，其中包括各种粒级含量、平均粒径、粒度系数等。并辅以适当表格形式加以描述。按照粒度大小和粒级含量来划分粒级类型，确定沉积物类型。并采用文字描述沉积物类型分布情况。

通过现场调查，得出沉积物各调查因子的分析结果汇总表。并分别阐述各调查因子——有机碳、石油类、硫化物、铜、铅、锌、镉、汞、总铬、砷等的分布特征，具体包括监测值范围、分布趋势等。

表 4-6　沉积物各调查因子的调查分析结果汇总

站号	有机碳	锌	铅	石油类	硫化物	……	……
01							
……							

沉积物评价标准应执行《海洋沉积物质量》（GB 18668—2002）。对于沉积物现状评价：应采用《环境影响评价技术导则》推荐的标准指数法，按评价因子逐项计算出标准指数值后，再根据标准指数值的大小评价与各级标准的符合程度。标准指数的计算方法同海水水质评价方法。

评价结果内容包括：对依据标准指数法公式计算所得的标准指数值进行统计，给出标准指数变化范围，并根据统计出的标准指数值计算超标率。

第三节　海洋生态与生物资源环境调查与评价

一、海洋生态与生物资源现状调查

1. 资料收集与使用

应尽量收集评价区域及其邻近海域已有的生态环境历史资料，包括海域生物种类和数量、分布规律、渔业捕捞种类及产量、海水增养殖种类与面积、自然保护区类别与范围、珍稀濒危海洋生物种类与数量等。

用于生态环境现状评价和预测的数据资料应是国家海洋行政主管部门认可的、具有海洋环境监测资质（CMA）的单位所出具的近三年内的调查监测数据资料。

渔业资源的调查一般可以收集资料为主。

使用已有数据资料时须经过筛选，应按《海洋监测规范　第 2 部分：数据处理与分析质量控制》（GB 17378.2）中数据处理与分析质量控制和《海洋调查规范　第 7 部分：海洋调查资料处理》（GB 12763.7）中海洋调查资料处理的方法和要求，处理后方可使用。

2. 调查时间、调查范围与站位布设

海洋生态环境的调查时间应选择在主要调查对象的成熟期。

1 级和 2 级评价项目一般在春、秋两季分别进行调查；有特殊物种及特殊要求时可适当调整调查次数。

调查时间与水质调查同步，但处于非生物成熟期时，应尽量收集主要调查对象的生物成熟期的历史资料给予补充。

海洋生态环境的调查评价范围，主要依据被评价区域及周边区域的生态完整性确

定。1 级、2 级和 3 级评价项目，以主要评价因子受影响方向的扩展距离确定调查和评价范围，扩展距离一般为 8～30 km、5～8 km 和 3～5 km。

调查站位在环境现状调查站点上间隔布设。生物调查站位的数量一般不应少于水质站位数量的 60%。

3．调查项目

1 级评价项目的现状调查内容应根据建设项目所在区域的环境特征和环境影响评价的要求，选择下列全部或部分项目：海域初级生产力、叶绿素 a、颗粒有机物（POM）、病毒、细菌（包括粪大肠杆菌、异养细菌、弧菌等）、经济与珍稀动物卵子和幼体、底栖生物、游泳动物、污损生物、浮游植物、浮游动物等种类与数量，重要经济生物重金属及石油烃的富集、激素、贝毒、农药数量等。有核素放射性评价要求的项目应对调查海域重要海洋生物进行遗传变异背景调查。

2 级评价项目的现状调查内容应根据建设项目所在区域的环境特征和环境影响评价的要求，选择下列全部或部分项目：叶绿素 a、颗粒有机物（POM），底栖生物、游泳动物、污损生物、浮游植物、浮游动物等种类与数量，重要经济生物重金属及石油烃的富集、农药数量等。

3 级评价项目应收集建设项目所在海域近三年内的生态环境数据资料，资料不足时应进行补充调查。调查内容至少应包括叶绿素 a、底栖生物、游泳动物、浮游植物、浮游动物种类和数量，重要经济生物重金属及石油烃的富集等。

以上调查项目可按评价海域类别、评价等级、污染源状况进行适当增减。

4．调查分析方法

生物调查样品的采集、保存和分析均应按照《海洋监测规范》执行。

（1）叶绿素 a

①调查内容

大面观测：水体中叶绿素 a 和初级生产力含量的分布及季节变化。

②调查方法

叶绿素 a 调查使用 2.5 L 有机玻璃采水器采集水样。采样层次分为表层和底层。每份样取 300～500 ml 水样，加入两滴 1%碳酸镁溶液，用 GF/F 玻璃纤维滤膜过滤，滤膜用 90%丙酮萃取，定容至 10 ml，低温下萃取 20 h 后（中间必须取出摇匀），用 TURNER 荧光仪测定。

在用透明度盘（Secchi-disc）进行水体透明度测定的同时，基本物理参数水温和盐度用德产 WTWCond340i 温、盐度仪进行观测。

（2）浮游植物

采水体积 0.50 L，水样用 Lugo 溶液固定带回实验室，鉴定计数前在实验室沉降 24 h，除去上清液，浓集，再随机抽取分样样品在倒置显微镜下分析计数，结果以 cells/dm^3 表达。

（3）浮游动物

用浅水 I 型浮游生物网（网长 145 cm，网口直径 50 cm，筛绢孔宽 0.505 mm），从底至表垂直拖取样品，并用样品体积量 5%的中性甲醛溶液固定。

用电子天平（感量 0.001 g）和真空泵（30 dm^3/min）等器具进行样品湿重生物量的测定，先将样品抽滤去除水分后称出样品的湿重，然后换算成 mg/m^3。样品的鉴定与计数则是借助于浮游动物计数框、体视显微镜和普通光学显微镜等将全部样品进行种类鉴定并按种计个体数，然后换算成个体密度（个/m^3）。

（4）潮下带底栖生物

潮下带底栖生物使用 0.05 m^2 抓斗式采泥器，每站连续取样不少于 4 次，每站所采泥样合并为一个样品，放入 MSB 型底栖生物旋涡分选器中淘洗，并用网目为 1 mm 的过筛器分选标本，生物样品置样品瓶中用固定液保存。标本处理以及室内分析和资料整理均按《海洋调查规范》（GB 12763.6—2007）技术要求进行。

（5）潮间带底栖生物

每断面布设 5 个站位，用定量框等配套工具取样，每站取样面积 0.125～0.50 m^2。泥滩、泥沙滩和沙滩样品经 WSB1″型底栖生物旋涡分选器分选，或经网目为 1 mm 和 0.5 mm 的套筛淘洗。生物样品置样品瓶中用固定液保存，同时进行各潮区的定性取样与观察。标本处理和分析按《海洋调查规范　第 6 部分：海洋生物调查》（GB 12763.6—2007）技术要求进行。

潮区划分参照潮汐资料，根据瓦扬（Vaillant，1891）原则，结合斯蒂芬森（Stephenson，1949）原则及生物自然分布，将潮间带划分为高、中、低三个潮区。

（6）海洋生物质量

海洋生物样品以贝类为主（选择生物质量监测的种类的顺序依次为贻贝、牡蛎、菲律宾蛤），根据海区（滩涂）情况可增选鱼、虾和藻类作为监测生物。生物样品的来源主要包括：

①生物测站的底栖拖网捕捞；

②近岸定点养殖采样；

③渔船捕捞；

④沿岸定置网捕捞及垂钓；

⑤市场直接购买，样品来源必须确认监测海区，主要包括经济鱼类、虾蟹类、贝类和某些藻类。

海洋生物样品的采集方法如下：

①贝类样品的采集：挑选采集体长大致相似的个体约 1.5 kg。如果壳上有附着物，应用不锈钢刀或比较硬的毛刷剥掉，彼此相连个体应用不锈钢小刀分开，用现场海水冲洗干净后，放入双层聚乙烯袋中冰冻保存，用于生物毒性及贝类检测。

②藻类的采集：采集大型藻类样品 100 g 左右，用现场海水冲洗干净后，放入双

层聚乙烯袋中冰冻保存（−20～−10℃）。

③鱼、虾类的采集：鱼、虾类样品的取样量约 1.5 kg，用现场海水冲洗干净后，冰冻保存（−20～−10℃）。

调查样品的保存、运输和分析均严格按照《海洋监测规范》（GB 17378—2007）和《海洋调查规范》（GB 12763—2007）中的规定执行。

5. 海洋生物生态现状评价

（1）叶绿素 a 及初级生产力状况及评价

初级生产力的估算采用叶绿素 a 法，按联合国教科文组织（UNESCO）推荐的下列公式：

$$P = \frac{\rho_{\text{Chla}} \cdot Q \cdot D \cdot E}{2} \qquad (4\text{-}1)$$

式中，P —— 现场初级生产力，mgC/（m^2·d）；

ρ_{Chla} —— 真光层内平均叶绿素 a 含量，mg/m^3；

Q —— 不同层次同化指数算术平均值；

D —— 昼长时间，h，根据季节和海区情况取值；

E —— 真光层深度，m。

以平面分布和垂直分布的形式分层次描述调查海域的叶绿素 a 的取值范围、平均值，分布趋势（表 4-7）。

表 4-7　叶绿素 a 含量　　　　　　单位：mg/m^3

站号	表层	10 m 层	50 m 层	底层	平均值
P1					
……					
范围					
平均值					

根据计算结果统计调查海域各站点的初级生产力水平、平均值、分布趋势（表 4-8）。

表 4-8　调查海域海洋初级生产力　　　　　　单位：mgC/（m^2·d）

站号	P1	P2	P3	P4	P5	P6	P7	P8	P9	……	平均值
初级生产力											
范围											

（2）浮游植物分布状况及评价结果

浮游植物现状调查内容包括：浮游植物的种类组成，包括优势种类及其分布（所占比例），浮游植物的丰度及其分布，包括调查海域各站点的个体数量分布、平均值、优势种的个体数量及其所占比例（表4-9）。

表 4-9　浮游植物个体数量　　　　单位：×10⁴ cells/m³

站号	P1	P2	P3	P4	P5	P6	P7	P8	P9	P10
个体数量										
站号	P11	P12	P13	P14	……	变化范围		平均值		
个体数量										

浮游植物的优势种分布包括：

浮游植物的种类多样性指数和均匀度：种类多样性指数和均匀度计算推荐使用 Shannon-Wiener 公式和 Pielous 公式计算：

$$H' = -\sum_{i=1}^{s} P_i \log_2 P_i \tag{4-2}$$

式中，H' —— 多样性指数；

$P_i = n_i/N$（n_i 是第 i 个物种的个体数，N 是全部物种的个体数）。

$$J' = \frac{H'}{\log_2 s} \tag{4-3}$$

式中，J' —— 浮游植物的均匀度；

s —— 种类数。

浮游动物分布状况及评价结果：

浮游动物现状调查内容包括浮游动物的种类组成，其中包括优势种类所占比例；浮游动物的个体数量及其分布、平均值、优势种的个体数量及其所占比例（表4-10）。

表 4-10　浮游动物平均个体数量及百分比

类别	桡足类	介形类	端足类	原生动物	磷虾类	……	其他
个体数量/（个/m³）							
百分比/%							

（3）潮下带底栖生物分布状况及评价结果

底栖生物现状调查内容包括底栖生物的种类组成，其中包括优势种类所占比例，底栖生物的生物量组成及分布、生物量的变化范围、平均值、最高值、最低值。

底栖生物的密度组成及分布其中包括调查海域栖息密度、优势种的栖息密度及其平均值，分布趋势（表4-11）以及生物群落特征和生物多样性指数。

表 4-11　底栖生物的生物量和栖息密度

类群 数量		多毛类	棘皮类	软体类	甲壳类	鱼类	……	其他	合计
生物量	g/m²								
	%								
栖息密度	个/m²								
	%								

（4）潮间带生物分布

潮间带生物现状调查内容包括潮间带生物的种类组成，其中包括主要种和优势种所占比例、主要种和优势种的垂直分布和季节分布，潮间带生物的生物量组成及分布、生物量的变化范围，平均值，最高值，最低值。

潮间带生物的密度组成及分布其中包括调查海域栖息密度的变化范围，平均值，优势种的栖息密度及其平均值，分布趋势。潮间带生物的群落特征和生物多样性指数。

（5）生物质量状况及评价结果

生物质量评价标准采用《海洋生物质量》《全国海岸和海涂资源综合调查简明规程》《第二次全国海洋污染基线监测技术规程》（第二分册）中的生物质量评价标准。评价贝类、鱼类、甲壳类等生物体内总铬、铜、铅、锌、镉、石油烃、砷、汞含量是否符合评价标准的要求（表 4-12）。

表 4-12　海洋生物体内污染物质含量（×10⁻⁶）　　　　　　单位：mg/kg

站号	类别	生物名称	总铬	铅	石油烃	……
P1	鱼类					
	软体类					
	甲壳类					
	贝类					
全海区	贝类					
	鱼类					
	软体类					
	甲壳类					

二、海洋渔业资源状况

1. 调查概况

渔业资源的调查一般可以收集资料为主。收集的资料应为国家相关主管部门认可的资料，作为现状使用的资料的有效期为三年。如现有资料不能满足评价要求，需辅以现场调查。

调查内容包括：渔业资源调查的范围，具体经纬度坐标以及主要渔区、调查时间、调查船舶等。

2．渔业资源分布状况

评价区域所涉及海区的渔业资源（鱼类、头足类、甲壳类等）的主要种类组成、生活习性、渔获物的组成差异和渔获量的变化。调查海区鱼类的洄游特性，其中包括主要经济鱼类的越冬场、产卵场、索饵场、洄游路线。

调查海区鱼卵、仔稚鱼的数量、分布范围和密集中心等。

海洋珍稀动物种类、数量、生活习性、产卵期。

3．渔业资源量评估

利用现场调查或历史资料评估出各渔区的鱼类、头足类、甲壳类现存资源量、平均资源密度、可捕量（表 4-13）。

表 4-13　各渔区鱼类、头足类、甲壳类资源状况

渔区	面积/km^2	平均资源密度/（t/km^2）	资源量/t	可捕量/t
A				
B				
C				
……				
整个评价区				

4．海洋渔业生产状况

渔业生产状况包括评价海区邻近渔港的分布情况、乡镇和渔业人口的发展情况、渔船拥有量及吨位。评价海区邻近海水养殖各种海产品类型的养殖面积、养殖品种、养殖产量等。评价海区海洋捕捞产量、捕捞种类、捕捞产量变化趋势、捕捞种类变化趋势等。

三、海洋生物生态现状评价小结

本小节应将叶绿素 a、初级生产力、浮游植物、浮游动物、底栖生物、潮间带生物、生物质量、渔业资源状况、渔业生产状况、海洋珍稀动物等上述的调查结果运用概括性的语言加以表述，并给出海洋生态现状评价结论。

第四节　水文动力环境调查与评价

一、资料收集与使用

应收集尽可能长时间的历史监测调查资料，并应注明资料来源和时间。

1. 资料的收集

应收集与建设项目有关的历史资料和最新图件；图件应标明等深线、主要岛屿、港口、航道、海岸线和海上建筑物等内容。图件比例尺应尽可能大。

收集的资料应包括：水温、盐度、潮流、流向、流速、波浪、潮位、气象要素（气压、气温、降水、湿度、风速、风向、灾害性天气）等。冰区还应包括海冰要素资料。

2. 资料的使用

使用历史资料时必须经过筛选，历史资料应按《海洋监测规范 第 2 部分：数据处理与分析质量控制》（GB 17378.2）和《海洋调查规范 第 7 部分：海洋调查规范》（GB 12763.7）中海洋调查资料处理的方法和要求处理后方可使用。

二、调查评价范围

1 级、2 级和 3 级评价项目的水文动力环境调查和评价范围，应符合：

（1）垂向（垂直于工程所在海区中心点潮流主流向）距离：一般不小于 5 km，3 km 和 2 km；

（2）纵向（潮流主流向）距离：1 级和 2 级评价项目不小于一个潮周期内水质点可能达到的最大水平距离的两倍，3 级评价项目不小于一个潮周期内水质点可能达到的最大水平距离；

（3）1 级和 2 级评价项目应进行水文动力环境现状调查；

（4）3 级评价项目在现有历史资料不能详尽全面地表明评价海域水文动力环境现状时，应开展现场调查；

（5）调查范围大于评价范围，调查与评价范围以平面图方式表示，并给出控制点坐标。

三、环境现状调查

1. 调查内容与方法

调查内容应包括水温、盐度、潮流、流向、流速、波浪、潮位、悬浮物、泥沙冲淤、水深、气压、气温、降水、湿度、风速、风向、灾害性天气等项目。

调查方法应按照《海洋调查规范　总则》（GB 12763.1）、《海洋调查规范　海洋水文观测》（GB 12763.2）和《海洋调查规范　海洋气象观测》（GB 12763.3）等的要求执行。

2. 调查站位布设

根据随机均匀、重点代表的站位布设原则，布设的调查断面和站位应基本均匀分布于整个评价海域或区域。沿主潮流方向布设的断面，1 级评价项目应不少于 3 条，每条断面应不少于 3 个站位；2 级评价应不少于 2 条，每条断面应不少于 2 个站位。3 级评价可适当减少调查断面和站位。

四、环境现状评价

应详细分析和评价建设项目的海洋水文动力环境现状及其影响，详细阐述海洋水文、气象要素的分布与变化特征。主要应包括：潮汐性质及类型；潮流、余流性质及类型，涨、落潮流和余流的最大值及方向，涨、落潮流和余流历时，涨、落潮流和余流随潮位（涨、落潮）变化的运动规律及旋转方向并附以图表说明。

第五节　海洋地形地貌与冲淤环境现状调查与评价

一、资料的收集与使用

应详尽收集建设项目所在区域和海域的地形地貌与冲淤环境资料。

海洋地形地貌与冲淤资料主要包括：

（1）地形地貌现状：海岸线、海床、滩涂、潮间带和海岸带地形地貌资料，各种海岸类型（包括河口海岸、砂砾质海岸、淤泥质海岸、珊瑚礁海岸、红树林海岸等）地形地貌的特征及分布范围资料，地面沉降和海岸线、海床、滩涂、海岸等蚀淤资料。

（2）海洋地质现状：地质类型、沉积类型与构造，硫化物、有机质、附着生物等资料。

二、调查评价范围

调查范围应与水文动力环境影响评价范围保持一致，同时应满足建设项目评价范围的要求。

调查与评价范围应以平面图方式表示，并给出控制点坐标。

三、现状调查

查清工程海域和区域的地形地貌与冲淤环境特征。1级和2级评价项目应开展海洋地形地貌与冲淤环境现状调查，包括海洋地形地貌，海岸线、海床、滩涂、海岸等蚀淤，海底沉积环境和腐蚀环境等环境现状调查。3级评价项目以收集历史和现状资料为主，辅以必要的现状调查。

1. 调查断面和站位布设

根据全面覆盖、随机均匀、重点代表的站位布设原则，布设的站位应覆盖于整个评价海域或区域。海域调查断面方向大体上应与海岸垂直，海岸调查断面方向大体上应与海岸平行，在建设项目主要影响范围和对环境产生主要影响的区域应设调查主断面，在其两侧设辅助断面；1级评价项目应不少于3条调查断面，每条断面应不少于3个站位；2级评价应不少于2条断面，每条断面应不少于2个站位。3级评价可适当减少调查站位。

2. 调查时段

海洋地形地貌与冲淤环境各要素的调查一般不受年度丰、枯水期的限制，可与海水水质、海洋沉积物、海洋生态环境等评价内容的调查时段一并考虑。

3. 调查方法

海洋地形地貌与冲淤环境的现状调查方法应按照《海洋调查规范》（GB/T 12763—2007）中海洋地质地球物理调查的要求执行。海底地形地貌主要采用多波束测试系统，单波束回声探测仪和侧扫声呐进行，辅以浅地层剖面、单道地震和地质取样。

腐蚀环境调查方法应按照《海洋监测规范》（GB 17378—2007）的要求执行。

四、现状评价

海洋地形地貌与冲淤环境现状分析与评价应包括以下内容：

（1）重点分析与评价建设项目所在海域的海岸、滩涂、海床等地形地貌的现状；重点分析与评价建设项目所在海域的冲刷与淤积的现状。

（2）铺设海底管线、海底电缆、海洋石油开发等建设项目应增加对海洋腐蚀环境的分析与评价。

第六节　海洋环境敏感目标

根据海洋功能区划，以及现场调查结果，分类阐述工程周围区域的环境敏感目标，并附海洋功能区划图/或敏感目标分布图，图中应标出经纬度或比例尺、敏感区分布范围和工程位置等。海上环境敏感目标的类别包括自然保护区、重要渔业生态功能区（产卵场、肥育场和密集分布区、洄游通道等），以及沿岸水产养殖区、盐场、电站取水口等。

根据敏感区的特点、敏感区与工程的距离等，筛选出重点环境保护目标，并以列表的形式给出筛选结果。表中内容应包括敏感区名称、与工程的距离、方位、敏感期和保护内容等（表 4-14）。

表 4-14 重要环境保护目标

名称	与工程距离/km	相对方位	敏感期	保护内容
……				
……				

第五章　环境影响预测与评价

第一节　环境影响预测方法

一、概述

环境影响预测是在工程建设之前，根据工程特点和所在地环境特征，采用科学、有效的方法预测工程建设可能造成的环境影响。环境影响预测方法包括：模型实验法（包括数值模拟法和物理模型实验法）、类比分析法、近似估算法、影响机理分析法、专家评估法等。

二、分析预测方法介绍

利用收集和补充的现状资料可开展如下的环境影响评价工作：

（1）确定待保护的环境资源具体指标以及保护方案等；

（2）分析典型环境问题成因、未来发展趋势以及与待评价工程的相关性；

（3）获得环境现状时空分布的定量化基础资料，用于评价环境现状的质量与环境影响模拟结果进行叠加，评价建设项目环境影响的性质和范围、与有关模型模拟结果加以对比，从而验证模型精度、获得影响预测模型及其数值模拟的相关参数，如：模型边界条件、模型参数等。

1. 模型实验法

随着人们认识自然能力的增加和科学技术的进步，构造模型的科学理论和求解模型的技术手段越来越完善，模型已经被非常广泛地用作解决多种问题的工具。定量化的预测模型主要分为两类，即：物理模型（如：风洞模型、水流模型等）和数值模型，尽管模型尚不能囊括真实系统的所有特性，但它确实能反映出真实系统中的一些重要特性，并且使得实际问题的解决得以简化。在模型的构造、求解或开发中要注意使模型包括所需求解或描述问题的基本特性，这一点极为重要。

预测模型模拟法的最大优势在于：可以在工程尚未建设的情况下，根据工程设计资料和建设区域环境特点，实现工程环境影响因子对相应环境圈层影响范围和程度的模拟预测。此外，预测模型模拟法（特别是数学模型模拟法）还具有模拟成本低、能够方便地修改有关参数进行反复模拟等特点。

2. 类比分析法

由于模拟参数、求解方法等多种方法具有某些不确定性和难以避免的误差，因此，数学理论模型和实验室模拟模型与真实环境和工程系统毕竟有一定的差别。一项海洋工程对某一地区而言常常是第一次兴建，在工程开始之前无法实测出其环境影响，但是，同样或相似类型的海洋工程很可能在其他地区已经兴建，如果环境条件比较相近，则与待预测问题相类似的环境影响可以通过实测获知。由此得出的影响评价结果往往具有较强的真实性和说明性，并且可以用于大致地检验模型预测的准确程度以及模型必要的修正与完善。但是毕竟每一项工程都有其具体的工程和环境条件，因此类比工程的环境影响一般用于对拟建工程环境影响预测评价的补充分析说明，或用于不便采用模型技术预测的情况。此外，类比分析的影响因子也具有可选性，根据工程和环境的相似程度，可以类比源强、直接或间接环境影响、长期或短期环境影响、特定环境要素的环境影响以及预测模型需要引用的参数等。

3. 影响机理分析法

影响机理分析方法主要用于环境影响的识别、评价因子的筛选、预测模型以及模型参数的选择、预测模型的构造和求解等，是环境影响评价科学性的重要体现。

在缺乏能定性定量预测工程环境影响的模型或模型参数，或模型预测代价很大的情况下，为了分析说明工程建设可能带来的环境影响（尤其是中长期影响、二次影响、次生环境问题、生态环境影响等），可以采用影响机理分析方法对上述环境影响进行一些定性分析预测，但对于比较重要的环境影响，应建立适当的模型并辅之以必要的实测和工程分析，加以对影响程度和范围进行定量化的模拟预测，进而给出定性结论。

4. 专家评估法

在进行环境影响机理分析和模型模拟预测过程中，对影响的程度、影响参数等定性或定量的指标往往缺乏试验和理论研究的支持。在这种情况下，聘请资深专家根据知识和经验进行评估，不失为一种较好的解决问题的方法。

第二节 海洋水文动力环境影响预测与评价

一、基本要求

1. 评价与预测内容

海洋水文动力环境影响评价应符合如下规定：建设项目明显改变海岸线、海底地形地貌等自然地理属性时，应对项目建成后由于海岸线、围填海和构筑物（新形成的地形改变）、海底地形地貌的改变所引起的水文动力环境变化及其影响，进行预测分析与评价。在预测分析与评价中应分别对建设阶段和运营阶段的水文动力环境影响进行预测分析和评价，并对建设前后水文动力环境的变化加以比较分析，给出不同影响程度的空间分布范围。

评价等级为 1 级、2 级的建设项目的预测重点包括：

（1）工程前、后的潮流和余流的时间、空间分布性质与变化，包括涨、落潮流和余流的最大值及方向，涨、落潮流历时，潮流的运动规律及旋转方向等；

（2）工程前、后流场的特征与变化，含涨、落急和涨、落潮段平均流的特征及其变化；

（3）工程前、后的潮位特征及其变化；

（4）海湾内的建设项目，应预测大、小潮的纳潮量及其变化，海湾水交换量、物理自净能力及其变化。

评价等级为 3 级的建设项目的预测重点包括：

（1）工程后的潮流时间、空间分布性质与变化；包括涨、落潮流最大值及方向，涨、落潮流历时，涨、落潮流随潮位变化的运动规律及旋转方向等；

（2）海湾内的建设项目，应预测工程后的典型潮位时的纳潮量及其变化，物理自净能力及其变化。

2. 评价要求

海洋水文动力环境影响评价的内容和结果应符合以下要求：

（1）依据建设项目的工程方案，分析评价各方案导致的评价海域水文环境要素的变化与特征，从环境影响和环境可接受性角度，分析和优选最佳工程方案；

（2）综合分析评价工程前后的流场变化、纳潮量变化、水交换能力及物理自净能力变化的环境可接受性；

（3）根据建设项目引起的流场、潮位场、波浪场、纳潮量、水交换能力等变化情况，结合泥沙冲淤、污染物浓度场等预测结果，分析评价和阐明项目建设对海洋地形地貌与冲淤、海洋水质、海洋生态等可能产生的环境影响范围、影响程度的定量或定性结论；

（4）阐明对环境保护目标、环境敏感目标和周边海域生态环境影响程度的定量或定性结论；

（5）明确给出建设项目对海洋水文动力环境影响的评价结论；

（6）明确给出建设项目的水文动力环境影响是否可接受的结论；

（7）应根据海洋水文动力环境影响评价结果，有针对性地提出减缓水文动力环境影响的对策措施；

（8）若评价结果表明建设项目对海洋水文动力环境产生较大影响、环境不可接受时，在明确环境不可行的分析结论的同时，还应提出修改建设方案、总体布置方案或重新选址等建议。

二、相关基础知识

1．水体流动分类及成因简述

水体流动可按照其成因进行分类，如：潮流、风海流、密度流等，成因不同，水流随时间和空间的变化规律也不同，适用的环境影响模拟预测模型及其参数有显著的差异。一个地区的水流可能会受到多种成因的影响，需要选择比较复杂的或能够代表主要成因的模拟模型。

一般而言，流体具有两种流动形式。一种是质点呈平行层状，不互相混合，流动的层与层之间界线不交错，称为层流（laminar flow）；另一种质点以复杂的流线形式交错，质点相互混合，称为紊流或湍流（turbulent flow）。

（1）潮汐与潮流

海平面有节奏地升高或降低的现象被称为潮汐，与此相应的海水水平流动被称为潮流，其成因与月亮和太阳的引力密切相关。

（2）河流

指因水体蒸发、降雨（雪）和冰雪融化等全球水循环过程和地势的分布，而形成的淡水流动，在我国境内与海域相连的主要河流有：长江、黄河、珠江等。

（3）洋流（又叫海流）

与潮流周期性地改变自己的流速和流向不同，洋流是具有相对稳定流向的海水流动，其成因主要有大气运动和行星风系、密度差异、流体连续性形成的补偿作用、陆地形状和地球自转产生的地转偏向力。洋流既可能是一支浅而狭窄的水流，仅仅沿着海洋表面流动，也可能是一股深而广阔的洪流，携带着数百万吨海水前进；既可能是比流经海区水温高的暖流，也可能是比流经海区水温低的寒流；既包括分布于海洋表层的大洋环流系统，又包括分布于海洋深层的深层海洋环流。洋流具有很大的规模，是促成不同海区间大规模水量、热量和盐量交换的主要因子，对气候状况、海洋生物、海洋沉积、交通运输等方面都有巨大影响。

（4）密度流

密度流是指由于海水密度在水平方向的不均匀分布所引起的等压面倾斜而产生的洋流，换句话说，密度流是海水本身的密度在水平方向上分布的差异引起的。海水的密度取决于海水的温度、盐度和压力，在水平方向的分布因地而异。例如，其一海区由于接受太阳的热量多而温度升高，体积膨胀，密度变小，海面（等压面）会稍稍升高；在另一海区接受的太阳热量少，密度相对变大，水温变低，体积缩小，从而海面（等压面）相对变低些。两个海区间海面及其以下各层等压面产生不同程度的倾斜，即海水内部任意一个水平面（等势面）上压力都不相同。在水平压强梯度力的作用下，海水从压力大的地方向压力小的地方流动。一旦海水开始流动，地转偏向力立即发生作用，把本应顺水平压强梯度力方向流动的海水拉向右偏（北半球），直到地转偏向力与水平压强梯度力大小相等、方向相反时，洋流便沿等压面与等势面的交线以等速前进，形成密度流。

（5）风海流

盛行风长期作用于海面所形成的稳定流叫风海流。风吹过海面时，风对海面的摩擦力以及风对海浪迎风面施加的压力，迫使海水向前移动，便形成了风海流。表面海水一旦开始流动，地转偏向力和摩擦力便马上开始发生作用。表面洋流在风力、地转偏向力和下层海水的摩擦力取得平衡时，洋流处于稳定状态，以相等速度向前流动，形成风海流。于 1905 年建立的"艾克曼漂流理论"指出，北半球表面海流偏于风向之右 45°（南半球则偏左 45°）；随着深度的增加，流向不断右偏，流速则以指数规律递减；到达某一深度，流向与表面流流向相反，流速只有表面流流速的 1/23（4.3%），这个深度被称为风海流的摩擦深度，即风海流作用的下限（在大洋中一般为 200～300 m），该深度之下，流速很小，可以略而不计。在深度不足 200 m 的浅海，由于海底摩擦的影响，风海流表面流的流向与风向之间的偏角较小。在浅海区里，风海流的方向几乎与风向一致。这时，海面以下各深层风海流的方向随深度加大而右偏的程度也比深海来得缓慢。根据经验，由于地球的自转，风海流的流向按水深取风向再向右偏转 10°～30°，其流速为风速的 2%～5%。

（6）中国沿岸流

主要由江河入海的径流所组成的低盐水流，构成了整个中国海区环流的一个部分，始于渤海湾西部，沿中国海岸南下，由于南下的流动并不完全连续，故按所在地区不同而有不同的名称，自北向南有辽南沿岸流、鲁北沿岸流、苏北沿岸流、浙闽沿岸流和广东沿岸流。

（7）黑潮

黑潮是太平洋地区最强的海流，因水色深蓝，看起来似黑色而得名。相对于它所流经的海域来讲，具有高温、高盐的特征，故有黑潮暖流之称。它起源于台湾东南、巴布延群岛以东海域，是北赤道流向北的一个分支的延续。主流沿台湾东岸北上，经苏澳与那国岛间的水道进入东海；然后沿东海大陆架边缘与大陆坡毗连区域流向东北，至奄美大岛以西约北纬 29°东经 128°附近开始分支，主流折向东，经吐噶喇和大隅海峡离开东海返回太平洋，沿日本南岸向东北至北纬 35°附近。

2. 潮汐与引潮力

（1）潮汐的日变化规律

地球自转一周的时间为 24 h，随地球转动的观察者相应感觉到的再次看到相同位置月亮的时间为 24 时 50 分，习惯上称为一个太阴日。某一固定地点的海水体在随地球自转一周的过程中，有一次位于距月球最近点（月球位于其上中天），还有一次位于距月球最远点（月球位于其下中天）。该位置水体在距月球最近点时所受到的地球与月球之间的万有引力最大，水体更靠近月球；距月球最远点时所受到的引力最小，水体更远离月球。无论位于最近点还是最远点，其结果均引起水位升高，当该位置水体随地球自转位于最近点和最远点之间时，水位降低。

引潮力是形成潮汐和潮流的主要动因，引潮力示意图参见图 5-1。一个地点的潮汐可以分解为半日潮（如 M2 分潮、S2 分潮等）、全日潮（如 K1 分潮、O1 分潮等）和其它周期的潮。对于 M2 分潮而言，一天中有两次涨潮和两次落潮，平均每半天形成一次涨落潮过程，相应的自然现象被简称为半日潮。由于水体的涨落相对于地球自转轴而言一般是不对称的，因此会有一个高潮较另一个高潮高的现象，只有当月球位于赤道正中时，两次高潮和低潮才是对称的。

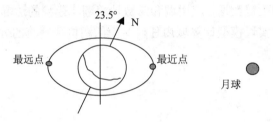

图 5-1　M2 分潮引潮力示意

（2）潮汐的月变化规律

月球绕地球公转一周的时间为 27.5 天，由于地球绕太阳公转的原因，月球、地球和太阳处于同一连接线上的时间为 29.5 天。对同一地点水体而言，每月遇到新月和满月各一次，均出现大潮，从新月到满月和从满月到新月之间有两次半满月，出现小潮，因此，按阴历约半个月形成一次大小潮过程，相应的自然现象被称为潮汐的半月不等。某测点潮汐在一个月内随时间的变化见图 5-2。

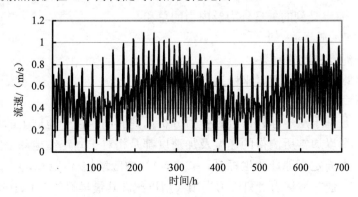

图 5-2　某月某地潮汐随时间的变化

（3）潮汐的调和分析

记载潮位和潮流随时间动态变化的曲线就好像由不同频率声音合成的声波曲线，每种声音都有其独特的振幅、周期率和相位，在数学上采用周期函数的形式加以描述。潮汐同样也可以认为是由很多分潮合成的，各分潮有其各自的振幅、周期率和相位。潮汐的分解与分潮的合成被称为调和分析（Harmonic Analyzes），各分潮周期函数中的振幅和相位被称为调和常数。

潮汐分潮多达上百种，除 M2 分潮外，比较常见的还有：K1 分潮，指因月球及太阳间的倾斜而引起的每日一次的分潮；S2 分潮，指因与太阳间的万有引力而引起的每日两次的分潮；O1 分潮，指因太阳运动而引起的每日一次的分潮。除天文因素以外的其它因素对海流的影响在调和分析中被称为潮余流。

经过长期的潮位观测和调和分析获得的某一地点海域主要潮汐分潮的调和常数，是预报该地点潮流的关键数据，应用调和常数计算潮流模型的边界条件，并进行必要的验证和调整，可以实现模型计算域内任何时空的潮位和潮流的分析和预报。

三、建模理论

1. 海洋运动方程

海洋运动方程遵从牛顿第二定律及万有引力定律等，根据海水的受力分析（包括：压力、重力、摩擦力、引潮力等），形成其运动加速度计算公式，是预测海洋水动力条件的基本模型（如式（5-1））。

$$a_f = \frac{\mathrm{d}V_f}{\mathrm{d}t} = \frac{F_\text{总}}{m} = -\alpha \nabla p + g_f + F \tag{5-1}$$

式中，a_f —— 相对于空间固定坐标系的海水运动矢量加速度；

V_f —— 相对于空间固定坐标系的海水运动矢量速度；

t —— 时间；

$F_\text{总}$ —— 海水受到的矢量外力及内力的总和；

m —— 海水质量；

α —— 海水密度的倒数；

g_f —— 相对于空间固定坐标系的重力加速度；

p —— 海水所受压力。

上述方程是基于从地球外部进行受力分析而建立的。由于地球上的观察者随地球一起转动，所以通常所测得的速度及加速度都是相对于固定在地球上的坐标系而言的。如果使用固定于地球的坐标系，式（5-1）中应增加（$-2\Omega \times V$），如式（5-2）所示，（$2\Omega \times V$）通常被称为"科氏力"项（用以纪念其最早解释者 Corriodo）。

$$\frac{\mathrm{d}V}{\mathrm{d}t} = -\alpha\nabla p - 2\Omega \times V + g + F \tag{5-2}$$

式中，F——海水受到的除重力与压力以外的其它矢量力；

V——相对于地球坐标系的海水运动矢量速度；

Ω——地球自转矢量角速度；

g——相对于地球坐标系的重力加速度。

2. 实质微商

实质微商是应用于求解不同成分流体多种性质时空变化的最常用恒等式，海水和空气的流速、温度、压力、不同组分的浓度等多种参量的时空变化都采用该式表达，式（5-1）中左项 $\dfrac{\mathrm{d}V}{\mathrm{d}t}$ 的展开也基于该式，其数学推导应用了泰乐级数展开定理，所得式习惯上称为实质微商（如式（5-3））。

$$\frac{\mathrm{d}q}{\mathrm{d}t} = \frac{\partial q}{\delta t} + u\frac{\partial q}{\partial x} + v\frac{\partial q}{\partial y} + w\frac{\partial q}{\partial z} \tag{5-3}$$

3. "科氏力"项

式（5-2）右项中"科氏力"项的矢量展开式如式（5-4）。

$$-2\Omega \times V \approx 2iv|\Omega|\sin\phi - 2ju|\Omega|\sin\phi \tag{5-4}$$

式中，u、v——海流流速在 x、y 方向的分量；

ϕ——地球纬度。

其他参量意义同上。

4. "摩擦力"项

由 Navier 和 Stokes 二人推导提出的海洋运动方程中"摩擦力"项（式（5-5））及其相应的运动方程通常被称为 Navier-Stokes 方程（式（5-5）至式（5-8））。

$$
\begin{aligned}
F_x &= \frac{\partial}{\partial x}\left(A_x\frac{\partial u}{\partial x}\right) + \frac{\partial}{\partial y}\left(A_y\frac{\partial u}{\partial y}\right) + \frac{\partial}{\partial z}\left(A_z\frac{\partial u}{\partial z}\right) \\
F_z &= \frac{\partial}{\partial x}\left(A_x\frac{\partial v}{\partial x}\right) + \frac{\partial}{\partial y}\left(A_y\frac{\partial v}{\partial y}\right) + \frac{\partial}{\partial z}\left(A_z\frac{\partial v}{\partial z}\right) \\
F_z &= \frac{\partial}{\partial x}\left(A_x\frac{\partial w}{\partial x}\right) + \frac{\partial}{\partial y}\left(A_y\frac{\partial w}{\partial y}\right) + \frac{\partial}{\partial z}\left(A_z\frac{\partial w}{\partial z}\right)
\end{aligned}
\tag{5-5}
$$

$$
\begin{aligned}
\frac{\mathrm{d}u}{\mathrm{d}t} &= \frac{\partial u}{\partial t} + u\frac{\partial u}{\partial x} + v\frac{\partial u}{\partial y} + w\frac{\partial u}{\partial z} \\
&= -\alpha\frac{\partial P}{\partial x} + 2v\Omega\sin\phi + \frac{\partial}{\partial x}\left(A_x\frac{\partial u}{\partial x}\right) + \frac{\partial}{\partial y}\left(A_y\frac{\partial u}{\partial y}\right) + \frac{\partial}{\partial z}\left(A_z\frac{\partial u}{\partial z}\right)
\end{aligned}
\tag{5-6}
$$

$$\frac{\mathrm{d}v}{\mathrm{d}t} = \frac{\partial v}{\partial t} + u\frac{\partial v}{\partial x} + v\frac{\partial v}{\partial y} + w\frac{\partial v}{\partial z}$$

$$= -\alpha\frac{\partial P}{\partial y} - 2u\Omega\sin\phi + \frac{\partial}{\partial x}\left(A_x\frac{\partial v}{\partial x}\right) + \frac{\partial}{\partial y}\left(A_y\frac{\partial v}{\partial y}\right) + \frac{\partial}{\partial z}\left(A_z\frac{\partial v}{\partial z}\right) \tag{5-7}$$

$$\frac{\mathrm{d}w}{\mathrm{d}t} = \frac{\partial w}{\partial t} + u\frac{\partial w}{\partial x} + v\frac{\partial w}{\partial y} + w\frac{\partial w}{\partial z}$$

$$= -\alpha\frac{\partial P}{\partial z} - g + \frac{\partial}{\partial x}\left(A_x\frac{\partial w}{\partial x}\right) + \frac{\partial}{\partial y}\left(A_y\frac{\partial w}{\partial y}\right) + \frac{\partial}{\partial z}\left(A_z\frac{\partial w}{\partial z}\right) \tag{5-8}$$

式中，F_x，F_y，F_z —— x，y，z 方向的摩擦力分量；

A_x，A_y，A_z —— x，y，z 方向的湍流黏滞系数；

g —— 指向地心的重力加速度。

其他参量意义同上。

5. 海水质量守恒方程

对于不可压缩的特定流体而言，海水质量遵从式（5-9）所示的质量守恒方程。

$$\frac{\partial u}{\partial x} + \frac{\partial v}{\partial y} + \frac{\partial w}{\partial z} = 0 \tag{5-9}$$

6. 潮汐分析

如前文所述，引潮力的综合作用使潮位和潮流呈现周期性的动态变化，采用调和分析法可以将复杂的潮汐（潮位和流速）周期函数分解为多个较简单的潮汐分潮周期函数，如式（5-10）和式（5-11）。应用潮汐分潮参数（调和常数）计算分潮潮位的周期函数公式如式（5-12）。

$$\eta(x,t) = \eta_0(x) + \frac{1}{2}\sum_{n=-N}^{N}\eta_n(x)\exp(-i\omega_n t) \tag{5-10}$$

$$u(x,t) = u_0(x) + \frac{1}{2}\sum_{n=-N}^{N}u_n(x)\exp(-i\omega_n t) \tag{5-11}$$

$$\eta_n(x,t) = f_n A_n \cos(\omega_n t - g_n + E_n) \tag{5-12}$$

式中，x —— 三维空间矢量坐标；

t —— 天文时间；

$\eta(x,t)$ —— t 时刻 x 位置的潮位；

$u(x,t)$ —— t 时刻 x 位置的矢量流速；

ω —— 潮汐分潮频率；

n —— 分潮编号；

$\eta_n(x)$、A_n —— 分潮潮位周期函数在 x 位置的振幅；

$u_n(x)$ —— 分潮流速周期函数在 x 位置的振幅；

$\eta_0(x)$ —— 平均海面高度；

$u_0(x)$ —— x 位置平均海面的潮余流影响项；

i —— 虚数；

$\eta_n(x,t)$ —— t 时刻 x 位置的分潮潮位；

g_n —— 分潮迟角；

f_n —— 交点因子；

E_n —— 分潮初相位。

四、模型的发展与选择

1. 模型的发展概况

自 1878 年德国数学物理学家 Zoppritz 首次用运动方程来研究海流至今，海流研究已近 130 年，先后经历了 1878—1905 年的基本规律认识期、1905—1945 年的大洋环流初步探索研究期、1946—1954 年的全流理论极盛期、1955 年至 20 世纪 60 年代的斜压理论、大洋深层流动和数值计算蓬勃发展期和 20 世纪 60 年代至今的海洋环流变异和结合卫星遥感观测的模式研究期。

世界上众多的实验室和涉海机构已经建立和发展了不少优秀的海流模型，用于建设项目环境影响预测的多为近岸的浅海二维及三维水动力模型，其中，应用得比较广泛的三维海流模型有 Princenton 模型和汉堡模型等。

2. 二维水动力模型与三维模型的区别

所谓二维海流模型，并不是简单地忽略空间坐标系中某一维海流的变化情况。以平面二维海流模型为例，是将不同水深层的水流变化进行积分，进而推导出能够代表水体平均状况的二维海流模型。

将 Navier-Stokes 方程[式（5-6）至式（5-8）]的左、右项分别进行自海底（$-H$）至海平面上自由表面（η）的垂向积分，并根据莱布尼兹定理做偏微分项的积分式展开，引用连续体积方程和静压方程等进行必要化简，及引入牛顿的摩擦应力假设（$\tau_z = k\dfrac{\partial u}{\partial z}$），得到经垂向积分的二维 Navier-Stokes 方程[式（5-13）和式（5-14）]。

$$\frac{\partial \eta}{\partial t} + \nabla \cdot \left[(H+\eta)u\right] = 0 \tag{5-13}$$

$$\frac{\partial u}{\partial t} + u \cdot \nabla u + f \times u + g\nabla \eta + \tau_b = 0 \tag{5-14}$$

式中，u —— u 和 v 的矢量和；

$f = 2\Omega\sin\phi$ —— 科氏参量；

$$\tau_b = \frac{k|u|u}{H+\eta}$$ —— 底摩擦项；

k —— 海底摩擦系数。

3. 数值模拟求解方法

无论是二维还是三维水动力模型，都具有偏微分方程的复杂形式，属于非线性问题。所谓数值模拟，就是把不能获得解析解的偏微分方程转化为能够求解的线性（或差分）方程。求解的关键主要涉及两个方面，一是根据地形条件进行空间离散化，二是设定计算海域开边界条件。常用的海流模型数值模拟方法包括：有限差分法、有限元法以及σ坐标法等。

（1）有限差分法。

有限差分法需要将三维空间离散化为有限差分网格，将时间离散化为小的时间段，为保证差分计算的稳定性，需要根据网格的大小和可能的最大流速调整时间段的取值。

在有限差分数值模拟中，网格格式常采用交错网格（C 网格），差分方式采用蛙跳式二阶中心差分网格。模拟过程中需要给定四种边界条件，即：海底条件、水面条件、闭边界条件和开边界条件。

（2）有限元法。

有限元法是有限差分法的一种，其有别于一般有限差分法将平面离散化为矩形网格的空间离散方法，将平面离散化为三角网格。假设在浅水海域海流随时间的变化以潮汐作用为主，将式（5-10）和式（5-11）分别代入式（5-13）和式（5-14），并将计算空间按水深和岸线分布离散化为平面三角网格，则可以进一步将非线性偏微商方程化简为基于三角网格的线性函数，其中的非线性项是分潮振幅的函数，采用差分方程迭代的方法求解。上述模型不需要时间步长差分，即可采用伽廖金（Galerkin）有限元算法和一定的边界条件计算出二维有限元网格的潮汐调和分析数据，用于代入式（5-10）至式（5-12），计算给定时间和地点的潮位和流速矢量，不仅大为节省了计算时间，而且避免了差分过程计算误差，提高了计算精度。

（3）汉堡模型。

汉堡模型将垂向积分 Navier-Stokes 方程分别应用于不同的水深层，除了潮波的传递计算外，没有特殊的时间步长限制，垂向网格的高度可变。由 Stronach 等人开发的 GF8 模型建立于汉堡模型基础之上，引入了海水密度全微分方程和数值模拟改进算法，应用于温哥华海域获得了成功。詹杰民、吴超羽等人在汉堡模型的基础之上发展了珠江黄茅海河口动力模型，比较成功地模拟了该河口小尺度动力结构。

（4）σ坐标法

该方法将纵向直角坐标的标准值变化为坐标σ，在海底 $z=-H$ 时，设定$\sigma=-1$；在水面 $z=\eta$时，设定$\sigma=0$，以更加准确地描述海底地形的变化。坐标转化公式为：

$\sigma = \dfrac{z - \eta}{H + \eta}$，相应可得到经过$\sigma$坐标转化的潮流场控制方程。

4．二维模型与三维模型的选择

二维潮流模型适用于以潮流为主的浅水海域，相应得到的流场代表了不同深度海水在水平方向运动的平均状况。也可适用于垂直混合比较均匀、水深比较浅的海域。

由于不同深度海水密度、所受到的压力作用有所区别，以及表层水体受到风应力、底层水体受到底摩擦力等作用，某一水深层的流向和流速会与平均状况有所不同。为了获得不同水深的海水运动状况，需要采用三维海流模型对海洋运动模型进行数值模拟。

一般对于沿深度分布不均匀的典型污染物等的迁移扩散分析预测，宜采用三维水动力模型，对于平均水深小于 10 m 且混合比较均匀的浅水海域，也可采用二维模型。环评中应选择经过验证符合精度要求的水动力模型模拟软件，并应对验证情况加以说明。模型验证中，应连续模拟若干个大、中、小潮；并以连续半月潮作为校核。

五、模型的建立与计算域的确定

潮流模型是工程环境影响模拟预测中带有基础性的模型，建模主要步骤如下：

（1）选择适宜的模型维数及其数值模拟方法；

（2）正确地确定模型的计算域并进行相应的空间离散化；

（3）获取建模所需的潮位、潮流、温度、盐度等基础资料并确定相应的边界条件；

（4）进行初步的模拟计算和模拟结果的验证与必要的模型参数的调整；

（5）进行工程前后流场的模拟计算与计算成果分析比较；

（6）将水动力模拟结果动态地输入所耦合的水质模型和海洋生态系统模型，用于定量地动态预测海洋工程建设项目的水环境及海洋生态环境影响。

由于边界条件往往采用外推的方法确定，靠近计算域边界的模型模拟结果误差会较大，因此计算域的选择应明显大于评价范围。此外，过多的人为边界也是造成计算误差的主要原因之一，因此计算域的选择应根据具体的岸线条件适当放宽。例如，计算渤海内某一海域的潮流场，可以采用计算域包括整个渤海的方式，从而只在渤海海峡出现一条开边界（图 5-3），可显著提高计算精度。

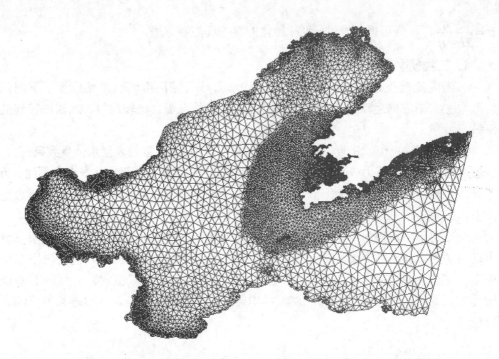

图 5-3　只有一条开边界的黄渤海海域二维潮流模型的有限元三角网格

中国科学院海洋研究所基于美国国家海洋和大气局（NOAA）地球流体动力学实验室（GFDL）的 MOM2 海洋模式在近期建立了一个全球变网格大洋环流数值模式，来研究中国近海环流及其季节变化，从根本上摒弃了人为设定开边界的数值模拟方法，所获得的南海和东海开边界的逐月体积，热、盐输运平均值与基于观测的估计值一致性良好。

六、模型检验与验证

某一特定海域水动力模型建立之后，其输出结果是否能够代表该海域水体流动的基本状况，对于描述水环境影响至关重要。为此，必须开展模型检验与验证工作，经证实具备合理可信的水流及潮位时空分布模拟准确度后，方能使用。

所谓模型检验，就是要仔细检查模型的边界条件，对于自行开发研制的模型，还要核查有限差分或有限元法数值模拟的算法及软件。所谓模型验证，就是对研究水域的海流和潮位状况进行实测或引用已有的实测资料及权威性机构的预报资料（如潮汐表），并与相应的模型模拟结果相比较。

当模型求解采用实测资料推算出边界条件的初始条件，再经过迭代计算，求算出实测点位的水流状况及潮位时，习惯上会将计算值与实测值进行比较，以检验模型计算的准确性。但应注意的是，这种检验只能代表本次计算的准确性，并不能说明该模型用于不同时间和空间时的模拟准确性。若要对此予以说明，则应采用在推算边界条件时未被利用的独立实测资料进行验证。

当模型验证结果不能满足有关标准、规范、导则中提出的精度要求时，需要着重核实模型软件、边界条件、水深及岸线分布的准确性，以及数值模拟空间离散网格分辨率、时间步长等，并予以完善、更新和细化，直至验证结果符合要求为止。

七、工程影响模拟

海洋工程对水动力影响的模拟方法主要有两类。一类是根据工程设计资料直接改变计算网格的水深和水陆交界位置，分别计算改变前后的流场状况，然后比较流场的变化，给出定性定量结论。

另一类是根据流场状况、工程设计资料改变模型参数，分别计算参数改变前后的流场状况，然后比较流场的变化，给出定性定量结论。影响分析表见表 5-1（河口地区海域应增加考虑丰水期和枯水期）。

表 5-1　工程前后流向流速差值情况分析表

影响因子		影响程度		涨急时刻影响范围			落急时刻影响范围		
		变幅量值	影响程度	主要区域	范围/km²	影响评估	主要区域	范围/km²	影响评估
大潮期	流速变幅/（m/s）								
	汇　总								
	流向变幅/（°）								
	汇　总								
小潮期	流速变幅/（m/s）								
	汇　总								
	流向变幅/（°）								
	汇　总								

八、纳潮量影响分析

纳潮量取决于潮差范围内的海域面积，纳潮量的减少，一般是由于围海减少了纳潮面积。对于特定的海湾，纳潮量的减少直接影响到海湾内潮流场，围海位置不同，影响的区域也不同。一般利用数模进行预测。

图 5-4 至图 5-5 是福建某填海造地工程造成的潮流场变化的数值模拟预测结果评价实例，该实例中，因纳潮量减少造成潮流场变化的数值预测结果见表 5-2 至表 5-3，由于海湾内波浪作用相对较弱，故其沉积动力主要考虑潮流的作用。潮流场的变化进一步影响到沉积速率的变化，进而造成部分水域淤积速率增加。

表 5-2　评价实例工程前后纳潮量的变化（相对于早期岸线）　　　单位：亿 m³

断面	潮汐	早期岸线	现状岸线			工程岸线			工程岸线 II		
		纳潮量	纳潮量	减小	比例/%	纳潮量	减小	比例/%	纳潮量	减小	比例/%
1	涨潮										
	落潮										
2	涨潮										
	落潮										
……	涨潮										
	落潮										

表 5-3　评价实例工程前后大潮涨潮过程比较点平均流速和最大流速及其流向

比较点号	平均流速/（m/s）					最大流速						
						流速/（m/s）					流向/（°）	
	工程前（现状岸线）	工程岸线		工程岸线 II		工程前（现状岸线）	工程岸线		工程岸线 II		工程前	工程后
		工程后	增减/%	工程后	增减/%		工程后	增减/%	工程后	增减/%		工程岸线 I	工程岸线 II
1												
2												
3												
4												
5												
6												
7												
8												
9												
10												
11												

比较点号	平均流速/(m/s)					最大流速							
						流速/(m/s)					流向/(°)		
	工程前（现状岸线）	工程岸线		工程岸线Ⅱ		工程前（现状岸线）	工程岸线		工程岸线Ⅱ		工程前	工程后	
		工程后	增减/%	工程后	增减/%		工程后	增减/%	工程后	增减/%		工程岸线Ⅰ	工程岸线Ⅱ
12													
13													
14													
15													

15 个流点的位置为：1、2 号点（嵩鼓、厦鼓断面），3、4 号（员当海堤前沿），5 号（火烧屿东侧水道），6、7 号（海沧大桥下附近），8、9 号（东渡二期前沿），11 号（散货码头前沿），12 号（鹭甫石油码头前沿），13、14 号（避风坞前沿），15 号（高集海堤涵洞南）。大潮下，57 m 网格潮流场详见图 5-4、图 5-5（分别为工程前涨急、落急）、图 5-6、图 5-7（分别为本工程和避风坞工程 2 项工程实施后，即工程岸线情形下的涨急、落急）。

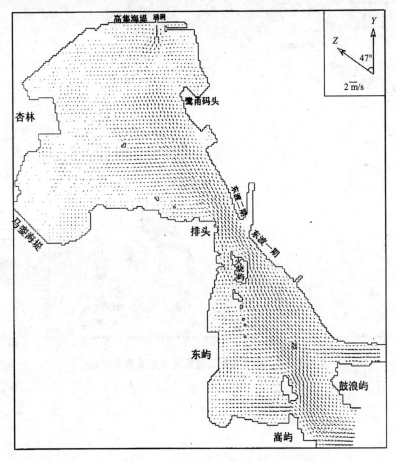

图 5-4 评价实例工程实施前潮流涨急流型

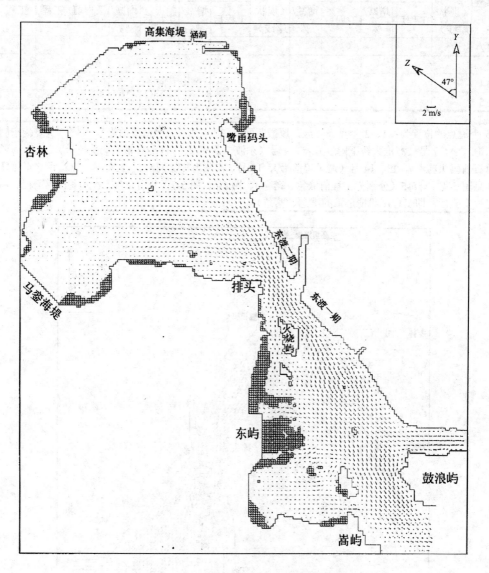

图 5-5　评价实例工程实施前潮流落急流型

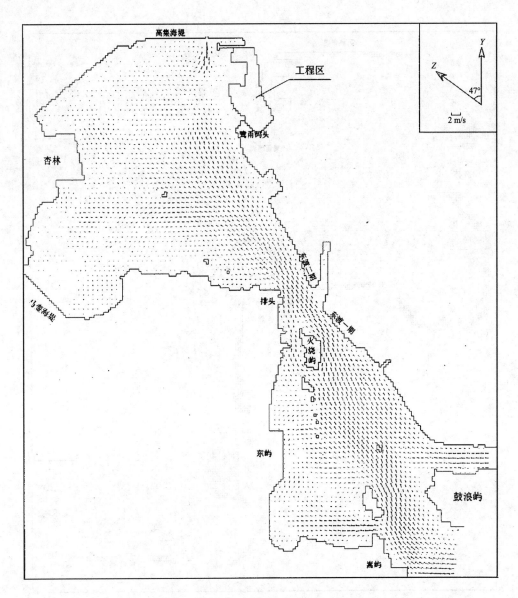

图 5-6　评价实例工程实施后潮流涨急流型

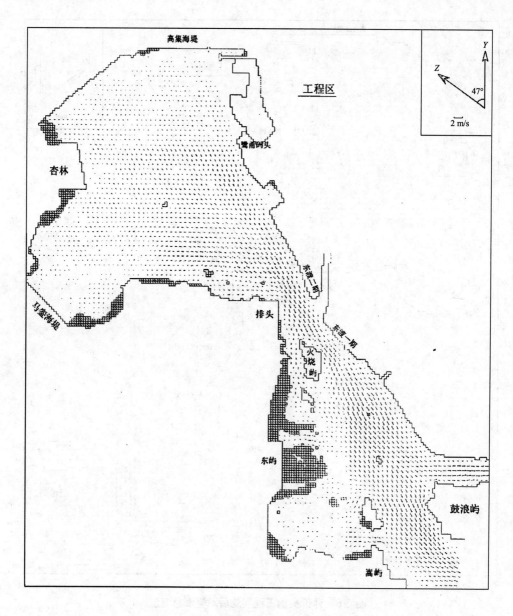

图 5-7　评价实例工程实施后潮流落急流型

第三节　海洋地形地貌与冲淤环境影响预测

一、海洋工程建设对地形地貌与冲淤环境影响途径

某些海洋工程的实施，由于波浪折射反射等作用，可能造成海洋波浪场的变化，引起海底稳定性破坏，造成海底泥沙冲淤，可能引起海岸的侵蚀或者泥沙堆积。在开阔海域沿岸建设堤坝、构建大型构筑物、挖砂，砂质或者泥质海底的情况下这类影响较为突出。

评价中应分析建设项目导致的评价海域地形地貌与冲淤环境要素的变化与特征，结合海洋水文动力以及悬浮物扩散等影响的模拟预测结果，对工程应引起的海岸线、滩涂、海床等地形地貌变化和泥沙冲淤、运移与变化趋势进行预测分析。

1. 水深的改变对波浪变形的影响

涉及海底挖掘或倾倒固体废物的海洋工程（如采砂活动、航道挖掘、抛泥区选划等）往往使近海岸水域的水深发生变化，从而导致波浪的变形。应根据波浪传播理论对工程前后的波高、波长及波速等的变化加以对比分析，确定工程对波浪变形的影响，及由此可引发的海底、海岸的影响等，研究提出相应的预防和减缓影响的对策措施。

2. 海洋工程建筑物对波浪折射、绕射和反射的影响

构筑堤坝及人工岛等人工建筑物会影响波浪的折射、绕射和反射，对于此类工程，应对工程设施对波浪的折射、绕射和反射规律所产生的影响加以分析，研究提出相应的预防和减缓影响的对策措施。

3. 海洋工程项目对波浪破碎带的影响

浅滩地区的波浪破碎带是岸滩动态平衡的重要影响因子之一，有些海洋工程可能导致波浪破碎带位置发生改变，从而会影响岸滩的稳定性。因此，应有针对性地对此加以分析并研究提出相应的预防和减缓影响的对策措施。

海洋工程的波浪影响分析以及相应的预防和减缓影响的对策措施应结合工程的特点进行，重大工程项目应进行定量分析（数模或物模）。小型项目可进行定性分析。

4. 海洋工程对泥沙活动的影响分析

在流场模拟和波浪分析的基础上，采用泥沙运动数值模型，对工程前后的泥沙分布、时变过程、冲淤规律和床面变形实施数值模拟，分析在海岸工程的影响下，近岸海域泥沙运动的变化和由此引起的岸滩冲淤变化，并进一步分析泥沙活动对岸滩变形的影响。定量评估工程对泥沙活动的影响。小型或泥沙运动影响不显著的海洋工程，可进行定性分析和描述。注意研究提出相应的预防和减缓影响的对策措施。

5. 海岸带采砂工程影响分析

海岸带采砂使海滩遭受侵蚀案例以蓬莱西庄海岸最具代表性。蓬莱市西庄至栾家口海岸原有较宽阔的优质沙滩，自 1986 年有人在该海岸以北 2.5 km 外海域的登州浅滩采砂后，海岸便开始遭受侵蚀。在一次大浪过程中，海岸线后退达 20 m。至 1993 年，海岸沙滩区被侵蚀殆尽。其海岸侵蚀现象至今仍在发生，现已威胁到岸边的国道。

引起海岸后退的原因主要是登州浅滩人为挖砂造成。蓬莱市岸外的登州浅滩，原为水深 0.5～2 m 的落潮流三角洲，距岸 3～5 km，属具有消浪作用的天然浅滩。但自 1985 年以来，许多采砂船大量挖砂，使水深加大到 3～5 m。在盛行的北向波浪作用下，未破碎的波浪几乎直接而强烈地作用于海岸，引起岸线迅速后退，速率达每年 15 m。在蓬莱西庄至栾家口 10 m 岸线上，到处都留下了海岸侵蚀后退的痕迹。

二、评价内容

预测项目和内容主要包括：

（1）预测建设项目建设期和建成后（含正常工况和非正常工况）以及环境风险条件下，对海岸、滩涂、海床等地形地貌、冲刷与淤积的可能影响，并分析评价其产生的影响范围和程度；

（2）评价等级为 1 级的评价项目，应重点对评价海域及其周边海域的形态变化（包括海岸、滩涂、海床等地形地貌），冲刷与淤积变化，泥沙运移与变化趋势等的范围和影响程度进行预测分析和评价，主要应包括工程后的冲刷与淤积变化、蚀淤速率变化、蚀淤特征变化等内容；

（3）列出冲刷与淤积、泥沙运移与变化趋势等的增加值与稳定值的时空分布图表。

三、评价要求

建设项目海洋地形地貌与冲淤环境影响评价结果应符合以下要求：

（1）依据建设项目的工程方案，分析评价各方案导致的评价海域及其周边海域地形地貌与冲淤环境要素的变化与特征，从环境影响和环境可接受性角度，分析和优选最佳工程方案；

（2）根据建设项目引起的海岸线、滩涂、海床等工程后的冲刷与淤积变化、蚀淤速率变化、蚀淤特征的时空变化、泥沙运移与变化等预测结果，结合海洋水文动力、污染物浓度场等预测结果，评价该工程对海域地形地貌和冲刷或淤积的影响；

（3）综合分析评价工程前后的冲刷与淤积变化、蚀淤速率变化、蚀淤特征的时空变化、泥沙运移与变化的环境可接受性；

（4）阐明建设项目对海洋地形地貌与冲淤环境影响的评价结论；

（5）阐明建设项目是否满足预期的地形地貌与冲淤环境要求的结论；

（6）阐明地形地貌与冲淤的环境影响是否可行的结论；

（7）应根据海洋地形地貌与冲淤环境影响评价结果，提出有针对性的地形地貌与冲淤环境的保护对策措施；

（8）若评价结果表明建设项目对海岸、滩涂、海床等的地形地貌和冲淤产生较大影响，影响海洋环境的功能且环境不能接受时，应阐明环境不可行的分析结论，并提出修改建设方案、总体布置方案或重新选址等建议。

四、填海项目建设对冲淤环境影响预测

在相对稳定的海岸上，正常情况海底泥沙处于冲淤相对平衡状态。但遇到大风浪时，风浪和潮流合成作用，平衡状态被破坏，泥沙被掀起成为悬沙，风停后，水体紊动强度逐渐减弱，海流挟沙能力减小，超饱和悬沙沉降，含沙量逐渐减小，直到海底泥沙再次形成某种冲淤相对平衡状态为止，其相应的海底地形从一种相对平衡状态经过冲刷、淤积过渡到另一种相对平衡状态，即"波浪掀沙、潮流输沙"的动力过程。

1. 波浪数值模型

波浪数值模型采用近岸波浪模型 NSW，其基本方程来自于作用量谱密度守恒方程，见式（5-15）。

$$\frac{\partial(c_{gx}m_0)}{\partial x}+\frac{\partial(c_{gy}m_0)}{\partial y}+\frac{\partial(c_\theta m_0)}{\partial \theta}=T_0$$

$$\frac{\partial(c_{gx}m_1)}{\partial x}+\frac{\partial(c_{gy}m_1)}{\partial y}+\frac{\partial(c_\theta m_1)}{\partial \theta}=T_1$$

（5-15）

式中，　$m_0(x,y,\theta)$ —— 零阶矩作用量谱；

　　　　$m_1(x,y,\theta)$ —— 阶矩作用量谱；

　　　　c_{gx}、c_{gy} —— 群速 c_g 在 x 和 y 方向上的分量；

　　　　θ —— 波浪传播方向；

　　　　c_θ —— θ 方向上的速度；

　　　　T_0、T_1 —— 源项。

2. 输沙扩散运动

泥沙输运模型是在潮流模型中代入了泥沙传输扩散方程：

$$\frac{\partial \bar{c}}{\partial t}+u\frac{\partial \bar{c}}{\partial x}+v\frac{\partial \bar{c}}{\partial y}=\frac{1}{h}\cdot\frac{\partial}{\partial x}(hD_x\frac{\partial c}{\partial x})+\frac{1}{h}\cdot\frac{\partial}{\partial y}(hD_y\frac{\partial c}{\partial y})+Q_L\cdot C_L\cdot\frac{1}{H}-S \quad (5\text{-}16)$$

式中，　$\bar{c}$ —— 平均质量浓度，kg/m^3；

　　　　u，v —— 平均流速，m/s；

　　　　D_x，D_y —— 扩散系数，m^2/s；

S —— 沉积或侵蚀项，kg/（m^3·s）；

Q_L —— 单位水平面积上的源流量，m^3/（s·m^2）；

C_L —— 源浓度，kg/m^3。

沉积是将悬浮泥沙转移到海底，沉积发生在海底剪切应力小于临界沉积剪切应力的情况下。沉积率描述如式（5-17）。

$$S_D = w_s \cdot c_b \cdot P_D \qquad (5\text{-}17)$$

式中，P_D —— 沉积概率函数；

w_s —— 沉降速度，取 0.04 cm/s；

c_b —— 泥沙的近海底浓度。

冲刷是将沉积物转移到水体中去，发生在海底剪切应力大于临界剪切应力的活跃海底沉积层上。冲刷率描述式（5-18）。

$$S_E = E_0 \cdot \exp\left[\alpha(\tau_b - \tau_{ce})^{\frac{1}{2}} \right] \qquad (5\text{-}18)$$

式中：τ_{ce} —— 冲刷临界剪切应力，N/m^2；

E_0 —— 冲刷度，kg/（m^2·s）；

α —— 系数，m/$N^{1/2}$。

3. 模拟结果分析

以某填海工程为例，工程建设前的拟建区主要呈淤积状态，淤积主要集中在湾内北侧和南侧，淤积厚度 2～4 cm，古雷头附近呈冲刷状态，冲刷厚度 4～6 cm；由于工程所在海区潮流主要为南北向，在东山湾湾口及湾内有若干个小岛，在这些小岛之间的弱流区均出现淤积，最大淤积厚度 8 cm；东山岛南门湾内淤积，淤积厚度 4 cm 左右，东山岛东北侧与塔屿之间出现冲刷，冲刷厚度在 8 cm 以上；其他海区冲淤基本平衡。

根据模拟结果，该填海工程建设后，在工程区的南侧淤积有所加强，淤积厚度 4～6 cm，工程区的北侧淤积厚度基本没有变化，其他海区冲淤趋势较工程建设前变化不大，古雷头附近仍呈冲刷状态。

该填海项目建成后，所在海域的岸线发生改变，海湾面积减少，纳潮量随之减少，东山湾纳潮量减少约 1 003.1×10^4 m^3，约占东山湾总纳潮量的 1.21%。海流的流速、流向随之改变，从而改变了各区的挟沙能力和蚀淤格局。

流速的变化，引起挟沙能力的变化，而挟沙能力的变化必然引起各槽和海域的冲淤变化。水流的挟沙能力与流速的立方成正比，流速的微小变化，就可能引起海底的冲淤变化。东山湾地貌是以涨潮槽、落潮槽及其之间的分流脊为特征的，而涨潮槽和落潮槽的生存与发育，是由潮流来维系的，涨、落潮流槽能否萎缩，与潮流大小有着直接的关系。

该填海项目建成后，古雷槽断面减小，纳潮量减少，纳潮量减少不仅只是影响古雷槽，为了平衡涨、落潮潮量，古雷槽减少的潮量需通过其他槽来平衡，这就造成了塔屿与东山岛之间的铜陵槽涨、落潮量的增加，在过水断面不变的条件下，涨、落潮流流速必然要增加，从而导致了铜陵槽的冲刷侵蚀会增加。

第四节 海洋水质环境影响预测

一、基本要求

1. 海洋水质环境预测项目和内容

预测项目和内容主要包括：

（1）在建设期、运营期（含正常工况和非正常工况）和环境风险事故条件下，分别定量预测分析各主要污染因子在评价海域的浓度变化（平面分层）及其空间分布；

（2）给出各主要污染因子预测浓度增加值与现状值的浓度叠加分布图（表）；

（3）针对污染物（含悬浮物）扩散，应合理选择有代表性的边界控制点，分别计算各控制点在不同潮时状况下的预测浓度增加值，叠加各控制点在各个潮状况下和现状值的浓度分布，按照各控制点最外沿的连线，明确污染物（含悬浮物）扩散的各标准浓度值的最大外包络线、最大外包络面积及其平面分布；

（4）污染物排海混合区的范围，应阐明全潮时和潮平均条件下达标浓度值的最大外包络线、最大外包络面积及其空间分布，取达标浓度值的最大外包络线距排污口中心点的最大距离为混合区控制半径，明确混合区的最大面积及空间位置；

（5）分析预测海域物理自净能力和环境容量的变化与分布特征；

（6）预测分析中应考虑由建设项目引起的海岸形态、海底地形地貌的改变，对污染因子在评价海域浓度分布状况的影响。

2. 预测结果要求

建设项目海洋水质环境影响评价的内容和结果应符合以下要求：

（1）依据建设项目的工程方案，分析评价各方案导致的评价海域及其周边海域水质环境要素的变化与特征、物理自净能力和环境容量的变化与特征，从水质环境影响和可接受性角度，分析和优选最佳工程方案；

（2）根据建设项目引起的水质环境要素、物理自净能力和环境容量的变化与特征等预测结果，说明影响范围、位置和面积，同时说明主要影响因子和超标要素；

（3）结合海洋水文动力、地形地貌与冲淤、海洋生态和生物资源等预测结果，评价工程建设对水质环境的影响；

（4）阐明评价海域水质环境影响特征的定量或定性结论；

（5）明确建设项目是否能满足预期的水质环境质量要求的评价依据和评价结论；

（6）若评价结果表明建设项目对所在评价海域的海水水质、自净能力和环境容量产生较大影响，不能满足评价范围内和周边海域的环境质量要求，或其影响将导致环境难以承受时，应提出修改建设方案、总体布置方案或重新选址等结论和建议。

二、预测理论模型

1. 水中污染物扩散模型

许多物理过程在人们尚未完全理解其机制，却被观察到其现象，这种情况下，往往是采用经验性描述的方法为相关理论的发展提供基础，傅立叶（Fourier）热流定理就是一个经典实例。德国生理学家 Adolph Fick 于 1855 年发表了一篇题为《关于扩散（Über Diffusion）》的论文，提出了一个根据傅立叶热流定理描述分子扩散过程的假设，即：单位时间内从高浓度方向到低浓度方向通过单位截面积的溶解物质的质量 q，与相同方向该物质的浓度梯度 ∇C 和扩散系数 D 成正比，记作：$q = -D\nabla C$。

根据 Fick 扩散定律和质量守恒定律，可以推导出溶解物质浓度变化的实质微商展开式（式（5-19））。与水动力模型类似，在适当的应用条件下，三维水质模型可以简化为二维模型，如式（5-20）。

$$\frac{dC_{wq}}{dt} = \frac{\partial C_{wq}}{\partial t} + u\frac{\partial C_{wq}}{\partial x} + v\frac{\partial C_{wq}}{\partial y} + w\frac{\partial C_{wq}}{\partial z}$$
$$= \frac{\partial}{\partial x}\left(K_x \frac{\partial C_{wq}}{\partial x}\right) + \frac{\partial}{\partial y}\left(K_y \frac{\partial C_{wq}}{\partial y}\right) + \frac{\partial}{\partial z}\left(K_z \frac{\partial C_{wq}}{\partial z}\right) + \sum S_{wq} \quad (5\text{-}19)$$

$$\frac{dC_{wq}}{dt} = \frac{\partial C_{wq}}{\partial t} + u\frac{\partial C_{wq}}{\partial x} + v\frac{\partial C_{wq}}{\partial y} = \frac{\partial}{\partial x}\left(K_x \frac{\partial C_{wq}}{\partial x}\right) + \frac{\partial}{\partial y}\left(K_y \frac{\partial C_{wq}}{\partial y}\right) + \sum S_{wq} \quad (5\text{-}20)$$

式中，C_{wq} —— 水质指标的浓度；

　　　x，y，z —— 笛卡儿三维空间坐标；

　　　t —— 时间；

　　　u，v，w —— x，y，z 方向的海流流速；

　　　k_x，k_y，k_z —— x，y，z 方向的湍流及摩擦扩散系数；

　　　$\sum S_{wq}$ —— 水质指标源与汇的单位时间浓度总和。

2. 扩散系数

Okubo 于 1974 年通过收集大量二维现场扩散实验的研究资料，获得了被称为"统一的扩散斑点图"的水平扩散计算尺度与扩散系数之间的对应关系（图 5-7），被广泛地应用于水体溶解物质的水平扩散计算。垂直扩散参数同样是通过大量现场实验而获得的经验性公式计算的。

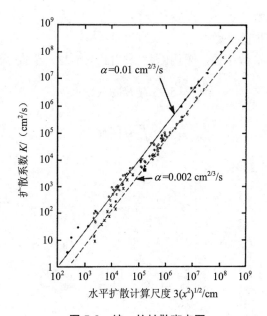

图 5-8　统一的扩散斑点图

扩散实验类型：● 表面；○ 上混合层；■ 海岸；× 300 m

三、悬浮泥沙对海水水质影响预测与评价

悬浮泥沙在随海水运动的同时，会发生沉降，与此同时，海底泥沙受海水运动的冲刷，在底部切应力达一定值时，也会悬浮起来进入海水中。根据海水水质标准，悬浮泥沙浓度值为人为增量值。因此在预测时，当海洋泥沙的本底值与开边界泥沙的入流量对浓度增量的影响可以忽略时，可采用经简化的二维泥沙输运方程进行数值模拟（清水模型），当水流和扩散条件比较复杂，泥沙的本底值与开边界泥沙的入流量对浓度增量不宜忽略时，应选用二维或三维混水模型进行影响模拟。当模型中考虑了比较复杂的泥沙沉降对海床面影响时，数值模拟模型被称为"动床模型"，忽略其影响时被称为"定床模型"。本教材介绍上述模型中比较常用的二维清水模型和三维浑水定床模型建模理论及应用案例。

1．二维清水模型

（1）泥沙输运方程

工程施工产生的悬浮泥沙随流输运扩散采用二维全流悬沙模式[式（5-21）]计算：

$$\frac{\partial HC}{\partial t} + \frac{\partial uHC}{\partial x} + \frac{\partial vHC}{\partial y} = \frac{\partial}{\partial x}\left(HA_{hx}\frac{\partial C}{\partial x}\right) + \frac{\partial}{\partial y}\left(HA_{hy}\frac{\partial C}{\partial y}\right) + F_s \qquad （5-21）$$

式中，C —— 水体悬沙浓度；

F_S —— 源汇函数；

A_{hx} —— x 方向扩散系数；

A_{hy} —— y 方向扩散系数，采用欧拉公式[式（5-22）至式（5-23）]：

$$A_{hx} = 5.93\sqrt{gH}\,|u|\,/\,C_z \qquad\qquad (5\text{-}22)$$

$$A_{hy} = 5.93\sqrt{gH}\,|v|\,/\,C_z \qquad\qquad (5\text{-}23)$$

源汇函数为式（5-24）：

$$F_S = S_C + \begin{cases} M\left(\dfrac{v^2}{V_e^2} - 1\right) & v \geqslant V_e \\[2ex] 0 & V_d < v < V_e \\[2ex] \lambda wC\left(\dfrac{v^2}{V_d^2} - 1\right) & v \leqslant V_d \end{cases} \qquad (5\text{-}24)$$

式中，S_C —— 输入源强；

　　　M —— 冲刷系数；

　　　λ —— 泥沙沉降概率；

　　　w —— 泥沙沉速；

　　　C —— 悬沙或污染物浓度；

　　　V_d —— 落淤临界流速；

　　　V_e —— 泥沙悬扬临界流速。

泥沙的沉速采用武汉水利电力学院公式[式（5-25）]计算：

$$w = \sqrt{\left(13.95\frac{v}{D}\right)^2 + 1.09\alpha gD} - 13.95\frac{v}{D} \qquad (5\text{-}25)$$

式中，w —— 沉速，cm/s；

　　　v —— 水体运动黏滞系数，$v = 0.011\,46 \text{ cm}^2/\text{s}$；

　　　α —— 重率系数，$\alpha = 1.7$；

　　　D —— 泥沙粒径。

V_d 为落淤临界流速，采用窦国仁泥沙临淤公式[式（5-26）]，其中 $k=0.26$：

$$V_d = k\left(\ln 11\frac{h}{\Delta}\right)\left(\frac{d'}{d^*}\right)^{1/3}\sqrt{3.6\frac{r_s - r}{r}gD} \qquad (5\text{-}26)$$

V_e 为泥沙悬扬临界流速，采用窦国仁泥沙临淤公式[式（5-27）]，其中 $k=0.41$：

$$V_e = k\left(\ln 11\frac{h}{\Delta}\right)\left(\frac{d'}{d^*}\right)^{1/3}\sqrt{3.6\frac{r_s - r}{r}gD + \left(\frac{r_0}{r^*}\right)^{5/2}\frac{\varepsilon + g\delta h(\delta/D)^{1/2}}{D}} \qquad (5\text{-}27)$$

以上两个公式中其他各参数取值为 g=981 cm/s^2；床面糙率 Δ=0.1 cm，d'=0.05 cm；d^*=1.0 cm；泥沙黏结系数 ε=1.75 cm^3/s^2；薄膜水厚度参数 δ=2.31×10^{-5} cm；h 水深，cm；r_0 床面泥沙干容重，g/cm^3；r^* 床面泥沙稳定干容重，g/cm^3；泥沙容重 r_s=2.65 g/cm^3；海水容重 r=1.025 g/cm^3。

开边界的边界条件：

入流时　　$C\big|_\Gamma = 0$　　Γ 为水边界；

出流时　　$\dfrac{\partial C}{\partial t} + U_n\dfrac{\partial C}{\partial n} = 0$　　U_n 为边界法向流速。

（2）参数选取和预测方案

以某海上油田开发过程中泥浆、钻屑及海底电缆铺设等作业造成悬浮泥沙扩散特征污染物数值模拟为例。

① 海缆铺设源强

海缆铺设采用专用铺缆船进行海缆边开沟边铺设，计划铺缆作业时间为 20 d。埋设犁的搅动深度为 1.5 m，搅动宽度为 0.3 m，海缆总长为 15 km，挖沟速度约为 2.5 m/min，悬浮泥沙源强为 4.78 kg/s。

② 泥浆源强

工程钻井过程中，产生不含油泥浆量为 75 m^3，钻完井后一次性排海，排海时间为 2 h，泥浆密度 1.05～1.25 g/cm^3（按照 1.25 g/cm^3 计算），则排放源强为 13 kg/s。

③ 钻屑源强

工程钻井过程中，产生不含油钻屑量为 372 m^3，排海时间为 18 d，钻屑平均排放速率 20.7 m^3/d，钻屑容重按 2.8 g/cm^3 计，则排放源强为 0.67 kg/s。

（3）悬浮泥沙影响预测

① 海缆铺设。图 5-9 为某海缆铺设造成的最大可能增量范围包络图。超一类水质标准面积为 21.06 km^2，超三类水质标准面积为 2.7 km^2，无超四类水质标准面积。10 mg/L 浓度增量悬浮泥沙最大可能扩散距离约为 2.3 km，恢复到一类水质面积所需要的时间为 3.5 h，具体见表 5-4。

由表 5-5 可知，该工程施工期产生的悬浮泥沙超一、二类水质 0～1 倍的海域面积为 11.75 km^2，超一、二类水质 1～4 倍的海域面积为 6.01 km^2，超一、二类水质 4～9 倍的海域面积为 3.3 km^2，超一、二类水质大于 9 倍的海域面积为 2.7 km^2，超标海域沿铺缆路由主潮流方向的距离最大约为 3 200 m。由于施工期作业对海洋环境的影响是暂时性的，工程结束后，海水水质将逐渐恢复原状。

表 5-4　某海缆铺设悬浮泥沙扩散面积、距离

海缆铺设	超一类 水质面积	超三类 水质面积	超四类 水质面积	超一类水质最 大距离/km	恢复到一类水 质时间/h
面积/km²	21.06	2.7	—	3.2	3.5

表 5-5　海缆铺设悬浮泥沙浓度增量统计结果

海缆铺设	悬浮泥沙超标倍数/倍			
	0～1	1～4	4～9	>9
面积/km²	11.75	6.01	3.3	2.7

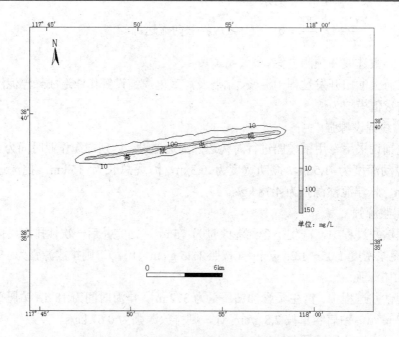

图 5-9　某海缆铺设产生的悬浮泥沙增量浓度图

② 泥浆

对某海洋工程涨潮中间时、高潮时、落潮中间时和低潮四个典型时刻开始排放泥浆的扩散情况进行预测。四个典型时刻开始排放后具体计算结果见表 5-6；图 5-10 至图 5-13 为四个典型时刻开始排放后泥浆产生的悬浮泥沙浓度包络线图。表 5-7 为泥浆产生悬浮泥沙不同超标倍数的面积。

通过表 5-6 可以看出，涨潮中间时刻超一类水质面积为 0.23 km²，超三类水质面积为 0.03 km²，超四类水质面积为 0.01 km²，最大扩散距离为 1.03 km；高潮时刻超一类水质面积为 0.21 km²，超三类水质面积为 0.04 km²，超四类水质面积为 0.02 km²，最大扩散距离为 0.50 km；落潮中间时刻超一类水质面积为 0.19 km²，超三类水质面

积为 0.03 km², 超四类水质面积为 0.01 km², 最大扩散距离为 0.94 km; 低潮时刻超
一类水质面积为 0.19 km², 超三类水质面积为 0.04 km², 超四类水质面积为 0.02 km²,
最大扩散距离为 0.78 km。因此, 在高潮、低潮时刻超三类、超四类水质面积相对较
大, 可能是由于涨潮中间时、落潮中间时流速相对较大, 泥浆排放短时间内可使污染
物质浓度很快变小; 在涨潮中间时影响面积相对较大, 但是由于流速大, 在短时间内
就可以恢复到一类水质面积。

表 5-6　某海洋工程泥浆悬浮泥沙扩散面积、距离

泥浆	超一类水质面积/km²	超三类水质面积/km²	超四类水质面积/km²	超一类水质最大距离/km	恢复到一类水质时间/h
涨潮中间时	0.23	0.03	0.01	1.03	3.8
高潮时	0.21	0.04	0.02	0.50	4.5
落潮中间时	0.19	0.03	0.01	0.94	3.9
低潮时	0.19	0.04	0.02	0.78	4.3

表 5-7　泥浆产生悬浮泥沙增量超标面积

悬浮泥沙超标倍数/倍	涨潮中间时/km²	高潮时/km²	落潮中间时/km²	低潮时/km²
≥9	0.03	0.04	0.03	0.04
4~9	0.05	0.06	0.04	0.05
1~4	0.09	0.08	0.08	0.06
0~1	0.06	0.03	0.04	0.05

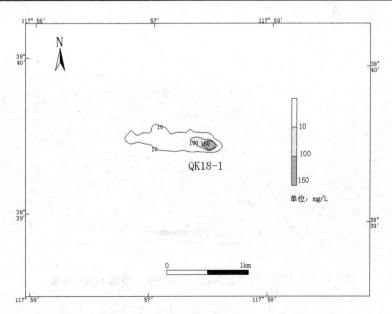

图 5-10　某海洋工程排放泥浆扩散包络线（涨潮中间时排放）

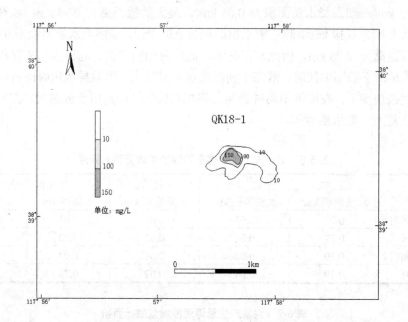

图 5-11　某海洋工程排放泥浆扩散包络线（高潮时排放）

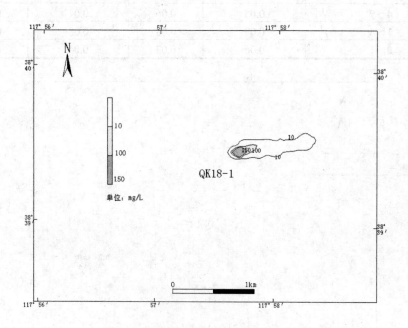

图 5-12　某海洋工程排放泥浆扩散包络线（落潮中间时排放）

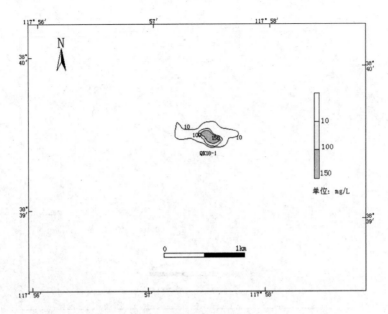

图 5-13 某海洋工程排放泥浆扩散包络线（低潮时排放）

③ 钻屑

图 5-14 为某工程钻屑最大可能增量范围包络图。超一类水质标准面积为 0.30 km²，超三类水质标准面积为 0.01 km²，无超四类水质标准面积。10 mg/L 浓度增量悬浮泥沙最大可能扩散距离约为 0.65 km，见表 5-8。

表 5-8 某工程钻屑悬浮泥沙扩散面积、距离

钻屑	超一类 水质面积	超三类 水质面积	超四类 水质面积	超一类水质最 大距离/km	恢复到一类水 质时间/h
面积/km²	0.30	0.01	—	0.65	1.1

由表 5-9 可知，某工程钻屑超一、二类水质 0～1 倍的海域面积为 0.04 km²，超一、二类水质 1～4 倍的海域面积为 0.16 km²，超一、二类水质 4～9 倍的海域面积为 0.09 km²，超一、二类水质大于 9 倍的海域面积为 0.01 km²。

表 5-9 钻屑排海悬浮泥沙浓度增量统计结果

泥浆	悬浮泥沙超标倍数/倍			
	0～1	1～4	4～9	＞9
面积/km²	0.04	0.16	0.09	0.01

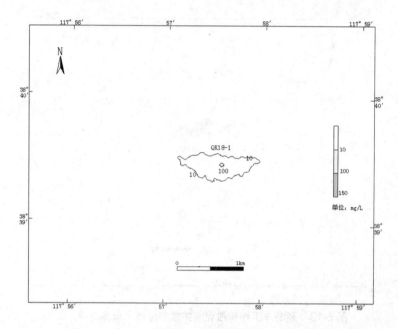

图 5-14　钻屑产生的悬浮泥沙增量浓度

2．三维定床浑水模型

近岸海域，特别是河口地区水体的一个重要特征是：悬浮物的时空分布变化显著。而悬浮物浓度是影响水体透光性、水体叶绿素光合作用速率和水生生物生长率与死亡率的重要因素。

对海洋工程而言，悬浮物是海底挖掘、回填和倾废等过程中产生的主要水环境污染物。相关研究成果显示，悬浮物的发生和沉降（即源与汇）与水流、水深、盐度及悬浮物浓度环境背景值等因素密切相关，因此，从客观地反映真实世界的基本特性以及工程环境影响的角度出发，特别是在垂向混合不均匀的海域，应采用三维定床混水悬浮物（泥沙）模型进行比较精确的影响模拟预测。所谓"定床"，是指悬浮物浓度的变化所引起的水深变化很小，可以忽略其改变的影响。

（1）悬浮物浓度场模型

本节重点介绍由交通运输部水运科学研究院研究开发的三维定床混水悬浮物模型。该模型采用根据 Fick 扩散定律和质量守恒定律推导出的悬浮物三维浓度全微分方程[式（5-28）]作为悬浮物扩散预测模式，通过差分数值模拟方法模拟评价海域悬浮物浓度场，差分网格尺度应根据实际评价项目具体情况而定，通常比较精细的模拟可将模拟空间离散化为若干个 50 m×50 m×1 m～200 m×200 m×2 m 的网格。模拟预测中向模型提供的水动力条件应为三维模型计算结果，也可以采用沿水深平均的流向和流速，并假设每个水深层的流向和流速可近似取值为该水深平均值。

$$\frac{\partial C_{SS}}{\partial t}+u\frac{\partial C_{SS}}{\partial x}+v\frac{\partial C_{SS}}{\partial y}+w_{SS}\frac{\partial C_{SS}}{\partial z}=K_x\frac{\partial^2 C_{SS}}{\partial x^2}+K_y\frac{\partial^2 C_{SS}}{\partial y^2}+K_z\frac{\partial^2 C_{SS}}{\partial z^2}+\sum S_{SS} \quad (5\text{-}28)$$

式中，C_{SS} —— 悬浮物浓度；

x，y，z —— 笛卡儿三维空间坐标；

t —— 时间；

u，v —— x，y 方向的深度平均海流流速；

K_x，K_y，K_z —— x，y，z 方向的湍流及摩擦扩散系数，选择 Okubo "统一的扩散斑点图" 根据网格尺度确定水平扩散系数，选择同类现场试验经验性公式计算的垂直扩散参数；

w_{SS} —— 悬浮物 z 方向沉降速率；

$\sum S_{SS}$ —— 悬浮物源浓度总和，主要来自沉积物底沙源和工程排放源。

（2）悬浮物沉速模拟模型

悬浮物浓度模型中悬浮物汇项采用悬浮物沉速（w_{SS}）模拟模型计算。w_{SS} 是受诸多因素影响的综合函数，主要影响参数为：悬浮物浓度和粒径分布、水体温度和盐度等。一般而言，采用斯托克斯沉速公式[式（5-29）]计算 w_{SS} 具有比较普遍的适用性，模型中引用文献资料中的一些实验数据对该公式中的参数进行了必要的修正[式（5-29）至式（5-35）]。

$$W_0=g(\rho-\rho_0)D^2/(18\mu) \quad (5\text{-}29)$$

$$W_0'(t)=A_T D^{B_T} \quad (5\text{-}30)$$

式中，W_0 —— 斯托克斯沉速；

$W_0'(t)$ —— 经温度 t 修校正的斯托克斯沉速；

D —— 悬浮物粒径；

g —— 重力加速度；

ρ，ρ_0 —— 悬浮物、水体密度；

μ —— 水体黏滞系数；

A_T、B_T —— 温度修正系数。

① 斯托克斯沉速公式的温度修正参数

通过对文献资料中不同实验温度下的沉速实验数据的统计回归分析，建立了不同温度斯托克斯沉速实验方程（图 5-15），经进一步回归分析，获得温度修正系数的计算公式（图 5-16 至图 5-17），进而得到经温度校正的斯托克斯沉速公式[式（5-31）]。

$$W_0(t)=(0.520\,2t+32.93)D^{(-0.003t+1.886\,3)} \quad (5\text{-}31)$$

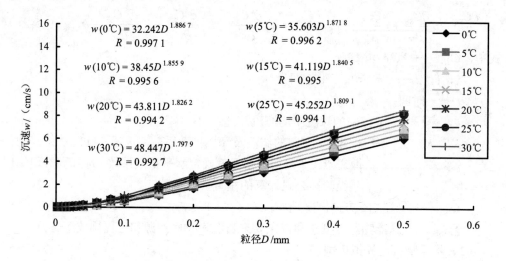

图 5-15　不同水体温度悬浮物沉速实测数据统计分析

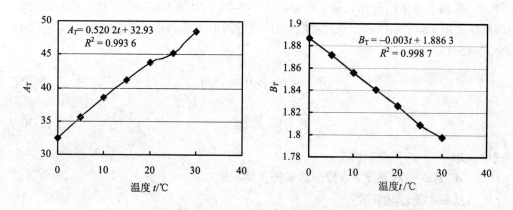

图 5-16　温度修正参数实验数据统计分析

② 斯托克斯沉速公式的盐度修正参数

根据文献资料中有关盐度对悬浮物沉速影响的多组实验所获得的统计回归结果不尽相同（图 5-15）。就总体趋势而言，悬浮物沉速随盐度增加而增加。经温度和盐度修正的斯托克斯沉速实验方程示于式（5-32）。

$$W_0'(t, C_{\text{Slnty}}) = W_0'(t) + 0.001\,5 \times C_{\text{Slnty}} \tag{5-32}$$

式中，$W_0'(t, C_{\text{Slnty}})$ —— 经温度 t 和盐度 C_{Slnty} 修正的斯托克斯沉速。

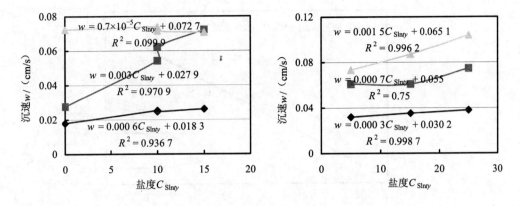

图 5-17 不同盐度下悬浮物沉速实验数据的统计分析

③斯托克斯沉速公式的悬浮物浓度修正参数

文献资料中多项实验数据均显示，悬浮物沉速与水体悬浮物浓度具有明显相关性。因此，模型中增加了以悬浮物浓度修正斯托克斯沉速的计算项，示于式（5-33）。

$$W_0'(t, C_{Slnty}, C_{SS}) = W_0'(t, C_{Slnty}) \times (1 - C_{SS}/C_m)^{2.5} \qquad (5-33)$$

式中，$W_0'(t, C_{Slnty}, C_{SS})$ —— 经温度 t、盐度 C_{Slnty} 和悬浮物浓度 C_{SS} 修正的斯托克斯沉速；

C_m —— 水体失去流动特性时的最底悬浮物浓度；$C_m = 0.755 + 0.222 \log_{10} D$。

④ 斯托克斯沉速公式的悬浮物粒径分布修正参数

经悬浮物粒径分布校正的斯托克斯沉速公式列于式（5-34）。

$$w_{SS} = \sum_{D_i = 0.0001, i=1}^{D_i = 0.1, i=100} \Delta R_{D_i} \times W_{0, D_i}'(t, C_{Slnty}, C_{ss}) \qquad (5-34)$$

式中，$W_{0, D_i}'(t, C_{Slnty}, C_{SS})$ —— 第 i 级粒径 D_i 的斯托克斯修正沉速；

ΔR_{D_i} —— 第 $i+1$ 级至第 i 级粒径范围的悬浮物重量分数；

$\Delta R_{D_i} = R_{D_{i+1}} - R_{D_i}$；

R_{D_i} —— 大于第 i 级粒径的悬浮物重量分数，一般符合 Rosin-Rammler 粒径分布函数，即 $R_{D_i} = \exp[-\beta(D_i)^n]$，粒径分布函数分析实例参见图 5-18。

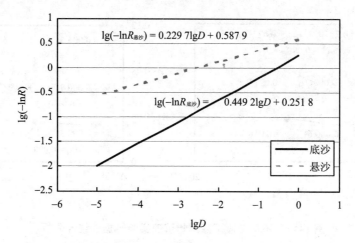

图 5-18　工程海域悬沙和底沙 Rosin-Rammler 粒径分布函数

（3）悬浮物底沙源模拟模式

悬浮物底沙因水流运动而被掀起于水体，是河口水域重要的悬浮物天然源。悬浮物浓度模型中采用 E.W.Lane 和 A.A.Kalinske 的平衡挟沙理论和一些天然河渠的实测资料，建立悬浮物底沙源模拟模式[式（5-35），图 5-19]，也即浑水背景源强模型。

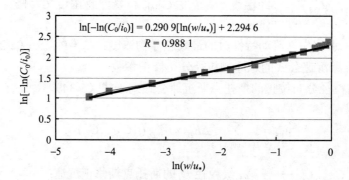

图 5-19　天然河渠平衡挟沙实测资料分析

平衡挟沙理论认为：某一粒径的泥沙自床面掀起进入悬浮状态的数量应当取决于：该粒径泥沙在床面的数量、自床面能够举起该粒径泥沙的脉动分数、出现上述脉动分数的持续时间。

$$C_{SS}^b = \sum_{D_i=0.0001,i=1}^{D_i=0.1,i=100} C_0^{D_i} = \sum_{D_i=0.0001,i=1}^{D_i=0.1,i=100} \Delta R_{D_i} \exp[-9.92(w_{SS}'^{D_i}/u_*)^{0.2909}] \qquad （5-35）$$

（当流速大于或等于 2 倍 u_* 时）

式中，C_{SS}^b——底层悬浮物浓度；

$C_0^{D_i}$——第 i 级粒径 D_i 的底层悬浮物浓度；

$w_{SS}'^{D_i}$——第 i 级粒径 D_i 经修正的悬浮物沉速；

u_*——摩阻流速。

其他符号意义与式（3-34）相同。

四、污水排海对水环境的影响分析

海上石油气资源开采试采过程、海上娱乐设施的运营、污水排放管线铺设和污水排放、水下爆破 TNT 释放等均可能产生各类污水，造成水质影响，生活垃圾、生活废水等，在未经过收集、处理的情况下有可能导致水质受到污染、水环境功能发生改变，对水生生物及其生态系统造成的间接不利影响会比较显著。

在沿海及受潮汐作用明显的河口地区，通常需要先进行排放口附近水域水动力条件的模拟，并采用实测潮流流向和流速以及实测或公布的潮位数据对模拟精度进行验证，当确认水动力模型的输出结果与实际情况基本吻合之后，将水动力模型与实质微商水质模型相耦合，模拟排污口主要排放污染物的扩散范围和影响程度；根据水质模拟结果以及水环境功能受影响情况的分析，可进一步分析生态系统和渔业资源所受到的累积影响。

1. 预测方式

对于排污口附近水深较深、分层比较明显，污染物难以在垂向混合均匀的项目，宜采用三维水质模型进行模拟计算，即式（5-19）。

若污水施行海底扩散器排放，还需参照《污水排海管道工程技术规范》（GB/T 19570—2004）对各备选排口进行初始稀释度计算。

若污染物在垂向混合均匀，或只考虑污染物在某一水深层进行混合，则可以使用经垂向空间平均的物质输运方程进行扩散浓度模拟计算式（5-36）[式（5-20）]：

$$\frac{\partial(HP)}{\partial t}+\frac{\partial(HPu)}{\partial x}+\frac{\partial(HPv)}{\partial y}-\frac{\partial}{\partial x}\left(HD_x\frac{\partial P}{\partial x}\right)-\frac{\partial}{\partial y}\left(HD_y\frac{\partial P}{\partial y}\right)=HS \qquad (5\text{-}36)$$

式中，P——污染物浓度；

D_x、D_y——分散系数（dispersion coefficient）；对于二维模型，分散系数可用如下的形式：$(D_x,D_y)=5.93Hg^{1/2}C^{-1}(u,v)$，其中 C 为 chezy 系数。

S——污染源单位体积的排放速率。

$$\text{陆边界}\quad D_n\frac{\partial P}{\partial n}=0$$

$$\text{开边界}\quad P=P'\quad\text{入流段}$$

$$\frac{\partial P}{\partial t} + v_n \frac{\partial P}{\partial n} = 0 \quad 出流段$$

式中，n —— 边界外法线方向；

　　P' —— 已知的开边界浓度值。

2．参数选取和预测方案

（1）石油污水源强

生产污水需经处理达到《海洋石油勘探开发污染物排放浓度限值》（GB 4914—2008）中的一级标准对水质的要求（石油类含量月平均值小于等于 20 mg/L）后排海，以某油田为例，其最大生产水石油类排放速率为 0.61 g/s。根据评价海域石油类现状本底调查结果，取工程附近海域石油类现状调查结果平均值 0.041 57 mg/L 作为该项目的石油类本底值，此值与石油类增量预测结果叠加即为石油类浓度预测结果。

（2）生活污水源强

为落实国家节能减排政策，确保海上生产设施生活污水排放达到《海洋石油勘探开发污染物排放浓度限值》（GB 4914—2008）标准，以某项目为例，按计划拟改造成 MBR 处理方式，将原处理能力（4.56 m³/d）提高至 5.4 m³/d，处理后生活污水中 COD≤300 mg/L。根据评价海域 COD 类现状本底调查结果，取工程附近海域石油类现状调查结果平均值 1.18 mg/L 作为该项目的 COD 本底值，此值与 COD 增量预测结果叠加即为 COD 浓度预测结果。

（3）浓度预测计算方法

浓度获取是每个网格点上所有逐时数据中的最高瞬时浓度，等值线分布图为各点最高浓度瞬时值的连线。

3．污染物浓度预测结果

（1）石油类浓度预测分析

以某项目油污水石油类预测结果为例（图 5-20），从中可以看出，正常工况下在 QK18-1 油田 WHP1 平台附近海域排放含油污水，超一类水质标准面积为 0.16 km²，超二类水质面积 0.001 km²，无超三类水质面积，最大超标距离沿主潮流为 460 m。

（2）COD 浓度预测分析

以某项目生活污水 COD 预测结果为例（图 5-21），从图中可以看出，正常工况下在 QK18-1 油田 WHP1 平台附近海域排放生活污水，超一类水质标准面积为 0.02 km²，无超二、三类水质面积，最大超标距离沿主潮流为 95 m。

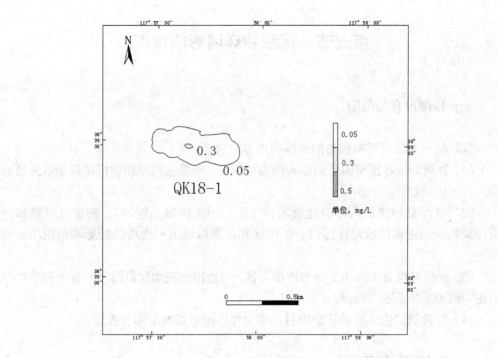

图 5-20　某项目正常工况下含油污水排放的油类浓度分布

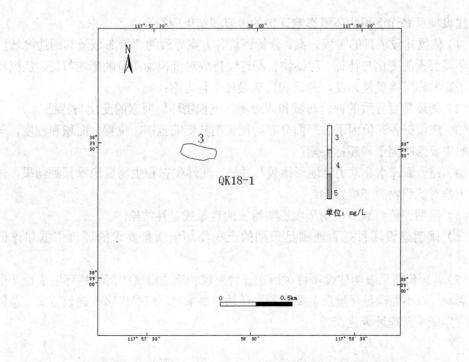

图 5-21　某项目正常工况下生活污水排放的 COD 浓度分布

第五节　沉积物环境影响预测

一、预测内容与范围

沉积物环境质量影响预测的范围和内容应包括：

（1）预测分析各预测因子的影响范围与程度，应着重预测和分析对环境敏感目标和主要环境保护目标的影响；

（2）有污染物排放入海的建设项目（例如污水排海工程等），应重点预测和分析污染物长期连续排放对排污口、扩散区和周围海域沉积物质量的影响范围和影响程度；

（3）评价等级为1级和2级的评价项目，应给出沉积物预测因子的分布和趋势性描述，明确影响范围与程度；

（4）评价等级为3级的评价项目，应定性地阐述影响范围与程度。

二、环境影响评价

建设项目海洋沉积物环境影响评价的内容和结果应符合以下要求：

（1）依据建设项目的工程方案，分析评价各方案导致的评价海域及其周边海域沉积物环境要素的变化与特征、污染物长期连续排放对沉积物质量的影响特征，从沉积物环境影响和可接受性角度，分析和优选最佳工程方案；

（2）阐述项目导致的评价海域和周边海域沉积物环境要素的变化与特征；

（3）应根据各评价因子的平面分布特征说明其影响范围、位置、面积和程度，同时说明主要影响因子和超标要素；

（4）结合海洋水文动力、地形地貌与冲淤、海洋生态和生物资源等预测结果，评价该工程对沉积物的环境影响；

（5）阐明评价海域沉积物环境影响特征的定量或定性结论；

（6）阐明建设项目是否能满足预期的沉积物环境质量要求的评价依据和评价结论；

（7）若评价结果表明建设项目对所在评价海域和周边海域的沉积物环境质量产生较大影响，或不能满足环境质量要求和海洋功能要求时，应提出修改建设方案、总体布置方案或重新选址等建议。

第六节　海洋生态环境影响预测

一、基本要求

海洋工程对海洋生态环境的影响途径可以分为直接影响和间接影响两个方面。

（1）直接影响主要体现在：工程占用海域或施工过程直接破坏海洋生物栖息生境、占用或破坏红树林、珊瑚礁、海草床等典型海洋生境、掩埋底栖生物栖息地及产卵场，造成底栖生物损伤、死亡，影响底栖生物的繁殖、生长和栖息；爆破和其他工程扰动不仅可能损伤海洋生物的听觉、内脏甚至生命，而且可能会影响其正常的生长、觅食、洄游、繁殖和栖息等。

（2）间接影响主要体现在：施工引起局部水域悬浮物浓度增加，以及油污和重金属毒害，运营期的污水排放等，会间接影响浮游生物、鱼卵仔鱼、渔业资源以及养殖业的生长和存活等。

工程对海洋生物资源损害评估应符合以下技术要求：

（1）评价方法应具有科学性、针对性、实用性和可操作性；

（2）应分析和评价全部可能导致海洋生物资源、水产品质量下降的生态和环境因子、受危害类型、影响程度和范围，包括分析和评价建设项目对渔业资源及渔业生产的影响范围和程度；

（3）应分别给出定量损害评估结果和定性影响评价结论；

（4）应明确给出客观、公正、合理的综合评价结论。

其中，用于影响评价和损失计算的资源密度，应在现状调查数据基础上与历史资料加以比对，必要时进行适当修正；用于影响评价的历史资料应为近 3 年内由政府部门或有资质的研究部门所公布的最新资料。

海洋工程建设对海洋生物资源的影响主要根据《建设项目对海洋生物资源影响评价技术规程》（SC/T 9110—2007）中规定进行估算和评价，需要时也可结合生态机理模型进行动态模拟预测评估。

二、生物资源损失评估方法

1. 占用渔业水域的海洋生物资源量损害评估

本方法适用于因工程建设需要，占用渔业水域，使渔业水域功能被破坏或海洋生物资源栖息地丧失。各种类生物资源损害量评估按式（5-37）计算：

$$W_i = D_i \times S_i \tag{5-37}$$

式中，W_i —— 第 i 种类生物资源受损量，单位为尾（个）、千克（kg）；

D_i —— 评估区域内第 i 种类生物资源密度，单位为尾（个）/km^2、尾（个）/km^3、kg/km^2、kg/km^3；

S_i —— 第 i 种类生物占用的渔业水域面积或体积，单位为 km^2 或 km^3。

2. 污染物扩散范围内的海洋生物资源损害评估

本方法适用于污染物（包括温盐度变化）扩散范围内对海洋生物资源的损害评估，分一次性损害和持续性损害。

一次性损害：污染物浓度增量区域存在时间少于 15 天（不含 15 天）；

持续性损害：污染物浓度增量区域存在时间超过 15 天（含 15 天）。

（1）一次性平均受损量评估

某种污染物浓度增量超过《渔业水质标准》（GB 11607—89）或《海水水质标准》（GB 3097—1997）中Ⅱ类标准值（两标准中未列入的污染物，其标准值按照毒性试验结果类推）对海洋生物资源损害，按式（5-38）计算：

$$W_i = \sum_{j=1}^{n} D_{ij} \times S_j \times K_{ij} \tag{5-38}$$

式中，W_i —— 第 i 种类生物资源一次性平均损失量，尾（个）、kg；

D_{ij} —— 某一污染物第 j 类浓度增量区第 i 种类生物资源密度，尾（个）/km^2、kg/km^2；

S_j —— 某一污染物第 j 类浓度增量区面积，km^2；

K_{ij} —— 某一污染物第 j 类浓度增量区第 i 种类生物资源损失率，单位为%；生物资源损失率取值参见表 5-10；

n —— 某一污染物浓度增量分区总数。

表 5-10　污染物对各类生物损失率

污染物 i 的超标倍数 B_i	各类生物损失率/%			
	鱼卵和仔稚鱼	成体	浮游动物	浮游植物
$B_i \leqslant 1$ 倍	5	<1	5	5
$1 < B_i \leqslant 4$ 倍	5～30	1～10	10～30	10～30
$4 < B_i \leqslant 9$ 倍	30～50	10～20	30～50	30～50
$B_i \geqslant 9$ 倍	≥50	≥20	≥50	≥50

（2）持续性损害受损量评估

当污染物浓度增量区域存在时间超过 15 天时，应计算生物资源的累计损害量。计算以年为单位的生物资源的累计损害量[式（5-39）]。

$$M_i = W_i \times T \qquad (5\text{-}39)$$

式中，M_i —— 第 i 种类生物资源累计损害量，尾（个）、kg；

　　　W_i —— 第 i 种类生物资源一次平均损害量，尾（个）、kg；

　　　T —— 污染物浓度增量影响的持续周期数（以年实际影响天数除以 15）。

3. 水下爆破对海洋生物资源损害评估

本方法适用于水下爆破对海洋生物资源损害评估。根据水下爆破方式、一次起爆药量、爆破条件、地质和地形条件、水域以及边界条件，通过冲击波峰值压力与致死率计算，分析、评估水下爆破对海洋生物资源损害。

冲击波峰值压力按式（5-40）计算：

$$P = a\left(\frac{Q^{1/3}}{R} \right)^{b} \qquad (5\text{-}40)$$

式中，P —— 冲击波峰值压力，kg/cm^2；

　　　Q —— 一次起爆药量，kg；

　　　R —— 爆破点距测点距离，m；

　　　a、b 为系数，根据测试数据确定（例如：$Q=250\,kg$、$R<700\,m$ 时，$a=287.3$、$b=1.33$）。

冲击波峰值压力值推算渔业生物致死率，参见表 5-11。

表 5-11　最大峰值压力与受试生物致死率的关系

项目		距爆破中心距离/m			
		100	300	500	700
最大峰压值/（kg/cm^2）		5	<1	5	5
致死率/%	鱼类（石首科除外）	5~30	1~10	10~30	10~30
	石首科鱼类	30~50	10~20	30~50	30~50
	虾类	≥50	≥20	≥50	≥50

水下爆破的持续影响周期以 15 d 为一个周期。水下爆破对生物资源的损害评估按式（5-41）计算：

$$W_i = \sum_{j=1}^{n} D_{ij} \times S_j \times K_{ij} \times T \times N \qquad (5\text{-}41)$$

式中，W_i —— 第 i 种类生物资源累计损失量，尾（个）、kg；

　　　D_{ij} —— 第 j 类影响区中第 i 种类生物的资源密度，尾（个）$/km^2$、kg/km^2；

　　　S_j —— 第 j 类影响区面积，km^2；

　　　K_{ij} —— 第 j 类影响区第 i 种类生物致死率，%；

　　　T —— 第 j 类影响区的爆破影响周期数（以 15 d 为一个周期）；

N—— 15 d 为一个周期内爆破次数累积系数，爆破 1 次，取 1.0，每增加一次增加 0.2；

n—— 冲击波峰值压力值分区总数。

对底栖生物的损害评估根据实际情况考虑影响周期。

4．专家评估方法

当建设项目的生物资源损害评估，如对珍稀濒危水生野生动植物造成损害等无法采用上述 4 种方法进行计算时，可由有经验的专家组成评估组对生物资源损失量进行评估。专家组成员须经省级以上（包括省级）渔业行政主管部门审核同意。评估程序如下：

（1）选择 3～5 名了解本地区生物资源状况的专家，组成评估专家组；

（2）评估专家组制定详细的调查工作方案；

（3）现场调查，广泛收集近年本区域的生产、生物资源动态变化等资料。如果本区域参数不全，可以选用邻近地区相同生态类型区的参数；

（4）对获得的资料进行筛选、统计、分析、整理；

（5）确定具体评估方案；

（6）编写评估报告。

5．长期潜在影响评价

对建设项目运行期废水排放应开展对海洋生物资源长期潜在影响分析和评价，以确定海洋生物资源可能受影响的程度和范围。

废水排放长期潜在影响评价应统筹考虑安全稀释度场和混合区的相容性，原则上废水安全稀释度包络场的面积不应高于国家规定的混合区面积，如超出混合区面积且影响到天然渔业资源和渔业生产，应图示其对渔业环境保护目标的影响，并开展对区域社会经济的影响评价。

安全稀释度的推定过程如下：

（1）当废水特征污染物在国家、地方废水排放标准中有明确规定时，采用有利于渔业资源保护的标准推定；

（2）当废水特征污染物在国家、地方废水排放标准中未有明确规定时，可通过以下途径推定：

① 国际知名化学品毒性数据库中安全浓度数据；

② 采用全废水毒性试验推定的安全浓度数据；

③ 类比安全浓度数据。

三、海洋生态系统模型影响评估法

1．海洋生态系统模型

重要海洋生态因子主要包括：磷营养盐、氮营养盐、浮游植物、浮游动物和生物碎屑，它们在海洋中的运动遵从溶解性物质传输扩散动力学方程，并遵循海洋生态系统能量与物质传输规律（图 5-22）。

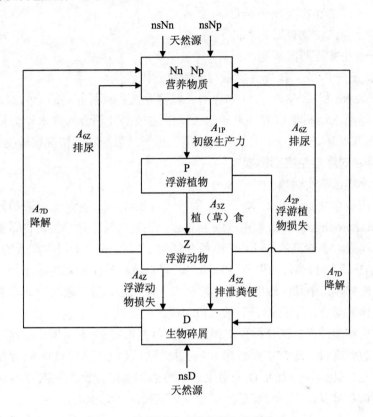

图 5-22 海洋生态系统能量与物质传输

上述海洋生态系统模型中生态因子源与汇浓度的总和计算式见式（5-42）至式（5-46）。

$$\sum S_P = A_{1P} - A_{2P} - A_{3Z} \tag{5-42}$$

$$\sum S_Z = A_{3Z} - A_{4Z} - A_{5Z} - A_{6Z} \tag{5-43}$$

$$\sum S_D = A_{2P} + A_{4Z} + A_{5Z} - A_{7D} + nsD \tag{5-44}$$

$$\sum S_{Np} = -A_{1P} + A_{6Z} + A_{7D} + nsNp \tag{5-45}$$

$$\sum S_{Nn} = (-A_{1P} + A_{6Z} + A_{7D}) \times K_{Nn:Np} + nsNn \tag{5-46}$$

式中，$\sum S_P$、$\sum S_Z$、$\sum S_D$、$\sum S_{Np}$、$\sum S_{Nn}$ —— 分别为浮游植物、浮游动物、生物碎屑、磷营养盐、氮营养盐源与汇浓度的总和；

A_1 —— 浮游植物光合作用生长速率；

A_2 —— 浮游植物自然死亡率；

A_3 —— 浮游动物捕食速率；

A_4 —— 浮游动物死亡率；

A_5 —— 浮游动物粪便排泄速率；

A_6 —— 浮游动物排尿速率；

A_7 —— 生物碎屑降解速率；

$K_{Nn:Np}$ —— P、Z、D 中含氮量与含磷量的比值；

nsD、nsNn 和 nsNp —— 生物碎屑、氮营养盐和磷营养盐的天然源。

交通运输部水运科学研究院近年来采用上述模型并耦合海洋水动力模型建立了胶州湾、珠江口和杭州湾海洋生态系统模型，预测结果与实际情况比较吻合。

2. 悬浮物对浮游生物影响模拟

（1）悬浮物影响实验模型

中国水产科学研究院东海水产研究所曾进行长江口疏浚泥浸出液和悬浮液对小球藻（C. saccharophila）和大型蚤（D. magna）的生长试验和急性毒性试验，疏竣泥浸出液和悬浮液对小球藻的 96 h-EC50 值分别为 87% 和 99.5%，对大型蚤的 96 h-LC50 值分别为 87.5% 和 50.1%。表明长江口疏浚泥浸出液和悬浮液对浮游植物和浮游动物生长有一定影响，其中悬浮液的致死影响要大于浸出液，悬浮液对浮游动物的影响大于对浮游植物的影响，但总体表明长江口疏浚泥的毒性不大。

根据上述实验结果，在分析预测评价固体悬浮物（SS）人为增量对水生生物及水生生态系统的影响时，通常主要考虑 SS 对浮游动物植物生长的抑制和对浮游动物的致死两方面的直接影响，进而可以采用生态系统影响模型分析预测对浮游动植物生物量、鱼卵仔鱼数量以及上层食物链鱼类产量等间接的及累积的影响。

统计分析得出的有关浮游植物生长抑制和浮游动物死亡率的实验曲线对于影响的定量分析和模拟预测而言非常重要，当环境条件和工程性质具有可比性时，可以引用前人的归纳总结成果（如图 5-23 和图 5-24），否则应开展必要的专题研究试验。

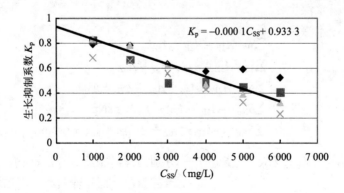

图 5-23　长江口 SS 对微绿球藻和牟氏角毛藻的生长抑制实验曲线

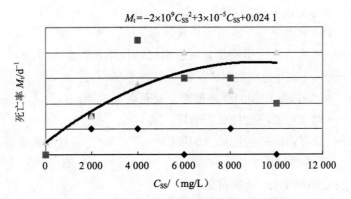

图 5-24　长江口 SS 对大型蚤死亡率实验曲线

（2）光合作用影响模型

SS 对光合作用的影响主要体现在降低了光强，影响模型按式（5-47）至式（5-49）计算。

$$I = I_s \exp\left(-\int_0^z k(z)\mathrm{d}z\right) \tag{5-47}$$

$$k(z) = 0.04 + 0.054C(z)^{2/3} + 0.008\,8C(z) \tag{5-48}$$

$$C(z) = P(z) + Z(z) + D(z) + O(z) \tag{5-49}$$

式中，I —— 到达某一水深（z）的光合作用有效辐射强度；

　　　I_s —— 到达海面的光照辐射强度；

　　　$P(z)$ —— z 水深浮游植物浓度；

　　　$Z(z)$ —— z 水深浮游动物浓度；

　　　$D(z)$ —— z 水深生物碎屑浓度；

　　　$O(z)$ —— z 水深污染物质浓度。

（3）浮游动植物生长影响模型

浮游动植物生长影响模型按交通运输部水运科学研究院提出的模型，如式（5-50）至式（5-51）。

$$A_1' = K_p V_m \min[V_1(\mathrm{Nn}), V_1(\mathrm{Np})]V_2'(\mathrm{I})V_3(\mathrm{T})V_4(\mathrm{S}) \tag{5-50}$$

$$A_3' = R_{\max} \times (1 - M_t) \times [1 - \exp(-\lambda(P - P^*))] \tag{5-51}$$

式中，A_1' 和 A_3' —— 浮游植、动物受 SS 影响的校正生长速率；

　　　K_p —— SS 对浮游植物生长的抑制系数；

M_t —— SS 造成的浮游动物死亡率；

V_m —— 浮游植物光合作用最大生长速率；

$V_2'(I)$ —— 考虑海洋污染物光衰减作用光合作用光强影响项；

$V_1(Nn)$ —— 氮浓度控制的浮游植物生长营养影响项；

$V_1(Np)$ —— 磷浓度控制的浮游植物生长营养影响项；

$V_3(T)$ —— 温度浮游植物生长影响项；

$V_4(S)$ —— 盐度浮游植物生长影响项；

R_{max} —— 浮游动物最大捕食常数；

λ —— 特定海域 Ivlev 捕食常数；

P —— 浮游植物浓度；

P^* —— 浮游植物浓度捕食限值。

交通运输部水运科学研究院近年来建立了上述悬浮物对浮游生物影响的模拟模型，并耦合海洋生态系统模型和水动力模型，模拟预测了杭州湾某建设项目悬浮物增量对海洋生态系统生产能力的综合影响。

3．悬浮物对鱼卵仔鱼与渔业资源的影响模拟

（1）对鱼卵、仔鱼的影响预测模型

采用交通运输部水运科学研究院研究提出的 SS 与浮游动物死亡率的实验模型（图 5-22）估算其对鱼卵和仔鱼的影响。根据海洋生态系统影响模型计算的浮游动物相对损失率和工程海域鱼卵仔鱼密度，假设相对损失量中因浮游植物损失的贡献为 50%并加以扣除，则可以计算出疏浚作业超标海域 SS 所造成的鱼卵、仔鱼损失量，计算模型列于式（5-52）。

$$L_{DF_i} = 0.5 \times S_{DF_i} \times W_{F_i} \times A_D \tag{5-52}$$

式中，L_{DF_i} —— 鱼卵、仔稚鱼施工损失量；

S_{DF_i} —— 浮游动物因施工作业造成的相对损失率模拟值；

W_{F_i} —— 施工作业区域单位面积鱼卵、仔稚鱼实测生物量；

A_D —— 施工 SS 超标浓度影响面积。

（2）对幼鱼的影响预测模型

在施工泥沙影响集中的范围内，鱼类幼体因高浓度悬浮物而部分受到伤害，专家估计的伤害率为 50%，交通运输部水运科学研究院提出的损失量估算模型如式（5-53）。

$$L_{DF_i} = M_{DF_i} \times W_{F_i} \times A_D \tag{5-53}$$

式中，L_{DF_i} —— 幼鱼施工损失量；

M_{DF_i} —— 施工作业对鱼类幼体的伤害率；

W_{F_i} —— 施工作业区域单位面积鱼类幼体实测生物量；

A_D——施工 SS 超二类海水水质标准浓度的影响面积。

（3）对渔业资源间接影响

这部分影响主要指：浮游动植物受到施工 SS 影响而受到损失后，因饵料损失而相应减少的鱼类资源量。假设鱼类是浮游动物的次级消费者，选择生态学营养级生产量估算模型（式（5-54））对这部分损失进行估计。

$$\Delta F = \sum_{\text{Month}=1}^{\text{Month}=12} \Delta F_{\text{Month}} = \sum_{\text{Month}=1}^{\text{Month}=12} \Delta Z_{\text{Month}} \times E \tag{5-54}$$

式中，ΔF——食浮游动物鱼类年产量损失量；

ΔF_{Month}——食浮游动物鱼类月产量损失量；

ΔZ_{Month}——浮游动物月产量损失量；

E——生态转换效率，取 15%。

悬浮物对鱼卵仔鱼与渔业资源的影响也可参照《建设项目对海洋生物资源影响评价技术规程》（SC/T 9110—2007）进行估算。

4. 海洋工程对底栖生物影响

交通运输部水运科学研究院综合有关影响机理分析和实测资料，研究提出了底栖生物受到海洋工程影响的预测模型，如式（5-55）。

$$\text{WFF}_i = \text{AD}_i \times \text{QFA}_i \times \text{TF} \times \text{YD}_i \times \text{FDF}_i + \text{AD}_i \times \text{BIDA}_i \times \text{QF} \times \text{TF} \times \text{YID}_i \times \text{FIDF}_i \tag{5-55}$$

式中，WFF_i——第 i 种作业方式造成的底栖生物死亡量；

AD_i——第 i 种作业方式直接伤害面积（由工程分析得出）；

QFA_i——第 i 种作业方式直接伤害面积内的底栖生物栖息密度（取未受到破坏时的现状调查值为背景值）；

TF——底栖生物年收获季节（通常 1 年 1～2 季）；

YD_i——第 i 种作业方式直接伤害影响的恢复时间（一般可达 3～7 年）；

FDF_i——第 i 种作业方式造成底栖生物受到直接伤害的死亡百分率（通常取 100%）；

BIDA_i——第 i 种作业方式间接扰动影响区域占直接伤害影响区域的比值（通常取 3）；

YID_i——第 i 种作业方式间接伤害影响的恢复时间（一般可达 1～3 年，严重时可达 5～7 年）；

FIDF_i——第 i 种作业方式造成底栖生物受到间接扰动影响的死亡百分率（通常取 30%～50%）。

根据工程分析和现状调查评价结果，可依据式（5-55）定量化地计算因工作作业造成的底栖生物直接、间接受到的短期及中长期损失量，为生态保护、补偿和恢复提供参考，损失量预测分析表参见表 5-12。

表 5-12　底栖生物损失量预测分析

工程内容 \ 影响类型	施工期（短期）影响		恢复期（中长期）影响		累积影响
	直接影响	间接影响	直接影响	间接影响	
内容 1					
内容 2					
……					
合计					

　　除疏浚、填筑、铺设管线作业等对底栖生物造成损伤外，冷、咸水的释放与下沉作用也会对底栖生物的生长和繁殖等带来一定的不利影响。

　　海洋工程对底栖生物的影响也可参照《建设项目对海洋生物资源影响评价技术规程》（SC/T 9110—2007）进行分析与估算。

5. 海上爆破及强声源影响

　　水下爆破的主要危害是水中冲击波。日本和前苏联的相关试验研究表明，不同的鱼类对冲击波的敏感程度不同，在相同冲击波作用下所受伤害和死亡的差别很大。大庆石油管理局水下爆破作业对鱼类影响的试验显示，当 10 kg 硝酸铵炸药散装在塑料薄膜筒中在水中爆炸后，距震源 15 m 以内鱼类的体表和内脏严重破坏，初步认为：冲击波压力 16～17 kg/cm² 为鱼类的死亡界限。

　　噪声对水生生物的影响是累积性的，既包括有机体能量代谢等组织的化学变化所逐渐引起的细胞损耗，也包括由于声波引起机械振动所产生的生物体疲劳损伤（如耳膜破裂、脏器出血等现象）。已有研究表明，声强级为 120、124 dB 时，1～10 d 内分别对普通鱼类（如梭鱼等）和对虾致伤、致死。海底石油平台附近的爆炸声会对一些鲸的听觉器官带来非常大的伤害，以致它们辨不清方向和无法索饵最终痛苦死去。而大黄鱼等石首鱼类由于其内耳的特殊结构则对声强的忍受力更低。爆破、振动和噪声对中华白海豚等听觉系统非常敏感的保护动物的影响也十分突出，香港新机场的建设和厦门海域的开发活动等均曾造成了栖息于上述海域的中华白海豚的异常死亡。

　　爆破工程影响范围可采用式（5-56）进行模拟预测，根据水下爆破后水下冲击波在海水介质中的衰减情况，结合现场监测结果（图 5-25 至图 5-26），可估算不同单响炸药量炸礁工程对鱼类的影响半径范围（图 5-27）。渔业资源损失量预测分析表见表 5-13。

$$P_m = 31(Q^{1/3}/R)^{1.45} \tag{5-56}$$

式中，P_m —— 冲击波峰值压力，kg/cm²；

　　　　Q —— 一次起爆药量，kg；

　　　　R —— 爆破点距测点距离，m。

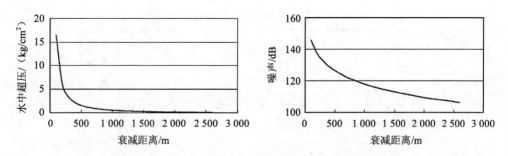

图 5-25　最大单响炸药量的水中冲击波压力和噪声随距离衰减情况

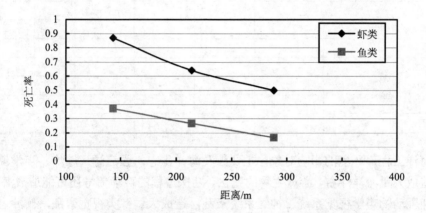

图 5-26　800 kg 单响炸药量虾类和鱼类死亡率实验曲线

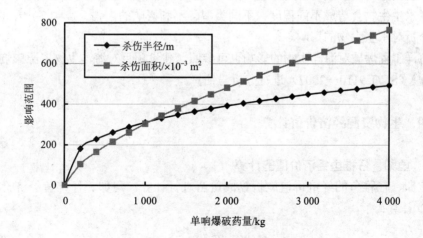

图 5-27　不同单响炸药量影响范围

表 5-13　主要经济鱼类幼体的爆破死亡量估算

资源类型 \ 参数	鱼类死亡率/%	水下冲击波/（kg/cm²）	影响半径/m	影响面积/km²	影响体积/km³	死亡量/万尾		合计/万尾
						单次爆破	多次爆破	
幼鱼								
仔鱼								
鱼卵								
成鱼								
累计								

　　海洋工程声环境的影响对象，主要涉及海洋生态，强声源（爆炸、声学勘探等）直接造成大量海洋浮游、游泳生物的死亡。勘探过程的声学信号还可能造成海区内的海洋哺乳动物声学视觉系统、神经系统紊乱，造成大量鲸类视觉紊乱，俯冲上岸。

　　评价中应根据工程分析中给出的声源分析结果，选择适当的声源在海水水体中的传输扩散模型，模拟预测不同类型声强、声频、声压的时空分布范围，同时调查分析对敏感水生生物会造成不同程度、不同类型、不利影响的声强、声频、声压的范围，进而分析对水生生物的影响。

　　海洋工程爆破对海洋生物的影响也可参照《建设项目对海洋生物资源影响评价技术规程》（SC/T 9110—2007）进行分析与估算。

四、生物资源经济价值计算

1. 鱼卵、仔稚鱼经济价值的计算

　　鱼卵、仔稚鱼的经济价值应折算成鱼苗进行计算。鱼卵、仔稚鱼经济价值按式（5-57）计算：

$$M = W \times P \times E \tag{5-57}$$

式中，M——鱼卵和仔稚鱼经济损失金额，元；

　　　　W——鱼卵和仔稚鱼损失量，尾（个）；

P——鱼卵和仔稚鱼折算为鱼苗的换算比例，鱼卵生长到商品鱼苗按 1%成活率计算，仔稚鱼生长到商品鱼苗按 5%成活率计算，%；

E——鱼苗的商品价格，按当地主要鱼类苗种的平均价格计算，元/尾。

2．幼体经济价值的计算

幼体的经济价值应折算成成体进行计算，当折算成成体的经济价值低于鱼类苗种价格时，则按鱼类苗种价格计算。幼体折算成成体的经济价值按式（5-58）计算：

$$M_i = W_i \times P_i \times G_i \times E_i \tag{5-58}$$

式中，M_i——第 i 种类生物幼体的经济损失额，元；

W_i——第 i 种类生物幼体损失的资源量，尾（个）；

P_i——第 i 种类生物幼体折算为成体的换算比例，按 100%计算，%；

G_i——第 i 种类生物幼体长成最小成熟规格的重量，鱼、蟹类按平均成体的最小成熟规格 0.1 kg/尾计算，虾类按平均成体的最小成熟规格 0.005～0.01 kg/尾计算，kg/尾；

E_i——第 i 种类生物成体商品价格，按当时当地主要水产品平均价格计算，元/kg。

3．成体生物资源经济价值的计算

成体生物资源经济价值按式（5-59）计算：

$$M_i = W_i \times E_i \tag{5-59}$$

式中，M_i——第 i 种类生物成体生物资源的经济损失额，元；

W_i——第 i 种类生物成体生物资源损失的资源量，kg；

E_i——第 i 种类生物的商品价格，元/kg。

4．潮间带生物、底栖生物的经济价值的换算

潮间带生物、底栖生物经济损失按式（5-60）计算：

$$M = W \times E \tag{5-60}$$

式中，M——经济损失额，元；

W——生物资源损失量，kg；

E——生物资源的价格，按主要经济种类当地当年的市场平均价或按海洋捕捞产值与产量均值的比值计算（如当年统计资料尚未发布，可按上年度统计资料计算），元/kg。

5．生物资源损害赔偿和补偿年限（倍数）的确定

（1）各类工程施工对水域生态系统造成不可逆影响的，其生物资源损害的补偿年限均按不低于 20 年计算；

（2）占用渔业水域的生物资源损害补偿，占用年限低于 3 年的，按 3 年补偿；占用年限 3～20 年的，按实际占用年限补偿；占用年限 20 年以上的，按不低于 20 年补偿；

（3）一次性生物资源的损害补偿为一次性损害额的 3 倍；

（4）持续性生物资源损害的补偿分 3 种情形，实际影响年限低于 3 年的，按 3 年补偿；实际影响年限为 3～20 年的，按实际影响年限补偿；影响持续时间 20 年以上的，补偿计算时间不应低于 20 年。

第七节　其他类型环境影响

一、固体废弃物影响

主要来自于各类海上倾废活动以及生产和生活垃圾。通常在工程分析的基础上定量分析计算发生量，分析相应的防止和处置方案，确定排放量并分析相应的不利环境影响，最后给出环境影响评价结论和相应的影响减缓对策措施。

二、环境景观影响

主要涉及海上构筑物、海上漂浮物、海水外观颜色的改变（变混浊、变色），沿岸景观污染（溢油），失去海滨令人愉悦、旅游、休闲的价值等方面的影响。

影响评价中首先需要确定评价原则，如：自然价值高于人工价值原则、整体性原则、主导因子原则、美学原则等，然后根据海洋工程的相关工程内容评价相应的环境景观影响，最后给出环境影响评价结论和相应的影响减缓对策措施。

三、通航安全环境影响

海上工程构筑物会对工程项目附近海域的港口及其航道和锚地的通航安全构成一定影响，影响评价中应确定工程与港口、航道、锚地的区位关系，分析评价工程建设对通航安全的影响，最后给出影响评价结论和相应的影响减缓对策措施。

第六章　海洋工程环境风险评价

第一节　概述

环境风险评价是海洋工程环境影响评价的一项重点评价内容。不同类型的海洋工程存在着不同的环境风险，如海洋石油勘探开发、海底输油管线建设等可能发生井喷、油品泄漏等溢油风险；大面积围海造地、大型人工岛建设，可能引发潜在的生态风险；深水岸线码头工程建设等，将使所在海区的船舶通行密度、通行数量大幅度增加，进而增大船舶碰撞溢油、危险化学品泄漏等事故的发生概率，造成海洋环境污染。

《海洋工程环境影响评价技术导则》（GB/T 19485—2004）中 4.11.2.8 节明确要求"有环境事故风险的建设项目，应进行环境事故风险分析与评价"，由于目前我国尚未针对海洋工程制定相应的环境风险评价技术导则或规范，因此，在实际评价工作中建议参照《建设项目环境风险评价技术导则》（HJ/T 169—2004）的相关要求。

一、基本定义

1. 海洋工程环境风险

环境风险是一种潜在的环境灾害，体现了发生环境灾害的可能性与不确定性。环境灾害不同于一般人文灾害（人类行为直接导致的灾害，如车祸等）和自然灾害（如地震、海啸等），它指的是主要由人为因素引起的（潜在祸因、事故触发），以自然环境为传递媒介并反作用于人类及其赖以生存的生态环境的灾害。针对环境风险的评价称为环境风险评价。

海洋工程环境风险是指工程建设和运行期间突发性事故引起的，对海洋资源、环境或海洋工程项目本身造成一定损害、破坏乃至毁灭性事件的发生概率及其损害的程度。根据风险的概念，可以将海洋工程风险的概念定义为海洋工程可能发生事故的频率 P 与事故可能造成海洋资源、海洋环境及项目本身的后果 C 的乘积，即：

$$R（危害/单位时间）= P（事故/单位时间）\times C（危害/事故）\qquad (6\text{-}1)$$

2. 海洋工程环境风险评价

根据《建设项目环境风险评价技术导则》（HJ/T 169—2004），建设项目环境风险评价是指对建设项目建设和运行期间发生的可预测突发性事件或事故（一般不包括人为破坏及自然灾害）引起有毒有害、易燃易爆等物质泄漏，或对突发事件产生新的有毒有害物质，所造成的对人身安全与环境的影响和损害进行评估，提出防范、应急与减缓措施。

海洋工程环境风险评价即是对各类海洋工程建设和运行期间可能发生的事故进行分析，对事故可能造成的环境影响和损害进行评估，并据此提出相应的防范、应急与减缓措施。

二、环境风险特征

海洋工程风险具有下列 5 个主要特征，即风险存在的客观性、具体风险发生的偶然性、大量风险发生的规律性、风险的可变性和风险的相对性。

1. 风险存在的客观性

无论是自然界的物质运动还是社会的发展都是由事物内部因素所决定的，由超越于人的主观意识所存在的客观规律所决定的。因此，风险是独立于人的意识之外的客观实在，它不以人的意志为转移，人们无论愿意接受与否，都无法消除它，只能在有限的空间和时间内改变风险发生的条件，降低其发生的频率和减少损失程度。

2. 具体风险发生的偶然性

风险虽然客观存在，但就某一具体风险而言，它的发生是偶然的，是一种随机现象，在风险发生之前，人们无法准确预测它何时会发生、发生的结果是什么。这是因为任一具体风险事故的发生，必是诸多风险因素及其相互共同作用的结果，而且每一因素的作用时间、作用点、作用方向、作用顺序及作用强度等都必须满足一定条件，才能导致事故的发生。因此就每一因素而言，其出现都是偶然的。

3. 大量风险发生的规律性

个别风险事件的发生是偶然、无序的，然而用统计学的观点对大量风险事件进行综合观察，却可以找出明显的规律。必然性和偶然性是对立统一的一对矛盾，运用统计方法去处理大量偶然发生的风险事件资料，就可以抵消掉由偶然因素作用引起的数量差异，发现其固有的运动规律。因此，在一定条件下，对大量风险事件的统计处理，其结果可以比较准确地反映风险的规律性。大量风险发生的必然性和规律性，使人们利用概率和数理统计方法去计算其发生概率成为可能。

4. 风险的可变性

海洋工程活动涉及资源、环境、社会、经济等各方面因素，这些因素都是互相联系、互相依存、互相制约，这些因素都处于变化之中，这些变化必然会引起风险的变化。

5. 风险的相对性

承受风险的主体不同，时空条件不同，则风险因素的涵义也不同。

三、环境风险评价内容

海洋工程环境风险评价内容往往需要根据海洋工程项目的具体性质和实际需要来确定。但无论什么类型的海洋工程项目，无论采取何种评价方法，一个完整的工程项目环境风险评价应该包括风险识别、风险评价和风险管理对策三个基本部分的内容。也可具体分为风险识别、风险分析、后果计算、风险综合评价、风险减缓措施五部分内容。

以海洋石油勘探开发项目为例，其环境风险评价主要是对海洋石油开发、储存、集输和控制过程中发生事故的可能性及其危害程度进行评估，并提出预防或降低事故风险对策和方案的过程。该类项目的环境风险评价主要内容可分为：风险识别、风险分析（主要事故类型及事故概率的确定）、事故后果估算、风险综合评价、风险管理及事故应急预案等。

四、环境风险管理内容

海洋工程环境风险管理是指根据环境风险评价的结果，依照相关法律规定，选用有效的控制技术，进行风险削减，并进行政策分析，以此选用适当的管理措施并付诸实施，以期最大限度地降低风险，保护海洋环境。

海洋工程环境风险管理内容可以概述为：制定有毒物质的环境管理条例和标准；加强风险源控制，了解风险源的分布情况与目前状态、风险源控制管理计划、潜在风险预报、风险控制人员的培训与配备；提高环境风险评价的质量、强化环境管理；风险的应急管理及其恢复技术，即通过管理手段，以最小的代价减少风险和提高安全性。

海洋工程建设单位应在政府环境保护部门及其他职能部门的指导和监督下，负起如下风险管理职责：

1. 制定风险管理计划、确定管理方法

制定风险管理计划应该是建设单位在风险管理方面的首要职责，主要内容应包括管理对象、管理目标和管理方法等。

管理对象：应该把项目涉及的所有环境风险源都作为操作对象，纳入到环境风险管理计划中。

管理目标：以最小的代价最大限度地降低环境风险。

管理方法：制定可行的环境风险应急控制行动方案；邀请专家参与风险管理计划的制订并指导或负责计划的实施；向外界公布潜在的风险状况及其控制措施方案；培训风险控制人员队伍，演习应急控制行动方案；核查风险管理计划的实施效果。

2．制定和落实防范措施

对于一般性的环境污染事故，预防方法通常是加强企业的常规环境管理、保证污染物的处理效果等。对于突发性重大环境灾害事故，可以通过加强机器设备的安全性设计、加强操作人员的培训力度等措施来降低设备故障，降低人为操作失误导致环境风险的发生概率。

第二节　环境风险评价等级划分和评价工作程序

一、环境风险评价等级划分

根据各类海洋工程建设项目潜在危险及所处海域环境敏感性的不同，将参照《建设项目环境风险评价技术导则》（HJ/T 169—2004）划分环境风险评价工作等级。评价等级根据建设项目的物质危险性和功能单元重大危险源判定结果以及环境敏感程度等因素进行划定（表 6-1）。其中项目环境风险的物质危险性和功能单元重大危险源按照《建设项目环境风险评价技术导则》（HJ/T 169—2004）、《重大危险源辨识》（GB 18218—2009）、《职业性接触毒物危害程度分级》（GB 5044—1985）和其他有关技术标准的要求进行判定。

表 6-1　风险评价工作级别（一级、二级）

	毒性危险物质	一般毒性危险物质	可燃、易燃危险性物质	爆炸危险性物质
重大危险源	一	二	一	一
非重大危险源	二	二	二	二
环境敏感地区	一	一	一	一

二、环境风险评价工作程序

海洋工程建设项目的环境风险评价程序同其他建设项目的环境风险评价程序基本一致，包括环境风险识别、环境风险分析、后果计算、风险评价、风险管理和防范措施、应急计划等步骤或内容（图 6-1）。例如，可以从建设项目装置的安全评价开始，筛选危险因素，确定发生概率虽小但危害大的最大可信事故，进行后果计算，然后进行风险评价、管理，提出风险防范措施和应急计划。

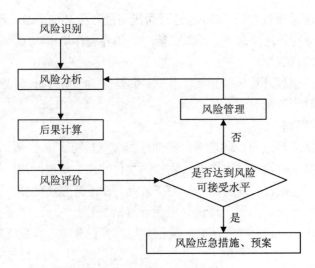

图 6-1　环境风险评价程序流程

1. 风险识别阶段

目标是确定危险物质、风险源和风险类型；识别对象主要是原料、辅料、中间和最终产品、生产系统；方法主要有列表筛选法、专家调查法、事故树分析法、概率评价法、综合评价法等。

2. 风险分析阶段

目标是确定主要事故类型及其概率；分析对象是已识别的危险因素和风险类型；方法有定性方法（类比法、加权法等）和定量方法（指数法、概率法、事故树法等）。

3. 后果计算阶段

目标是确定危害程度及范围；对象是项目可能发生的主要事故；计算方法包括大气扩散计算、海域水体扩散计算、爆炸损失计算、火灾热辐射计算和综合损害计算等。

4. 风险评价及管理阶段

目标是对建设项目的环境风险进行综合评价并制定减少风险的措施、应急预案；对象是最大可信事故，选择一种或几种风险事故进行后果分析及风险评价，并据此提出相应的风险减少措施、制定有针对性的风险应急预案。

第三节　环境风险评价内容与方法

一、环境风险识别

风险识别是分析建设项目哪里有环境风险，确定风险类型。对于海洋工程而言，风险识别应阐明建设项目在施工阶段、运行阶段可能产生环境事故风险的范围、内容、主要因子（含污染与非污染因子）及其可能产生的各类环境影响（污染与非污染环境影响）和潜在影响。

具体开展海洋工程环境风险识别工作时，主要包括收集背景资料阶段和确定风险识别范围及内容阶段两部分。

1. 搜集背景资料

背景资料包括项目资料、环境资料和其他相关资料等。

（1）项目资料。包括项目生产涉及物料的物化性质、毒理性质、储运、储量、用量等；项目生产工艺流程、平面布局；生产装置、设备类型及材质、管路结构及重要阀门、控制系统；安全、消防、环保、应急设施情况等。

（2）环境资料。项目所在海域的环境保护敏感目标分布、区域气象、水文动力条件等。

（3）其他相关资料。包括项目所属行业国内外事故统计及分析资料；同类装置的国内外事故统计及分析资料；国内外同行业、同类装置的典型事故案例资料等。

2. 确定风险识别范围及内容

（1）风险识别范围

无论哪类海洋工程建设项目，风险识别范围均可界定在各生产过程中的物料及产生的污染物、生产系统、储存运输系统、相关的公用工程和辅助系统等范围之内。

（2）风险识别内容

环境风险识别内容主要包括危险物质识别、风险源识别、事故形式及危害类型识别。

①危险物质识别。熟悉项目所涉及的产品、中间产品、辅料及废物等物质，凡属于有毒物质、易燃物质、强反应或易爆物质等范畴之内的，均属危险物质。应列表说明各种危险物质的物理性质、化学性质、毒理学性质、危险性类别、储存量、运输量及加工量等，并结合相应的评价阈值，按照危险物质的危险性及毒性对其进行分类排队，筛选出可能的风险评价因子。如海洋石油勘探开发工程涉及的原油、天然气、汽油、柴油、烃类等物质均属于危险物质范畴。

②风险源识别。对于海洋工程建设项目而言，需分析建设项目在施工阶段、生产阶段、废弃阶段（如果涉及）等各个阶段可能发生的、潜在的事故风险类型。

③事故形式及危害类型识别。在危险物质识别、风险源识别的基础上，分析建设项目可能涉及的事故形式及危害类型，并据此筛选出重大危险源。以海洋石油勘探开发工程为例，海上油田开发主要包括油田勘探、油气开采、油气集输、油气储存等过程，每个过程都有其独特的环境风险特征，尤以油气运输过程的环境风险特征最为显著（见表6-2）。

表 6-2　海洋石油勘探开发工程油气储运过程的环境风险特征

集输方式	风险类别	可能的原因	主要环境影响
石油装卸	泄漏	装卸设备故障操作失误、撞船、触礁、自然灾害等海上航行事故	污染海域环境 轻烃挥发污染大气
	火灾、爆炸	油气泄漏存在机械、高温、电气、化学火源	污染海域环境
油轮、油驳	溢油	撞船、触礁、自然灾害等海上航行事故	污染海域环境 轻烃挥发污染大气
	火灾、爆炸	油气泄漏存在机械、高温、电气、化学火源	污染海域环境
海底管道	泄漏	管道设备腐蚀、破坏、操作失误、地震灾害	污染海域环境

（3）风险识别方法

环境风险识别的方法主要有列表筛选法、专家调查法及事故树分析法。在海洋工程环境风险评价工作中，建议在以下几方面开展。

①事故发生潜在源的辨识。建议从这几方面加以考虑：a. 操作中的自然失败；b. 正常操作偏差造成的事故（设备失灵、控制设施损坏、操作者失误等）；c. 项目现场其他事故引发的危险；d. 外界意外事故引发的危险（如地震、海啸等）。

②事故可能发生途径的辨识。可以考虑运用下列方法进行研究：物质危害分析、危险物质与操作的关系研究、工艺流程图剖析、已发生事故回顾分析。

③借助生产流程图分析潜在风险。流程图中应该详细标出生产设施、储存设备、集输设施等，便于分析潜在危害。

④通过收集的自然环境资料识别风险。收集建设项目所处海域范围内的自然环境资料，包括气象资料、水文动力资料、敏感区分布资料等，利用这些资料可以进一步识别风险，并明确可能受影响的环境保护目标。

（4）典型海洋工程的环境风险类型

《防治海洋工程建设项目污染损害海洋环境管理条例》列出了九大类海洋工程，限于笔者知识与经验不可能对每类海洋工程可能造成的环境风险作出详细地判断和识别，因此，选择部分类别工程做些提示性的分析。实践中评价专业人士应结合自己的经验、同类工程借鉴和项目所在区域环境特征加以细化、补充、筛选。

①围填海工程

围填海工程大多布置在近岸港湾，该类工程的主要事故风险类型为船舶溢油事故。此外，其他事故风险类型则取决于因围填海使原有主导功能的改变可能引发潜在的岸线侵蚀堆积等地质灾害、水交换率降低等生态事故。

工程施工期，施工船舶在作业或行进时，可能由于管理疏忽、操作违反规程或失误等原因引起油类跑、冒、滴、漏事故，这类溢油事故相对较小，但也会对水域造成油污染；工程营运期，船舶航行密度将会有所增加，进而增加发生船舶碰撞溢油事故的概率。

　　围填海工程建成后，造成海湾纳潮量降低，阻碍海流，引起海浪的折射反射，进而引起附近海域的冲淤平衡，造成海底地形和岸线的变化，也有可能引起附近海域岸线的沉积类型的变化，包括沙滩消失，底栖生态类型发生根本变化。

　　②人工岛工程

　　此类工程包括人造独立岛屿和利用现有岛屿进行人工扩建或连岛开发，构筑人工岛的用途决定着此类工程的主要事故风险类型。如构筑人工岛建设港口深水岸线，使用功能以化工码头为主，则主要事故风险类型为船舶溢油事故、危险化学品泄漏、爆炸、火灾事故等。

　　③跨海桥梁工程

　　跨海桥梁工程的主要事故风险类型包括：施工期，由于施工船舶数量的增加，有可能在桥位区附近发生施工船舶碰撞或施工船舶与过往船只碰撞导致燃料油溢漏入海的事故。同时，工程内容包括海底隧道的跨海桥梁工程在施工期还存在泥浆、钻屑事故性排放的可能性；运营期，主要事故风险类型是水上交通船舶与桥墩相撞导致燃料油溢漏和桥面交通事故造成的危险品泄漏入海事故。

　　④海底管道、海底电（光）缆工程

　　海底管道工程的事故风险类型主要为施工期的船舶溢油事故和运营期的输送介质（污水、石油、天然气、有毒有害及危险化学品等）泄漏入海事故。海底电（光）缆工程的事故风险类型主要为施工期的船舶溢油事故。

　　⑤海洋矿产资源勘探开发及其附属工程

　　以海洋石油开发工程这两类典型的海洋矿产资源勘探开发工程为例，来说明此类工程建设可能发生的事故风险类型。

　　海洋石油开发工程存在的事故风险类型主要包括：井喷、溢油、火灾、爆炸、油气及污染物质泄漏等。

　　各类典型海洋工程的主要事故风险类型及危害见表6-3，其中海洋石油开发工程的主要事故风险类型、来源及危害见表6-4。

表6-3　典型海洋工程的主要事故风险类型及危害

工程类型	主要事故风险类型	危害
围填海工程	施工期船舶溢油事故、运营期事故风险类型则取决于围填海形成陆域的主导使用功能	泄漏入海，污染海洋环境
人工岛工程	施工期船舶溢油事故、运营期事故风险类型取决于构筑人工岛的用途	泄漏入海，污染海洋环境
跨海桥梁工程	施工期船舶溢油事故、运营期水上交通船舶与桥墩相撞导致燃料油溢漏和桥面交通事故造成的危险品泄漏入海事故	泄漏入海，污染海洋环境

工程类型	主要事故风险类型	危害
海底管道工程	施工期船舶溢油事故、运营期输送介质（污水、石油、天然气、有毒有害及危险化学品等）泄漏事故	泄漏入海，污染海洋环境
海底电（光）缆工程	施工期船舶溢油事故	泄漏入海，污染海洋环境
海砂开采工程	采砂船舶与海区其他船舶的碰撞溢油事故	泄漏入海，污染海洋环境
海洋石油勘探开发工程	井喷、溢油、泄漏、火灾、爆炸	污染大气环境，污染海洋环境

表 6-4　海洋石油开发工程事故风险类型、来源及危害

事故风险类型	来源	可能含有的主要污染物	危害
井喷	钻井过程 井下作业过程	原油、天然气	泄漏入海，污染海洋环境
溢油	钻井过程 井下作业过程 油气储存过程（储罐） 油气集输过程（海底管线、油轮、油驳等）	石油类	泄漏入海，污染海洋环境
泄漏	井下作业过程 油气储存过程（储罐） 油气集输过程（海底管线、油轮、油驳等） 原油生产、处理过程（含油污水泄漏等）	石油类	泄漏入海，污染海洋环境
火灾、爆炸	钻井井喷 油气储存（储罐） 油气集输（油轮、油驳等）	有害气体	污染大气环境，污染海洋环境

　　上面列举了几类大家比较熟悉的海洋工程在建设和运营过程中可能涉及的事故风险类型，《防治海洋工程建设项目污染损害海洋环境管理条例》规定的各类海洋工程可能涉及的事故风险类型还可列出许多，风险评价中应重视的也还不少，期望有经验的专业人士在环境风险评价中进一步深入研究。

3. 风险识别应注意的问题

　　海洋工程环境风险识别的理论实质上是关于海洋工程对资源与环境危害的推断和搜索的理论，它是一个统计分类的过程。例如，研究因各种风险引起海洋环境污染时，要将各种进入海洋的物质分成危险、安全和需要进一步研究三大类，这是一个经典的分类问题，为此要进行统计推断。由于海洋工程环境风险识别中要考虑的因素很多，往往具有不确定性，有些因素难以定量描述。因而，在进行海洋工程环境风险识别中有以下几个问题值得注意：

（1）可靠性问题，即是否有严重的危险未被发现。

（2）成本问题，即为了环境风险识别而进行的收集数据和监测所消耗的费用。盲目扩大监测范围、一味追求高新技术、不能充分利用监测数据都是造成提高成本的因素。

总之，海洋工程环境风险识别的理论及方法还远没有达到完善的地步，有待于今后作进一步研究。

二、环境风险分析

环境风险分析是指对已经识别出的危险物质或生产过程风险源进行定性或定量分析，对风险进行筛选，最终确定主要事故类型及其发生概率。对于一个复杂的工程而言，不可能也没有必要对每种潜在风险均进行后果估算和评价，因而将筛选可能引发重大环境问题的主要事故类型作为评价对象，进行事故发生概率的估算和环境影响评价。

根据《建设项目环境风险评价技术导则》（HJ/T 169—2004），环境风险分析方法包括定性分析方法和定量分析方法两类。定性分析方法包括类比法、加权法、因素图法等，首推类比法；定量分析方法包括道（DOW）化学公司火灾、爆炸危险指数法（七版）、事件树分析法、故障树分析法等。以上定性、定量分析方法参阅《环境风险评价实用技术和方法》（胡二邦主编，中国环境科学出版社）、《危险化学品安全评价》（国家安全生产监督管理局编，中国石化出版社）。

在海洋工程环境风险分析中，目前较多采用的是类比分析法，通过对国内外同类工程/装置事故资料的收集、统计和分析，来确定工程建设及运行过程中的最大可信事故及其概率。以海底原油管线工程为例，首先尽可能多地收集国内外海底原油管线工程的主要事故资料（主要是管道尺寸、长度、运行时间等），统计得出该类工程的主要事故风险类型——海底管道泄漏溢油事故，并对溢油事故的统计数据进行分析，类比得出拟建工程溢油事故的发生概率。

在溢油事故统计分析中，应注意根据事故的规模和类型进行分级分类统计分析。根据《中华人民共和国海洋石油勘探开发环境保护管理条例实施办法》，海洋石油勘探开发溢油事故按其溢油量分为大、中、小三类；溢油量小于 10 t 的为小型溢油事故，溢油量在 10~100 t 的为中型溢油事故，溢油量大于 100 t 的为大型溢油事故。以渤海海洋石油勘探开发溢油事故统计为例，据不完全统计，近 13 年来共发生 38 起溢油事故，其中 4 起为大型溢油事故，其余 34 起为小型溢油事故（其中 29 起为溢油量不超过 1 t 的溢油事故），分别发生于固定式生产作业平台、移动式生产作业平台、浮式生产储油装置（FPSO）及单点、海底管道，相关生产环节涉及钻井、试油、开采生产、原油外输，溢油事故分级分类统计分析见图 6-2 至图 6-4。

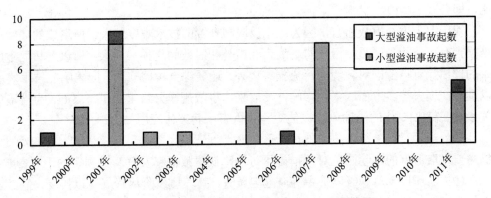

图 6-2　渤海海洋石油勘探开发溢油事故规模分级统计

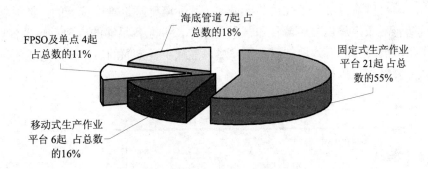

图 6-3　渤海海洋石油勘探开发溢油事故作业场所类型分类统计

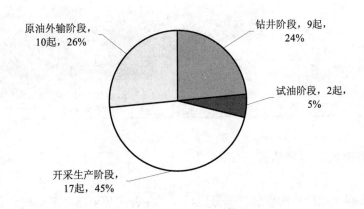

图 6-4　渤海海洋石油勘探开发溢油事故生产环节分类统计

　　溢油事故环境风险评估宜采用国际上普遍采用的风险评估数学模型，其具体含义为：溢油事故的环境风险与事故发生概率的大小和其所造成危害后果的严重程度成正比，即公式（6-1）。

对于海上溢油事故而言，因为应急反应与处置的技术难度较大，所造成的环境污染损害有可能相当严重，相应的事故企业声誉和财政的也损失巨大，所以，其危害后果的评估除重点考虑对环境的污染损害之外，还要综合考虑安全、应急响应技术难度以及财产损失等多方面因素的影响，一般采用事故规模分级来衡量。表 6-5 为借鉴相关参考文献[2]制作的溢油风险评估矩阵分析表，其评估应用如下：

（1）当项目风险等级位于低风险区域时，其环境风险是可以接受的，尽管如此，仍需要采取适宜的风险防范对策措施尽可能降低事故概率及其污染损害的不利影响；

（2）当项目风险等级位于中等风险区域时，其环境风险尽管尚可以接受，但必须引起高度的关注，并采取切实可行的风险防范对策措施尽可能降低事故概率及其污染损害不利影响；

（3）当项目风险等级位于高风险区域时，其环境风险是难以接受的，必须制定严格的风险防范对策措施以显著降低事故发生概率，并配备足够的应急反应设备设施，一旦发生事故能够及时有效地加以处置，尽可能减少各方面的污染损害造成的不利影响，使风险降低到可以接受的水平。

表 6-5　　风险等级评价体系

风险等级 \ 概率等级（事故频率）	（溢油量）后果等级	微小型 1 t 以下	小型 1～10 t	中型 10～100 t	大型 100～1 000 t	重大型 1 000 t 以上
极大（小于 1 年一遇）						高风险区
大（1～10 年一遇）						
中（10～100 年一遇）					中等风险区	
小（100～1 000 年一遇）						△
极小（1 000 年以上一遇）		低风险区				

■ 高风险区；　■ 中等风险区；　□ 低风险区；　△ 工程所在地风险等级

三、事故风险后果估算

海洋工程事故风险后果估算部分应给出发生各类环境事故风险时，各种污染物的排放规模与源强，并预测或分析污染物的迁移扩散路径与范围、扩散浓度和时空分布等。

海洋工程的事故风险类型主要包括：溢油、其他危险品泄漏、火灾、爆炸等，不同类型的海洋工程所涉及的环境风险类型也会有所不同，但从前述各类典型海洋工程的主要事故风险类型来看，溢油（包括其他危险化学品泄漏）事故是大多数海洋工程在建设和运行阶段的主要事故风险类型。对于火灾、爆炸等事故后果估算，可参照《建设项目环境风险评价技术导则》（HJ/T 169—2004）中给出的相关方法和预测模式。

本节将针对溢油（包括其他危险化学品泄漏）事故的后果估算内容给出相关说明，主要包括三部分：事故泄漏源强、事故后果预测与分析、事故预测案例。

1. 事故泄漏源强

船舶碰撞事故：最大泄漏量一般根据设计代表船型的 1 个货舱或燃料舱容积确定。人工岛化工码头装卸过程泄漏事故：一般根据码头装卸工艺及效率计算事故性和操作性事故的一次最大泄漏量；管线泄漏事故、临海罐区泄漏事故等：泄漏量（泄漏速率、泄漏时间等）可根据《建设项目环境风险评价技术导则》（HJ/T 169—2004）附录 A.2 中给出的相关方法进行估算。

2. 事故后果预测与分析

事故后果估算主要考虑泄漏油品或其他化学品在海洋水体中的弥散、漂移、风化的情况。

（1）油品扩散模型。泄漏油品进入海洋水体后，将在重力、惯性力、黏性力和表面张力等的作用下在水中发生扩散。常用的两个经验模式为 Fay 经验模式和 P.C.Blokker 经验模式，其中 P.C.Blokker 经验模式为《建设项目环境风险评价技术导则》（HJ/T 169—2004）推荐使用的油膜扩展计算公式。

① Fay 经验模式。

Fay 经验模式将石油视为有黏性力和表面张力并且密度均匀的流体，泄漏油品将沿二维方向轴呈平板状对称扩展。根据泄漏油品所受作用力的组合，Fay 将扩展分为三个阶段，各阶段油膜均视为半径为 R 的等效圆扩散。

第一阶段：重力与惯性力作用下的扩散

$$R_1 = \kappa_1 \left[\left(\frac{\rho_w - \rho_o}{\rho_w} \right) gv \right]^{\frac{1}{4}} t^{\frac{1}{2}} \tag{6-2}$$

第二阶段：重力与黏性力作用下的扩散

$$R_2 = \kappa_2 \left[\left(\frac{\rho_w - \rho_o}{\rho_w} \right) gv^2 \frac{1}{r^{\frac{1}{2}}} \right]^{\frac{1}{6}} t^{\frac{1}{4}} \tag{6-3}$$

第三阶段：黏性力与表面张力作用下的弥散

$$R_3 = \kappa_3 \left[\frac{(\sigma_{wa} - \sigma_{oa} - \sigma_{ow})^2}{\rho_w^2 r} \right]^{\frac{1}{4}} t^{\frac{1}{4}} \tag{6-4}$$

最终扩散停止时的半径为：

$$R_\infty = \left[\frac{\left(\dfrac{\rho_w - \rho_o}{\rho_w} \right)^2 v^6}{\rho_o^2 r D^3} \right]^{\frac{1}{8}}$$ （6-5）

式中， κ_1、κ_2、κ_3——经验系数；

ρ_w——水的密度，kg/m^3；

ρ_o——油的密度，kg/m^3；

r——水的运动黏滞系数；

g——重力加速度，m/s^2；

v——泄漏油品体积，m^3；

t——扩散时间，s；

σ_{wa}、σ_{oa}、σ_{ow}——水和空气、油和空气、油和水之间的表面张力；

D——分子扩散系数。

②P.C.Blokker 经验模式。

假设油膜在无风条件下呈圆形扩展，设油膜初始半径为 D_0，则 t 时刻油膜半径 D_t 为：

$$D_t^3 = D_0^3 + \frac{24}{\pi} k (\gamma_w - \gamma_o) \frac{\gamma_o}{\gamma_w} V_0 t$$ （6-6）

式中， D_t——t 时刻后油膜的直径，m；

D_0——油膜初始时刻的直径，m；

γ_w、γ_o——水和石油的密度；

V_0——计算的溢油量，m^3；

k——常数，对中东原油一般取 15 000/min；

t——时间，min。

（2）油品漂移模型。油品泄漏进入水体后，在发生扩散的同时，还在风、水流和波浪等作用下发生漂移。漂移过程中等效圆油膜不断扩散增大，其所经过的水面面积即为泄漏油品的污染面积。主要根据油膜等效圆中心位移来判断漂移运动情况，与泄漏量无关。在风、水流和波浪 3 个影响因素中，一般认为风是主要因素。假设初始时刻 t_0 时油膜中心位置为 x_0，经过 Δt 后，其位置 x 为：

$$x = x_0 + \int_{t_0}^{t_0 + \Delta t} u_c \mathrm{d}t$$ （6-7）

式中， u_c——油膜中心漂移速度。

根据风和海流建立的泄漏油品漂移计算模式为：

$$\bar{u}_{c} = \bar{u}_{L} + \kappa \bar{u}_{w} \qquad (6\text{-}8)$$

式中，$\bar{u}_{c}$——油品漂移矢量；

$\qquad \bar{u}_{L}$——海流矢量；

$\qquad \bar{u}_{w}$——风速矢量；

$\qquad \kappa$——风系数。

（3）油品风化模型。油品泄漏后，除了水面上的扩散和漂移运动，还会发生挥发、溶解、乳化、生物分解、化学氧化、分散和沉降等风化过程，并逐渐消失。其中挥发作用最大、最快。

①假设仅存在挥发作用时，风化模型为：

$$\frac{\mathrm{d}V}{\mathrm{d}t} = -\frac{\pi}{4}\kappa_{ev}u^{a}(2R)^{2} - \beta PM \qquad (6\text{-}9)$$

式中，$a = \dfrac{2-n}{2+n}$；$\beta = \dfrac{n}{2+n}$；

$\qquad V$——油品泄漏体积，m^{3}；

$\qquad u$——风速，m/s；

$\qquad R$——扩散半径，m；

$\qquad P$——油的蒸汽压，Pa；

$\qquad M$——分子量；

$\qquad t$——时间，min；

$\qquad \kappa_{ev}$——常数；

$\qquad n$——湍黏参数。

②考虑挥发和溶解为主要风化过程时，风化模型为：

$$C_{0} = C_{e}\exp(-\kappa_{e} - \kappa_{d})t \qquad (6\text{-}10)$$

式中，C_{e}——初期浓度；

$\qquad \kappa_{e}$——挥发系数；

$\qquad \kappa_{d}$——溶解系数。

③《建设项目环境风险评价技术导则》（HJ/T 169—2004）推荐模型。

突发性事故泄漏形成的油膜（或油块），在波浪的作用下也会破碎乳化溶于水中，可与事故排放含油污水一样，均按对流扩散方程计算，其基本方程为：

$$\frac{\partial C}{\partial t} + u\frac{\partial \Delta}{\partial x} + V\frac{\partial C}{\partial y} = \frac{1}{H}\left[\frac{\partial}{\partial x}\left(E_{x}H\frac{\partial C}{\partial x}\right) + \frac{\partial}{\partial y}\left(E_{y}H\frac{\partial C}{\partial y}\right)\right] - K_{1}C + f \qquad (6\text{-}11)$$

式中，f——源强，$f = \dfrac{q_0 C_0}{\Delta H}$；

　　　Δ——三角形有污染面的面积，m^2；

　　　H——油膜混合的深度，m；

　　　C——Chezy 系数，$C = h^{\frac{1}{6}} / n$，其中 n 为 Manning 系数，h 为总水深；

　　　E_x、E_y——离散系数，m^2/s；

　　　K_1——湍流扩散系数，m^2/s；

　　　u、v——深度平均速度的东分量、北分量，m/s；

　　　x、y——空间坐标，m；

　　　t——时间，s。

（4）油粒子模型

油粒子模型为《港口建设项目环境影响评价规范》（JTS 105-1—2011）推荐模型，也为目前较常采用的溢油后果估算模式之一。

①溢油输移过程。采用溢油粒子确定性方法，单个油粒子在 Δt 时段内由平流过程引起的位移可用下式计算：

$$\overline{\Delta S_i} = (\overline{u_i} + \overline{u_{wi}})\Delta t \tag{6-12}$$

式中，$\overline{S_i}$——第 i 粒子的位置；

　　　$\overline{u_i}$——质点初始位置处的平流速度；

　　　$\overline{u_{wi}}$——风应力直接作用在油膜上的风导输移。

②湍流扩散过程。采用随机走步方法模拟湍流扩散过程。随机扩散过程采用下列公式：

$$\begin{aligned}\overline{\Delta \alpha_i} &= R k_\alpha \Delta t \\ \overline{\Delta \gamma_i} &= (\overline{u_i} + \overline{u_{wi}})\Delta t + \overline{\Delta \alpha_i}\end{aligned} \tag{6-13}$$

式中，$\overline{\Delta \alpha_i}$——$\alpha$ 方向上的湍流扩散距离（α 代表 x、y 坐标）；

　　　R——[−1，1]之间的均匀分布随机数；

　　　k_α——α 方向上的湍流扩散系数；

　　　Δt——时间步长；

　　　$\overline{\Delta \gamma_i}$——单个粒子在 Δt 时段内的位移。

其他危险化学品泄漏事故后果估算模式采用《海洋工程环境影响评价技术导则》（GB/T 19485—2004）附录 F 中推荐的"海洋污染物输运扩散方程的数值模拟方法"。

3. 事故预测案例

以大亚湾油轮碰撞溢油事故为例，采用油粒子模型，对油轮碰撞溢油事故的后果进行预测。原油泄漏量 100 t，连续泄漏 1 h。

　　风场及潮流场选择：油膜迁移扩散是潮流与风力共同作用结果。该海区海流特征为落潮时海流方向向湾外，涨潮时海流方向向湾内，涨平和落平时的转流先后各异，方向多变。潮流选取大潮期。为模拟获得溢油事故时最大可能迁移距离和扫海面积，选取溢油初始时潮汐状况和风向组合情况（表 6-6）。

表 6-6　船舶溢油事故数值模拟扩散风场参数及初始潮汐状况组合

风向	静风	SSE	NNW	ENE	SSW	E
常风速/（m/s）	0	4.0	5.0	5.1	4.6	5.0
极值风速/（m/s）		14.7	i1.0	14.0	24.0	14
潮汐状况	落潮	涨潮	落潮	涨平	涨潮	落平

　　模拟结果：对 100 t 原油泄漏的预测结果统计如表 6-7，各风向下的柴油油膜轨迹和油膜厚度见图 6-5 至图 6-6。

表 6-7　某码头前沿 100 t 原油泄漏漂移距离与扫海面积

风向	风速	漂移距离/km	扫海面积/km²	油膜面积（溢油扩散中最大面积）/km²	首次抵敏感区所需时间/h	首次抵敏感区前残余油量/%	首次抵岸所需时间/h	首次抵岸前残余油量/%	污染岸带长/km
静风	0	16.1	46.4	27.9	2	33.1	3	33.1	5.1
SSE	4.0	17.2	48.8	22.9	7	61.1	2	17.4	9.0
NNW	5.0	34.7	152.8	29.1	1	17.4	5	51.9	16.2
ENE	5.1	20.3	70.0	18.0	2	25.3	1	20.0	11.8
SSW	4.6	24.3	90.9	23.2	7	60.6	20	53.1	11.6
E	5.0	14.2	34.3	14.4	2	21.4	1	20.0	13.2
SSE	14.7	19.0	19.4	17.3	6	51.2	1	20.0	5.3
NNW	11.0	62.6	274.4	35.6	1	17.4	9	54.9	6.5
ENE	14.0	15.3	33.3	15.2	1	8.4	1	20.0	9.2
SSW	24.0	29.4	55.7	31.1	4	45.3	5	45.3	5.9
E	14.0	18.3	23.7	13.0	1	8.7	1	20.0	9.1

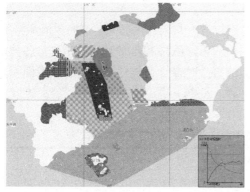
a. 静风-原油-100 t（面积残迹 3 h）

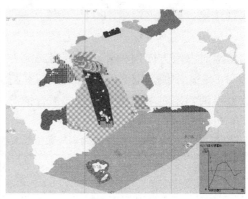
b. 均风-原油-100 t-E（面积残迹 2 h）

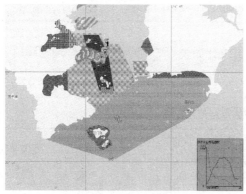
c. 均风-原油-100 t-ENE（面积残迹 2 h）

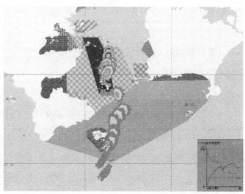
d. 均风-原油-100 t-NNW（面积残迹 3 h）

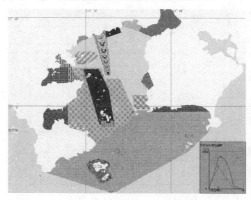
e. 均风-原油-100 t-SSE（面积残迹 2 h）

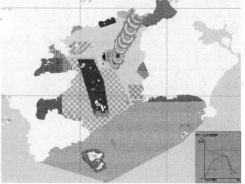
f. 均风-原油-100 t-SSW（面积残迹 3 h）

图 6-5　油轮事故各均风情景下 100 t 原油泄漏油膜扩散

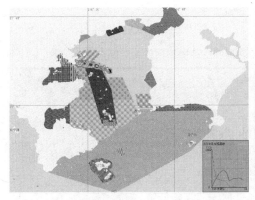
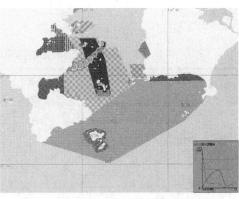

a. 极风-原油-100 t-E（面积残迹 1 h）　　　　b. 极风-原油-100 t-ENE（面积残迹 1 h）

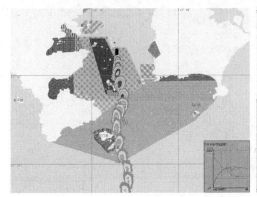
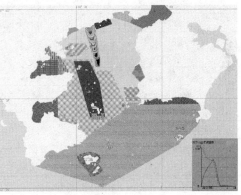

c. 极风-原油-100 t-NNW（面积残迹 2 h）　　　d. 极风-原油-100 t-SSE（面积残迹 1 h）

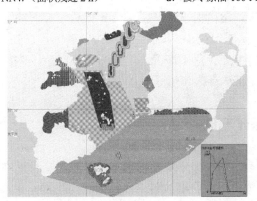

e. 极风-原油-100 t-SSW（面积残迹 1 h）

图 6-6　油轮事故各极风情景下 100 t 原油泄漏油膜扩散

对海洋生态敏感目标影响分析：该码头周边的环境敏感区主要为大亚湾中部核心区、霞涌度假旅游区、大辣甲人工鱼礁、亚婆角度假旅游区、大亚湾珍珠养殖区、中部岛屿周围珊瑚集中区等，该码头前沿船舶碰撞溢油事故对周围敏感目标的影响见表 6-8。

表 6-8   某码头前沿船舶溢油事故对周围生态敏感区最大影响危害

敏感目标	不利条件	到达时间/h
南部实验区	极风 NNW，落潮	12
中部缓冲区	均风 NNW，落潮 极风 NNW，落潮 极风 ENE，涨平 极风 E，落平	1
中部核心区	极风 E，落平	2
西北部核心区	极风 E，落平	9
南部缓冲区	极风 NNW，落潮	18
南部核心区	极风 NNW，落潮	19
鹅洲贝类 养殖区	极风 E，落平	4
灯火排鱼礁区	极风 NNW，落潮	15
大辣西南鱼礁区	极风 NNW，落潮	10
大亚湾珍珠养殖区	极风 E，落平	7
大鹏湾水产养殖区	极风 ENE，涨平	9
霞涌度假旅游区	极风 SSW，涨潮	4
亚婆角度假旅游区	极风 SSW，涨潮	5

在极风 SSW，涨潮海况下，溢油 4 h 抵达霞涌度假旅游区，5 h 抵达亚婆角度假旅游区。在极风 NNW，落潮海况下，溢油 1 h 抵达中部缓冲区，10 h 抵达大辣西南鱼礁区，12 h 抵达南部实验区，15 h 抵达灯火排鱼礁区，18 h 抵达南部缓冲区，19 h 抵达南部核心区。在极风 E，落平海况下，溢油 2 h 抵达中部核心区，4 h 抵达鹅洲贝类养殖区，7 h 抵达大亚湾珍珠养殖区。

四、环境风险综合评价

对于海洋工程而言，在本部分需要阐明事故后果对工程所在海域环境及主要敏感目标的不利影响。具体为：根据事故后果估算部分的预测结果，对海洋水体中污染物浓度分布、扫海面积及污染物质质点轨迹漂移等指标进行分析，结合工程周边海域敏感目标的分布情况，给出事故发生后对周边海域环境及敏感目标的影响程度及范围。

五、环境风险管理

海洋工程风险管理就是提出减缓或控制风险的措施或决策，达到既要满足海洋工程建设活动的基本需要，又尽可能地降低各类事故风险的发生概率，并最大限度地减缓事故风险后果的危害性。风险控制措施的方式主要有以下几种：

（1）减轻风险。通过改革生产工艺或改进生产设备使风险降低。

（2）转移风险。如利用变更项目选址等措施使风险转移。

（3）替代风险。通过改变生产原料或改变产品可以达到用另一种较小的风险替代原有风险的目的。

（4）避免风险。要想真正避免某一种风险，只有停止造成这一风险的海洋工程建设活动。

通常情况下根据风险预测结果提出相应的环境风险防范、减缓措施，并制定环境风险应急预案。结合各类海洋工程建设项目，在实际工作中主要可以通过以下几方面的措施或对策来降低海洋工程建设项目事故风险的发生概率、减缓事故后果的不利影响。

1. 选址阶段降低环境风险

除了工程运营期应通过加强风险管理来降低事故发生概率，人工岛上的重化工产业、海洋石油勘探开发等项目选址阶段还应采取如下措施以从根源上降低环境风险：

（1）海底管道选址时应尽可能远离锚地、航道，在不得以穿越航道时，应采取相应的工程措施确保海底管道的安全。

（2）人工岛石化码头选址时应充分考虑风、雾、冰等气象条件对船舶航行的影响。

（3）北方港口在港口平面布置时，要注意防止港外流冰进入港内和在口门处的堆积，减少流冰撞击力、挤压力对船舶的影响。

（4）从航行安全考虑，风力极易为船长感受，而海流则较为隐蔽。因此在布置航道、口门、防波堤及码头，分析沿岸泥沙淤积和冲刷时，均应认真研究港址处沿岸海流数值大小、流向变化、在水平面上和沿深度上的分布特点。

（5）选址于构造运动相对均衡、厂址范围内无活动性断裂、周边断裂的发生概率低以及距离主干活动断裂较远的相对稳定区域，并应尽可能回避巨厚淤泥层等工程地质条件差的地段。

（6）项目选址阶段应考虑与重点保护区和重要环境敏感区域的距离、方位等。

2. 海洋环境风险管理

（1）实施全方位监控

以海上油品、化学品储运工程为例，这类工程涉及油品、化学品的装卸、储存、运输等多个环节。建设单位要针对这些环节实行全方位监控，对各储运设施采取充分的安全防护措施，如油气储运系统中的主要设备和管线均设置相应的压力、液位和温度报警系统与安全泄压保护装置，同时对易于发生泄漏的管路全部根据最大压力和最高温度设计，重要生产装置和单元均设置相应的应急关断系统。

（2）配备安全保障设施

海域内行驶的船舶和码头经营者须服所属海事局对船舶交通指挥和船舶事故报告等方面的协调、监督和管理，在码头前沿和船舶掉头区设置必要的助航等安全保障设施。建设 VTS 是为了保障船舶安全航行，避免船舶碰撞事故的发生，辅助大型船舶在单向航道内安全航行，避免大型船舶过于靠近航道边缘或其他浅水区域而发生搁浅或触礁事故，此外还可以提高港口、码头工作效率，方便组织有效的海上搜救行动和事故应急反应等。

（3）制定应急反应预案

制定有效的应急反应预案是实现快速、安全、有效防备的第一步。制定预案的关键环节包括：① 建立高效运作的反应组织机构和应急反应程序，使其能够切实处理好指挥、计划、作业、保障及有关法律和财务方面的各种问题；② 风险分析要切合实际，应根据生产规模、地理位置及潜在的污染源实事求是地评估风险并据此制定详细的反应程序；③ 应急反应队伍要技术过硬、职责明确；④ 通信保障系统要高效顺畅，要明确应急资源调用渠道，能及时、准确地传递信息；⑤ 应急资源调用灵活，确保应急物资随时到位。

（4）组织有计划的应急培训和演练

人员素质直接影响到应急计划的实施，而人员素质的提高主要靠定期的培训和演练。培训时，要结合所在港区油品、化学品的货种、吞吐量等实际情况进行重点培训。培训要分层次，以使现场作业人员、监督管理人员及高层决策指挥人员都能学以致用，收到实效。定期开展演练不仅可以巩固所学知识，也是提高应急反应实战能力的重要途径。经常性有计划、有步骤的演练可以检验应急预案的实用性及存在的问题和不足，进而总结经验不断加以改进和完善，才能在关键时刻保证应急效果。借助演练可以加强有关部门之间的协调与配合，提高应急人员共同合作抗击污染的应变能力。

（5）建立应急数据库

建立油品、化学品应急数据库可以为科学化应急反应提供重要的技术支持平台。化学品应急数据库至少应包括化学品特性、应急资源和环境资源 3 个子数据库。建立适用于海上溢油、化学品泄漏的应急数据库外，还要重点考虑其中环境资源子数据库的建立。这其中包括当地的气象、水文、环境敏感目标（如自然保护区、养殖、湿地、红树林等）等基础数据。

（6）采用合理的应急反应技术

油品、化学品理化特性各异，泄漏后表现形式也不同，要根据其特性及其可能造成的危害，采用合理的应急反应技术达到消除污染、减轻危害的目的。对溶解性化学品的处理一般有两种：一是通过严格的排量监控实现自然中和，二是使用处理剂，主要有中和剂、絮凝剂、氧化剂、凝聚剂、凝胶剂、活性炭和离子交换剂等。对于不溶、微溶的油品、化学品，可采用围控、回收等方法。合理的应急反应技术对于在第一时间控制泄漏量，减少环境影响至关重要。

3. 应急防范能力建设

以构筑人工岛建设化工码头工程为例，各码头应根据吨位数、货种等自身特点，依据《港口码头溢油应急设备配备要求》（JT/T 451—2009）独立配备必需的应急设备和物资。港口或同一港区、作业区的码头可根据自身情况建立联防机构。参加联防机构的码头，可集资购置应急设备，以实现应急设施的整合和统一调配使用。一旦发生溢油事故，必要时可发挥区域联动机制，向最近的应急设备库、专业的清污公司、同一港区的其他码头寻求支援，实现应急设备资源的统一调配使用。

对于在溢油应急设备库的服务范围之外，或距离溢油应急设备库或专业清污公司较远，需较久响应时间的液体散货港区，建议应建立设备库并配备以下设施：

（1）多功能油污回收船。

液体散货码头在运营过程造成的污染事故或是吨位数较大的货轮发生燃料油泄漏事故，由于潜在泄漏量通常较大，将威胁到大面积海域，需要配备航速高、抗风浪能力强的具备外海作业快速反应能力的油污回收船。

（2）应急卸载运输设备。

为满足现场设备运输的需要，配备应急设备运输车、卸载泵若干。

（3）溢油围控、回收、储运设备。

包括各类围油栏、收油机、吸油毡、吸油拖栏、油囊、储油罐等。

（4）溢油分散物资。

包括溢油分散剂、船用溢油分散剂喷洒装置。

（5）配套设备。

包括清油防护服、防化服、后勤保障用品、吊机、天吊、叉车、维修工具等。

六、编制风险应急预案

海洋工程是高投入、高风险的工程。《防治海洋工程建设项目污染损害海洋环境管理条例》（中华人民共和国国务院令第 475 号）为此规定了所有从事海洋工程建设项目的单位必须编制应急预案的要求，即结合各类海洋工程风险事故的特点，有针对性地制定相应的风险应急预案。

因此，无论哪一类海洋工程，均应针对可能发生的环境污染事件类型和影响范围，编制应急预案。对应急机构职责、人员、技术、装备、设施（备）、物资、救援行动及其指挥与协调等方面预先做出具体安排。同时，应急预案应充分利用社会应急资源，与地方政府预案、上级主管单位以及相关部门的预案相衔接。环境风险应急预案主要内容应包括工程及其相邻海域的环境、资源现状，污染事故的风险分析，应急设施的配备，污染事故的处理方案等。从目前海洋工程的主要事故风险类型来看，风险应急预案编制的工作重点依然是应突出在溢油（包括其他危险化学品）事故的应急防范上。

海洋工程环境风险应急预案编制的主要内容可参照《港口建设项目环境影响评价规范》（JTS 105-1—2011）中的相关要求，具体见表 6-9。

表 6-9　环境风险应急预案的主要内容

序号	项目	主要内容
1	基本情况	工程基本情况、环境风险事故危险源基本情况的调查、周边环境状况及环境保护目标的调查
2	应急组织和职责	应急组织形式，构成单位、人员及相应职责
3	预防与预警	明确对危险源监测监控的方式、方法，以及采取的预防措施；明确事故预警的条件、方式、方法
4	信息报告与通报	确定事故信息收集、报警系统和程序、报警方式和内容；明确可能受影响的海域的通报方式、联络方式、内容及防护措施
5	应急响应与救援措施	明确分级响应机制、污染事故现场应急措施、污染事故保护目标的应急措施、抢险、救援及控制措施、应急设施的启用程序等相关内容
6	应急监测	根据在事故时可能产生污染物种类和性质，配置必要的监测设备、器材和环境监测人员
7	现场保护与现场洗消	明确现场保护、清洁净化等工作需要的设备工具和物资，事故后对现场中暴露的工作人员、应急行动人员和受污染设备的清洁净化方法和程序
8	应急终止	明确应急终止的条件和程序，明确应急状态终止后，继续进行跟踪环境监测和评估的方案
9	应急培训与演习	应急培训和演习计划

第七章 环境保护措施

第一节 环境保护对策措施一般要求

一、总体要求

海洋工程建设项目要求具有针对性、有效性和技术经济可行性的环境保护对策措施，并满足环境保护目标、环境质量控制、环境质量跟踪监测及环境监督管理的要求。

针对建设项目环境影响的特点和环境影响分析评价结果，应详细给出建设项目各阶段的环境保护对策及措施，具体要求如下：

（1）根据项目环境影响的特征，提出项目建设阶段、运营阶段等各类环境影响的预防和减缓对策，以及敏感资源保护对策措施；

（2）提出具有针对性和有效性的环境保护对策措施，污染物处置措施，环境保护、恢复、替代或补偿方案等；

（3）提出的污染防治对策措施等应满足环境质量控制目标和相关环境保护政策的要求；

（4）提出的环境保护对策、措施，应具备技术可行性、经济合理性，并可作为环境监督管理的依据。

二、污染防治对策措施

1. 建设阶段的对策措施原则和要求

（1）明确给出有效的预防和控制工程产生的悬浮物、污废水、固体废物等对策措施；

（2）明确提出施工污废水、施工垃圾、生活污水、生活垃圾等污染物的有效处置措施；

（3）依据工程所在海域的环境特征，提出最佳的排污方式、地点和时段；

（4）从环境监督管理角度提出必要的环保对策措施和建议。

2．运营阶段环境保护对策措施原则和要求

（1）针对运营阶段各个产污环节、各类污染物特征，明确给出有效的污染物处置对策措施；

（2）在实行污染物排放总量控制的区域和海域，应明确给出污染物排放总量控制的要求、总量控制建议值、污染物总量削减对策措施；

（3）依据工程所在海域的环境特征，提出最佳的污染物排放方式、排放位置和排放时段的对策措施；

（4）在满足海域环境质量保护目标要求的前提下，阐明合理的排污混合区位置和范围，明确提出有针对性的防控对策措施；

（5）依据环境风险的预测结果，明确提出有针对性的、可行的环境风险应急预案和防控对策措施；

（6）从环境监督管理角度提出必要的环保对策措施和建议。

三、海洋生态和生物资源保护对策措施

结合工程区域的海洋生态和生物资源特征，根据海洋生态和生物资源现状评价和预测结果，针对海洋生态和生物资源损害影响各种类型（可逆影响、不可逆影响、短期不利影响、长期不利影响、潜在不利影响和复合影响等）的特征，明确给出具体的海洋生态和生物资源保护措施及修复方案；针对量化的生物资源损失，明确提出等量补偿方案及其投资估算。

四、其他评价内容的环境保护对策措施和建议

海洋工程建设项目涉及放射性、电磁辐射、热污染、大气、噪声、固废、景观、人文遗迹等内容时，按照《环境影响评价技术导则—总纲》（HJ 2.1—2001）、《环境影响评价技术导则—大气环境》（HJ 2.2—2008）、《环境影响评价技术导则—地面水环境》（HJ/T 2.3—1993）、《环境影响评价技术导则—声环境》（HJ 2.4—2009）等技术标准的要求，提出建设项目在建设阶段、生产阶段的各类环境影响的预防减缓对策及环境敏感资源保护对策措施和建议。

五、环境保护设施和对策措施一览表

工程项目的环境保护设施和对策措施一览表是建设项目环境保护对策措施的主要内容和环境监督管理的重要依据之一。表中包括环境保护对策措施项目，具体内容（含污染防治的技术指标，技术设备，主要设备的规格、型号、能力，排放量、排放

浓度和浓度控制等），规模及数量，预期效果，实施地点及投入使用时间，责任主体及运行机制等必要的内容。建设项目环境保护设施和对策措施一览表的格式和内容应符合表 7-1 的要求。

  针对海洋工程项目的特点，各阶段产生的污染物主要是含油废水、工业固体废物和生活固体废物，施工建设阶段产生的悬浮泥沙、含油废水及工业固体废物会对工程周边的海域生态环境造成一定的影响，所以本章主要针对废水、固体废物及生态环境提出防治对策措施，其他相关的海洋工程可根据项目自身特点增加对噪声污染和大气污染的防治对策措施。

表 7-1 建设项目环境保护设施和对策措施（示例）

序号	环境保护对策措施	具体内容	规模及数量	预期效果	实施地点及投入使用时间	责任主体及运行机制
一、污水处理	含油污水处理	隔油池、油水分离器	隔油池 5 m³, 油水分离器 1 台，处理能力 1 t/h	处理后排入污水处理系统，处理回用	综合库机修间附近，与机修间同步建设	××有限公司负责建设、使用和管理
	生活污水处理收集与处理	生活污水处理站污水收集池和配套管道	格栅井 1 座，SBR 处理设备 1 套，过滤及消毒装置各 1 套，处理能力 40 m³/d, 20 m³ 集水池 1 个，15 m³ 集水池 1 个，污水泵 2 台，DN150 管线 1 000 m	处理后回用	与辅助区同步建设	
	……船舶污水处理生活污水处理	船舶压载水接收处理设施生活污水处理站	DN400 污水管线 2 500 m，150 m³ 生物灭活缓冲池 1 座，高效压载水生物灭活装置 1 套，格栅井 1 座，SBR 处理设备 1 套，过滤及消毒装置各 1 套，处理能力 40 m³/d	收集船舶压载水，送处理设施处理后回用	与辅助区同步建设	
二、海洋生态和生物资源保护	生态补偿	采用增殖放流方法补偿……	需补偿的生物损失量 61.71 t……	按照相关主管部门的要求，按时完成增殖放流的品种、数量	工程附近海域，施工完成后的 2 年内完成	

第二节　水污染防治措施

海洋工程水污染防治措施主要针对工程施工阶段和生产阶段进行分析评价，对水环境产生不良影响的主要因素有：施工期间引起悬浮泥沙，生产期间含油污水的非正常工况下的排海，以及施工人员产生的生活废水。因此，水污染防治措施应在建设期选取先进的施工工艺，运行期采用先进的废水处理及生产工艺，从而确保工程项目废水的达标排放。

一、减少悬浮泥沙污染的对策措施

海洋工程大多数项目在建设期间产生较多悬浮泥沙，由此在一定时间内影响一定范围内的海水水质，如跨海桥梁工程、油田开发工程、填海工程等涉及的开挖工程、吹填工程、疏浚工程和桥墩施工等，因此，应采用先进的工程技术和设备，减少悬浮泥沙的产生，从而减少对周围海域的污染。

1. 开挖工程

在开挖工程的施工期过程中，施工单位应合理安排施工船舶数量、位置，设计好挖泥进度，采用悬浮物产生量较小的挖泥船作业，尽量减少开挖作业对底质的搅动强度和范围，并且在挖泥船外围采用防污帘防护，有效控制悬浮泥沙产生的污染。

选择合理的开挖施工方式，以减少淤泥在水中的流失。如减少超挖土方量、控制装舱溢流对海域产生的影响，以减少淤泥散落海中。

施工作业人员应尽量缩短耙吸式挖泥船试喷的时间，并在确认耙子弯管与船体吸泥管口的连接完全对应后开始挖泥作业，以免污泥从连接处泄漏入海而污染海域。

施工单位应调整好泥舱溢流口的位置，可使用带有先进的定位系统的挖泥船，采用自动调节溢流口的装置，控制好溢流口的泥浆浓度，减少入海泥浆。此外，在条件允许的情况下，可以增加泥浆旁通装置、水下扩散管装置，或改进溢流口的标高，将溢流口改至水下数米处，使溢流泥浆溢至水底，悬浮物再悬起则比较困难，保持上部水体比较澄清，缩小混浊水团的影响范围。

在施工过程中需加强管理，文明施工，定期对开挖设备进行维修保养，确保设备长期处于正常状态，避免在雨季、台风及天文大潮等不利条件下进行施工，发生故障后应及时予以修复。

2. 吹填工程

在吹填施工时，需做好吹填围堰的密实加固工作。吹填前在吹填区周围设置围堰，围堰外侧全部用干净石料堆填、内侧使用混合土石料填充以防止泥沙污染水域；同时为使围堰牢固和防止雨水冲刷，围堰外侧用石料堆填简易护岸工程。防止吹填泥浆中的悬移物大量流失，保持其沉降稳定时间，控制其达到悬沙浓度要求后排放。

　　泥浆在围埝内应有足够的沉淀时间，可在围堰内设置几个分隔围埝，增大吹填点到溢流口的距离，加大泥浆在吹填区流程，减缓流速，提高沉降效果，并在溢流口加设拦沙网，以降低溢流口出水的悬浮物浓度。子埝设置见图 7-1。

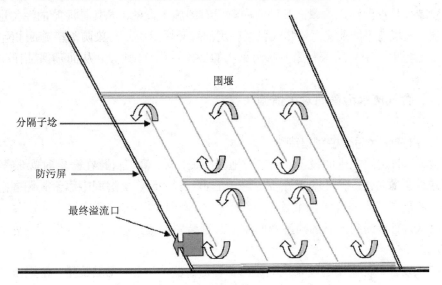

图 7-1　子埝设置示意

　　加强对溢流口悬浮物浓度的监测，若采取以上措施后溢流口悬浮物浓度仍不能控制在一定范围内时，可向泥浆水中投加絮凝剂，以提高悬浮物沉降速率，降低溢流口悬浮物浓度。实施陆域吹填时应保持输泥管道接口的严密性，防止泥浆由接口处喷洒。为避免意外的泥浆泄漏入海污染事故，在进行吹填作业中，应定期对排泥管、挖泥船及二者的连接点处进行维修检查，一旦发生管道损坏或连接不善，应立即采取补救措施，以避免意外的泥浆外溢入海污染事故。

　　提高防患意识，重点地段实施加固强化手段，在恶劣天气条件下，如风暴潮、台风及暴雨时，应提前做好安全防护工作，对围堰溢流口等重点地段实施必要的加固强化手段，以保证有足够的强度抵御风浪等的影响，避免发生坝塌导致泥浆外溢的污染泄漏事故。

3. 桥墩施工

　　对于桩基钢护筒震动锤下沉等过程中产生的海床表层淤泥悬浮问题，建议在施工过程中采用 GPS 与常规定位技术相结合的方法，准确定位每根桩基，确保海上打桩又快又准，避免重复操作。

　　桩基钻孔是在钻孔平台上采用回旋钻机在钢护筒内进行，为防止钻孔泥浆流失和清孔过程对施工海域水环境产生影响，钻孔泥浆应循环使用，钻渣经过滤后收集于施工船中。所有泥沙和废渣必须直接投入运泥船，钻渣可部分收集用作预制场围堰编织袋填料，多余部分可外抛至倾倒区。

4．疏浚工程

基槽和抛石挤淤、淤泥清淤时，采用抓斗式挖泥船并尽量采用封闭式抓斗挖泥船，以减少悬浮泥沙入海量。开工前应对所有的施工设备，尤其是泥舱的泥门进行严格检查，发现有可能泄漏污染物（包括船用油和开挖泥沙）的必须先修复后才能施工；在施工过程中应密切注意有无泄漏污染物的现象，如有发现，应立即采取措施。

二、含油废水污染的对策措施

1．含油废水污染控制措施

（1）尽量选用先进的设备，以有效地减少跑、冒、漏、滴的数量及机械维修次数，从而减少含油污水的产生量。在不可避免的跑、冒、漏、滴过程中尽量采用固态吸油材料（如棉纱、木屑、吸油纸等），将废油收集转化到固态物质中，避免产生过多的含油废水，对渗漏到土壤的油污及时利用刮削装置收集封存，运至有资质的处理场集中处理。

（2）设备、机械及运输车辆的维修保养尽量集中进行，以方便含油污水的收集；在不能集中进行的情况下，由于含油污水的产生量一般不大于 $0.5 \mathrm{~m}^3/\mathrm{d}$，因此可全部用固态吸油材料吸收混合后封存外运。

（3）在施工场地及机械维修场所设沉淀池，含油污水由沉淀池收集，经酸碱中和沉淀、隔油、除渣等简单处理后，油类等其他污染物浓度减小，施工结束后将沉淀池覆土掩埋，严禁含油污水直接排入水体中。

2．施工船舶含油废水的污染防治

施工船舶含油污水不能随意排放，对于未安装油水分离器的小型船舶，施工期应在岸上增设油水分离和处理设施。施工船舶应加强管理，要经常检查机械设备性能完好情况，对跑、冒、滴、漏严重的船只严禁参加作业，以防止发生机油溢漏事故。严禁施工船舶向施工海域排放废油、残油等污染物；不得在施工区域清洗油舱和有污染物质的容器。

作业船只应执行《中华人民共和国防止船舶污染海域条例》和《船舶污染排放标准》，作业船只应安装有效的油水分离器，不允许未配备油水分离器的船舶进行施工。船舶舱底含油污水、船舶生活污水应统一收集处理。排放这些废水必须事先征询海事监督部门的批准，按规定条件在指定区域排放，不得在本工程区排放。规范船舶污染物处理、船舶废弃物及垃圾处理、船舶清舱和洗舱作业活动，防止船舶操作性污染事故的发生。

参加作业的船舶产生的机舱含油污水按照"沿海海域船舶排污设备铅封程序规

定"要求，除机舱通岸接头管系外，油污水系统的排放阀以及能够替代该系统工作的其它系统与油污水管路直接相连的阀门应予以铅封。含油污水运回陆地，交由有资质的环保单位接收处理。

3．重件码头机舱含油污水的污染防治

根据 MARPOL73/78 公约，重件码头靠港船舶舱底油污水经自备油水分离器处理达《船舶污染物排放标准》（GB 3552—83）要求后到港外排放，禁止在港内排放。重件码头到港船舶未配备油水分离处理设施，或因故障未能正常运行的，应直接交予有资质的含油污水接收处理船接收处理。根据沿海海域"铅封管理规定"，施工船舶油污水严禁排放入海，应当送岸上有资质的污水处理厂处理，项目施工前应当与有关单位签订协议，落实施工期污水处理方案。

4．含油废水典型处理工艺

含油废水处理系统大多选用斜板除油器+气体浮选器+双介质过滤器的三级处理流程。以某油田综合调整工程为例，从油田污水处理工艺简介和处理效果分析两方面介绍油田开发工程水污染防治的措施。

（1）油田污水处理工艺简介

生产水中石油类的存在形态主要包括浮油、分散油、乳化油等，其中最主要的存在形态当属分散油，占总量的 60%～80%。目前处理生产水的工艺主要有重力除油、压力除油、浮选、精细过滤和水力旋流等，这些工艺对采油废水中石油类的去除率均较高，但由于油品性质、设备安装地点、设备运行操作管理及费用等不同条件，以上工艺各有其特点。自然重力沉降一般用于浮油（油滴＞60 μm）的去除，浮选器一般用于去除分散油、乳化油或黏附于固体表面的油滴等，除油率通常在 75%～92%。精细过滤一般作为采油污水的深度处理，除去水中的分散油和乳化油，除油率在 90% 左右。

（2）处理效果分析

此油田的原油油品性质较好，原油密度仅为 831.2 kg/m^3（50℃），由此而产生的含油污水易于油水分离。针对本油田原油的特性，为使处理后的生产水中含油浓度进一步降低，在本工程设计中选用了斜板隔油+浮选+过滤的污水处理流程。这些污水处理工艺均为成熟和先进的工艺，其除油效率均较高。

进入污水处理系统的污水，含油浓度一般不超过 1 500 mg/L，按保守估计，经斜板隔油器的除油处理后的生产水中的石油类浓度 200～400 mg/L；再经浮选器的除油处理后的生产水中的石油类浓度小于 30 mg/L，最后经双介质过滤器的除油后的生产水中石油类浓度将小于 20 mg/L，低于《海洋石油勘探开发污染物排放浓度限值》（GB 4914—2008）中规定的排放标准值。

从污水处理设备在国内海上油田的实际应用情况来看，这套污水处理设施的处理效果也是可行的。生产水处理后的石油类一次采样浓度在 12～18 mg/L，排海水质可

达到《海洋石油勘探开发污染物排放浓度限值》（GB 4914—2008）一级排放标准一次允许限值要求。

为了取得更好的处理效果，本平台污水处理系统不仅选用了先进成熟的工艺设备，而且还采用双介质过滤器对生产污水进行深度处理，以确保处理后的生产水能够满足污水回注的要求。

三、生活污水控制对策措施

鉴于施工队伍的流动性和施工人员的分散性和临时性，施工营地租用当地民房，生活污水和生活垃圾依托当地环保设施。施工期尽可能利用附近村民生活设施或者现场使用生态厕所和成套污水处理设备，以达到满足出水水质指标《海洋石油开发污染物排放浓度限值》（GB 4914—2008）中的一级标准对水质的要求。

生活污水根据项目施工的特点，可采用 MBR 方法、WSZ-AO 地埋式污水处理一体化设备或者其他工艺。其中，WSZ-AO 系列污水处理设备中的 AO 生物处理工艺采用推流式生物接触氧化池，它的处理效果优于完全混合式或二、三级串联完全混合式生物接触氧化池，其出水的 COD、SS 和氨氮浓度可达标排放。

四、典型海洋工程水污染防治对策措施

跨海桥梁运营期应采取的水污染防治措施有：

（1）减缓桥面径流污水对海洋环境的污染问题，应加强对桥面的日常维护与管理，保持桥面清洁，及时清理桥面上累积的尘土、碎屑、油污和吸附物等，减少随初期雨水冲刷而进入到桥面径流污水中的 SS 和石油类等污染物量，最大限度地保护大桥所在海域的水质环境。

（2）在桥面两侧排水沟的泄水口处安装限流管，限流管距离沟底高度 5～8 cm，降雨时可确保桥面集水越过限流管通畅排水。当运输车辆发生危险品泄漏时，可以有效阻挡相对雨水量为少的泄漏物质和清洗水直接排海，此时可摘除限流管，打开桥墩下面设置的集水槽接收毒害物质和清洗水。

（3）运营期生活污水主要为人工岛口岸收费服务区排放的生活污水。口岸人工岛建设生活污水处理厂，达到《水污染物排放限值》排放标准后排放。应定期检查应急集水设施的情况并进行维护。

第三节　固体废物污染防治措施

海洋工程项目要求一切塑料制品（包括但不限于合成缆绳、合成渔网和塑料袋

等）和其他废弃物（包括残油、废油、含油垃圾及其残液残渣等），禁止排放或弃置入海，应集中储存在专门容器中，运回陆地处理；石油勘探开发使用水基泥浆时，应尽可能避免或减少向水基泥浆中加入油类，如必须加入油类时，应在"防污记录簿"上记录油的种类、数量；含油水基泥浆排放前，应通知海区主管部门，并提交含油水基泥浆样品。

海洋石油勘探开发污染物的排放要求按污染物排放海域的不同分为三级：水基钻井液和钻屑含油量的一级排放要求是除渤海不得排放钻井油层钻屑和钻井油层钻井液外，其他一级海区要求含油量小于等于 1%；二级排放要求小于等于 3%；三级排放要求小于等于 8%。海洋工程产生大量固体废物时，要在海上处置，按照海上倾废有关规定进行处理。具体要求如下：

（1）加强海洋工程垃圾的监管。有关管理部门应制定操作性较强的具体措施，加强巡查，严禁违章排放。强化《海洋工程垃圾记录簿》的管理，为及时处理违章排放垃圾提供依据；

（2）加入主管部门与海洋工程建立的废弃物信息跟踪系统，从技术手段严防工程垃圾偷排现象，同时做好宣传教育工作；

（3）对海洋工程发生疫情时产生的垃圾，必须进行卫生检疫。发现病毒等疫情时，必须在海上进行杀毒、消毒处理，否则不予上岸，以防病毒入港；

（4）配备垃圾回收船或采用其他船兼作垃圾回收船，以负责难降解垃圾的接收。回收船接收的垃圾，由海洋工程垃圾车从码头运送至陆域垃圾处理场集中处理。

一、固体废物分类处置措施

固体废物按《国家危险废物名录》分为危险废物和其他废物，建立相应的管理体系和管理制度，对固体废物实行全过程管理，根据《中华人民共和国固体废物污染环境防治法》进行分别管理，明确各类废物的处置制度，保证危险废物的安全监控，防止污染事故的发生。

如工程项目中固体废物包括泥浆钻屑、清罐底泥、污水处理厂产生的含油固废、维修垃圾、船舶垃圾和生活垃圾，海洋工程固体废物分类见表 6-2，具体分类及处置措施如下：

1. 泥浆钻屑

钻井过程中共产生含油钻屑运回陆地由专业公司接收处理，不含油泥浆经国家海洋局指定的检验部门检验合格后原井位间歇直接排海。在向海洋排放钻屑时，必须做污染生物毒性检验，把含油量、排放时间、排放量等情况记录在"防污记录簿"中，以备检查。《海洋石油勘探开发污染物生物毒性分级》（GB 18420.1—2009）规定了较详细的分级标准和检验方法。钻屑海区等级为 1 级的生物毒性允许值为 30 000 mL/L，如果判定生物毒性试验结果大于或等于生物毒性允许值，为符合生物毒性要求，小于生物毒性允许值，为不符合生物毒性要求，需要采取特别的措施进行处理。

2. 清罐底泥

储油罐采用清洗的油泥按照国家危险废物名录划分，属于 HW08 废矿物油类危险废物，收集后外运，委托当地有危险废弃物处理资质的单位进行处置。

3. 维修垃圾和污水处理场含油固废

污水处理场含油固废按照国家危险废物名录划分，属于 HW08 废矿物油类危险废物，收集后外运，委托当地有危险废弃物处理资质的单位进行处置。

4. 生活垃圾

生活垃圾委托相关环保服务有限公司定期收集处理船舶及岛上生活垃圾等固体废弃物。

5. 危废临时储存场所

固体废物交由其他单位处理之前，工程区内应设有固体废弃物堆场，一般固体废物和危险固体废弃物分开存放，对各种固体废弃物进行分类堆放处理。本项目设置专门的危废存放区域，该区域的地基防渗系数须小于 10^{-10} cm/s，清罐残渣收集入专用的抗腐蚀密封桶内储存，并粘贴《危险废物储存污染控制标准》（GB 18597—2001）要求的标签，定期清运。

6. 疏浚底泥

前期是港池、航道开挖出的底泥，后期是维护性的疏浚底泥。其中 4～5 年一次的维护性疏浚，产生的疏浚泥，在指定地点抛泥。具体实施策略如下：

（1）划定的抛泥区倾倒

施工所挖泥沙应送至政府有关主管部门划定的抛泥区倾倒，在项目施工前须办理相关手续，并对海抛的环境影响进行分析。

（2）抛泥区设置明显的标志

在疏浚物倾倒过程中为保证施工的安全，以及外围航道等其他水域功能区的合理运作，应在该工程选定的抛泥区外围设置明显的标志，以利施工船舶方便地进入倾倒区后实施相应作业，避免产生不必要的污染事故。

（3）运泥船到位倾倒

运泥船必须严格按照所划定的倾倒区界区内进行倾倒作业，杜绝未到达指定区域便实施抛泥现象的发生。实施定点到位作业是保证倾倒区周围水域环境不受较大影响的重要环节，必要时可安排相应人员，配置必要的监测仪器进行监控。在运泥途中应加强观察、控制航速，防止船运泥沙外溢现象发生，减少对海水水质、海洋生态造成严重的影响。

（4）确保舱门密闭，严防泥浆泄漏

运泥船在倾倒区抛泥完毕后，应及时关闭舱门，并确定舱门关闭无误后方可返航，否则，在航行沿途中由于泥浆泄漏入海将会导致污染事故的发生。同时在疏浚物倾倒作业期间，应加强同当地气象预报部门的联系，在恶劣天气条件下，应提前做好防护准备并停止挖泥和倾倒作业。

表 7-2　海洋工程固体废物分类处置措施

序号	污染源	污染因子	处理效果	责任落实单位
1	含油钻屑、含油泥浆	石油类	运回陆地由专业公司接收处理	施工单位
2	不含油钻屑、不含油泥浆	SS	经国家海洋局指定的检验部门检验合格后直接排海	施工单位
3	工业垃圾	废弃边角料等	符合《海洋石油勘探开发污染物排放浓度限值》（GB 4914—2008）	建设单位
4	生活垃圾	食品固体废弃物		

二、典型的固体废物处置工艺流程

对施工过程和生产过程中产生的生活垃圾和生产垃圾等，禁止排入海中，将集中装箱运回陆地，并按照《中华人民共和国固体废物污染环境防治法》的要求进行回收利用或处置。其具体流程如下：

1. 废物的委托处理协议

油田开发作业者应该在油田开发前跟有资质的固废处理单位签订协议，委托处理船舶含油污泥、含油钻屑泥浆、生活垃圾等固体废物。

2. 处理规模和能力

某专门处理渤海湾油田开发固体废物的公司，占地 $4 \times 10^4 \, m^2$，具有含油污水分离系统、泥浆岩屑分离系统、污物安全焚烧系统等国家环保管理部门认可的污物大型处理设备。处理油基岩屑油砂 10 000 t/a，处理固体废物（包括工业和生活垃圾）30 000 t/a。

三、典型海洋工程固废污染防治措施

1. 跨海桥梁工程固废污染防治措施

跨海桥梁工程施工期产生的固体废物主要是路桥施工过程中各类建筑垃圾和施工整地废物，包括桩基施工的钻孔泥渣、墩台与箱梁施工的废弃混凝土渣、废弃路面材料、废弃模板与钢筋、建筑用废包装材料、建筑碎片、石子、废水泥、路基施工弃土；建筑机械保养等过程中产生的废物及施工场地内杂草、灌木等植物残体。根据《中华人民共和国固体废物污染环境防治法》，施工单位应建立相应的环境保护目标责任制，采取综合防治措施，提高资源利用率，本着固体废物"减量化、资源化、无害化"的基本原则，从源头上减少固体废物的产生量，防止在施工期产生的固体废物对环境造成污染和危害。

（1）强化施工期的环境管理，倡导文明施工。施工期间产生的建筑、生活垃圾不得随意堆放和抛弃，应定点堆放收集、及时清运。禁止向海域随意倾倒垃圾和弃土、弃渣。

（2）根据《中华人民共和国海洋环境保护法》第四十七条的规定，以及《中华人民共和国海洋倾废管理条例》，凡向海洋倾倒废弃物的废弃物所有者以及工程单位，应事先向主管部门提出倾倒申请，办理倾倒许可证。本工程抛泥区位置及安排，有待工程单位与实施倾倒作业单位合同约定，向主管部门申请办理倾倒许可证。

（3）废弃混凝土渣由施工点收集，运送至指定地点作填埋处理；废弃路面材料由路面施工点随时分类收集，回收其中可利用部分，其余填埋处理；废弃模板、钢筋、建材包装材料经分类收集，实现综合利用，其余作填土填埋处理；路基施工弃土作绿化回填处理。

（4）施工船舶垃圾及机械保养产生的固体废弃物不得随意倾入海域，应统一收集处理。施工船舶垃圾可由专门的海上垃圾处理船接收运至岸上处理。

（5）施工期在人员生活驻地附近设置垃圾临时堆放点，应设专职保洁员对生活垃圾采取分类管理，防止雨水将垃圾冲刷入海，及时清运并定期对保洁容器进行清洗消毒。厨余和食物残渣等可为农家副业再利用，施工区和生活区配备临时化粪池，粪便经化粪池处理后，残渣回收农用。

（6）项目在工程设计上应力求做到挖填方平衡，尽量避免产生不必要的弃土。挖填方时的运输应有遮盖或密闭措施，减少砂石土在运输途中的泄漏，施工材料的堆放应有遮挡物，避免风吹日晒和雨淋。施工场地内杂草、灌木等植物残体、土壤表层熟土等，应集中放置妥善保存，以后可作为绿化用土，以充分利用土地资源。

（7）填海面积大的工程，所需填料多，同时工程的桥梁、海底隧道、人工岛的施工中，疏浚、桥墩桩基的钻孔挖掘作业，会产生大量的疏浚泥砂以及桥墩的挖掘泥沙和岩屑，对于这些挖掘废料最好的办法是将它们用作回填土石方，用于填海工程，以期取得良好的环境效益和经济效益。

（8）工程结束后，应对施工过程中产生的各种废弃物进行清理。

2. 填海工程固废污染防治措施

填海工程在施工场地和施工人员临时生活区指定地点设置垃圾桶和垃圾箱，配置运输车，安排专人负责定时分类收集垃圾。对生活垃圾应回收利用或与工程区附近集中处理，禁止倒进附近海域。对施工过程产生的弃渣弃土进行分类，能回收利用的尽量回用于陆域回填，达到建筑固废的减量化；不能回收利用的应事先征得有关环保部门的同意，及时清运至合适地点实施回填或进行临时堆存，不得长期堆积或随意丢弃。

施工船舶垃圾及机械保养产生的固体废弃物不得随意倒入海域，应由施工船舶配备的垃圾收集装置统一收集。重件码头船舶垃圾必须根据《MARPOL73/78》公约附则 V 和《船舶污染物排放标准》（GB 3552—83）的相应要求进行控制。对船舶垃圾实施分类收集，由船舶自备的垃圾处理设备进行加工处理，或由当地海事局认可的专业机构收集处理，在上述条件不允许的情况下暂纳入厂区固体废物进行统一处理。

严禁抛泥船只未到达指定抛泥区域便在中途倾倒泥沙，并防止船运泥沙外溢现象发生，以免对海水水质、海洋生态系统造成严重的影响。疏浚物倾倒作业期间，应加强同当地气象预报部门的联系，在恶劣天气条件应停止挖泥和倾倒作业。

第四节　生态环境保护措施

一、基本原则

1. 对生态系统加以整体性保护

整体性是生态系统最重要的基本原理，保护中要特别予以重视，自然生态系统有其自身整体运动规律，切忌人为切割。

生态系统的功能以完整的结构和良好的运行为基础，功能寓于结构，体现在运行过程中，是系统结构特点和质量的外在体现，高效的功能取决于稳定的结构和连续不断的运行过程。

生态系统结构的完整性保护包括地域的连续性和物种的多样性两个方面。分布地域的连续性是生态系统存在和长久维持的重要条件，岛屿和半封闭海湾的生态系统是不稳定和脆弱的，分别受到海洋和陆地的阻隔作用，与外界缺乏物质和遗传信息的交流，对干扰的抗性低，受影响后恢复能力差，通常受到人类活动的强烈影响，近代已灭绝的哺乳类动物和鸟类中的 75%位于上述区域。

物种的多样性是构成生态系统多样性的基础，也是使生态系统趋于稳定的重要因素。在生态系统中，每一个物种的灭绝就有如飞机损失了一个铆钉，虽然一个物种的损失可能微不足道，但却增加了其余物种灭绝的危险。当物种损失到一定程度时，生态系统就会彻底被破坏。

2. 将生物多样性保护置于优先地位

人类生存与发展，归根结底，必须依赖自然界各种各样的生物资源和生态环境。生物多样性不仅为人类提供了生存所需的食物、药品、工业原料和能源等，同时对调节、维持生态平衡，稳定环境具有关键作用。因此，生物多样性是人类赖以生存的条件，是经济得以持续发展的基础。

占地球表面积 71%的海洋不仅控制着许多自然过程，而且是人类未来食物和能源的宝库，海洋是维持生命的整体系统中一个不可缺少的部分，丰富的物种和形形色色的海洋环境条件是海洋生态系统得以维系的基本条件。因此，应注意评价人类活动对生物多样性产生的影响，并寻求有效的保护途径。

3. 在注意普遍问题的同时关注特殊问题

我国各地都有不同的保护目标和保护对象，因而在注意普遍性问题时，应对特殊性问题给予特别的关注。海洋生物群落和生态系统多样性的保护重点如下：①近海生物群落：主要包括由潮间带至大陆架边缘内侧、水体和海底部的所有生物；②大洋生物群落：包括大陆架边缘外侧直到深海的整个海域内的海洋生物；③河口生物群落：河口是地球两大水域生态系统间的交替区，不同的河口类型以及河口所处地域、气候或底质差异的影响，使河口区环境复杂且有很大波动，河口区生物群落的物种组成主要来自三个方面：大量的海洋入侵种类、数量极少的淡水径流移入种类、已适应于河口环境的半咸水性特有种；④红树林生物群落：分布于热带、亚热带的遮蔽或者与风相平行的淤泥沉积且呈酸性的岸带，在河口三角洲较多；⑤珊瑚礁生物群落：广泛分布于温暖或热带浅海中；⑥海草床生物群落：广泛分布于河口海湾，具有重要的生态服务功能；⑦热泉生物群落：硫化细菌非常丰富，能以化学合成作用进行有机物的初级增长，为滤食性动物提供饵料基础。

4. 关注重大生态环境问题

将解决重大生态环境问题与恢复和提高生态环境功能紧密结合，以适应经济、社会发展和人类精神文明发展的不断增长的需求。应关注的重大生态环境问题如下：①海洋的过度开发利用；②自然条件改变的危害；③来自海洋污染的威胁；④外来物种的入侵；⑤全球气候变化对海洋生物多样性的威胁；⑥濒危、珍稀物种的保护。

5. 加强生态恢复与重建

受损害生态系统的恢复与重建工作是我国当前面临的一项紧迫任务。所谓生态恢复，就是使受到损害的生态系统从远离其初始状态方向回到干扰、开发或破坏前的初始状态所作的努力。所谓重建，就是将生态系统现有状态进行改善，增加了人类所期望的某些特点，压低那些人类不希望的某些自然特点，改善的结果使生态系统进一步远离其初始状态。所谓改建，就是将恢复和重建措施有机地结合起来，使不良状态得到改善。

恢复和重建一般可采用如下两种模式途径：①当生态系统受损害没有超过负荷并且是可逆的情况下，干扰和压力被解除后，恢复可在自然过程中发生。②当生态系统受损害超过负荷并发生不可逆变化，仅靠自然过程是不能使系统恢复到初始状态，必须加以人工措施才能迅速恢复。

6. 减轻对环境承载力的压力

环境承载力是环境持续承受的最大负荷能力，人类社会有必要对资源与环境进行有理性、有节制和有远见的管理，使资源的消耗和环境的恶化控制在一定限度内，否则，系统无疑将走向崩溃、混乱，以致发展停滞和倒退。

7. 加强可持续发展能力的建设

可持续发展是一种新的发展模式，是持久、永续的进步和增长。可持续发展是包含自然、人、社会相统一的物质过程，是可持续生态、经济和社会三个方面的统一体，涉及人口、社会、经济、资源和环境等多方面整体、协调发展。

可持续发展是一种反映现代社会文明的发展观，要求从人的个体本位、部分人的群体本位，向人类的群体本位转化。

8. 加强生态环境监测

生态环境监测是获取生态系统信息的主要渠道，是对其变化做出科学预测的重要依据，对于水域生态环境的保护、资源的有序利用开发、经济与环境的协调发展、实施综合管理提供重要科学依据和技术支撑。

正常的水域生态系统是处于一种动态平衡中，生物群落与自然环境在其平衡点作一定范围的波动。但是，在气候变化和人类活动的影响下，我国水域生态系统的结构和功能都发生了很大的变化，遭到不同程度的破坏，诸如功能降低、稳定性和生产力降低、平衡能力减弱，导致水域生态系统退化。加强生态环境监测能够提高对生态环境灾害的防范能力，减少相应的环境损失。

生态环境调查监测的内容包括：非生命成分、参与物质循环的无机元素和化合物、联结生物和非生物部分的有机物质和生命部分的生产者、消费者和分解者。

9. 国家级保护动物及其自然保护区的保护对策

首先应调查保护动物的生态习性及其自然保护区概况，其次应对工程施工及运营对保护动物觅食、生长、繁殖、栖息等的影响进行识别与分析评价。在此基础上，确定优先需要保护生境的顺序，分栖息地提出有针对性的保护对策措施。

对生境重要性进行识别要考虑其天然性、生境面积、多样化、稀有程度，可恢复性、零碎性、生态联系，潜在价值、繁殖场、哺育场、存在期限，野生生物数量/丰富程度等。

分栖息地的保护对策措施主要包括：①提出可靠的保护措施和方案；②制订补偿措施加以保护；③制订恢复的补偿措施；④创造条件使其能尽快得到恢复的措施；⑤需制订区域绿色规划；⑥将生态防护/恢复/补偿措施与区域生态环保规划兼容或互补；⑦优化选址选线和施工、运行工艺等。

二、生态保护要求与措施

1. 保护要求

建设项目对海洋生物资源的影响评价应针对工程造成不利影响的对象、范围、时段和程度，根据环境保护目标要求，提出预防、减缓、恢复、补偿、管理、科研和监测等对策措施。

建设项目对海洋生物资源与生态环境保护应按照"谁开发谁保护、谁受益谁补偿、谁损坏谁修复"的原则。根据影响评价的结果，施工期对海洋生物资源的损害补偿经费列入工程环境保护投资预算，营运期对海洋生物资源的损害补偿经费可以分阶段列入项目运行成本预算，占用渔业水域对海洋生物资源的损害补偿应一次性落实补偿经费。同时制定可行的海洋生物资源保护措施，制定海洋生物资源保护措施应进行经济技术论证，选择技术先进、经济合理、便于实施、保护和改善环境效果好的措施，以建立完善的生态补偿机制。

建设项目对海洋生物资源的损害补偿和生态修复措施应按相关的法律、法规要求，征得相应渔业行政主管部门的同意后方可实施。

工程造成珍稀、濒危水生生物或其他有保护价值、科学研究价值和重要经济价值的水生生物的种群、数量、栖息地、洄游通道受到不利影响，应提出工程防护、栖息地保护、迁地保护、种质库保存、过鱼设施、人工繁殖放流、设立保护区和管理等措施。

工程造成海洋生物资源量损害的，要依据影响的范围和程度，制定补偿措施，补偿措施的方案要进行评估论证，择优确定，落实经费和时限。

工程造成渔业生产作业范围缩小、渔民传统作业方式改变而致使渔民收入下降的，应提出具体补偿措施或建议。

工程造成工程周边渔民完全无法从事渔业生产的，应提出切实可行的安置措施或建议。

工程的生态补偿经费严格按规定全部用于生态修复，主要包括增殖放流、保护区建设与人工鱼礁建设，珍稀水生生物驯养繁殖，增殖放流的跟踪监测、效果评估和养护管理。

对各类建设项目在建设期和营运期可能会对海洋生物资源造成影响的，依据环境影响评价的结果，必须在环境影响报告书中提出建设项目在建设期和营运期对海洋生物资源的跟踪监测计划，明确跟踪监测的内容、方法、频率、监测机构、监测经费等要求。

2. 保护方法

海洋工程生态环境保护的基本方法主要包括在项目实施全过程中采取生态防护和削减措施，对遭受破坏的生态环境进行修复以及对不可修复生态环境采取补偿方案，从而保证对生态环境的影响程度降到最低。

（1）生态防护和削减措施

生态影响的防护与恢复要遵循的要求是：①凡涉及珍稀、濒危物种和敏感地区等生态因子发生不可逆影响时，必须提出可靠的保护措施和方案；②凡涉及尽可能需要保护的生物物种和敏感区的，必须制订补偿措施加以保护；③对于再生周期较长，恢复速度较慢的自然资源损失要制订恢复的补偿措施；④对于普遍存在的（指分布域广、面积大、资源量多）再生周期短的资源损失，当其恢复的基本条件没有发生逆转时，应创造条件使其能尽快得到恢复；⑤需制订区域的绿色规划，并要求生态防护与恢复或补偿措施应与区域生态环境保护规划相互兼容或互补。

（2）生态环境修复措施

海洋工程对海洋生态环境造成一定中长期影响时，应注意采取相应的预防和减缓对策加以控制，如采用人工增殖放流、底栖生物的移植、构筑人造鱼礁等方式开展生态恢复工作。

（3）生态环境补偿方案

建设单位应主动采取增殖放流等修复措施，以促进生态环境的恢复，对受损的海洋生物资源、水产资源进行补偿，具体海洋生态补偿措施和方案有：①生态资源等量补偿；②增殖放流方案；③贝类底播方案等。

根据《中国水生生物资源养护行动纲要》，按照"谁建设、谁治理、谁补偿"的原则，为使海洋工程项目运营与海洋生态、渔业生产协调发展，项目建设管理人员应积极采取有效措施，尽可能地减少对海洋渔业生态环境和渔业资源的损害程度，以达到项目开发与生态、渔业环境两者兼顾的目的。其生态补偿的强度主要有以下几个方面：

（1）经济补偿

经济补偿强度确定的前提是海洋资源价值能够得到确定。自然资源价值的确定，在我国尚处于介绍引进国外相关理论，逐步模仿应用各种评估方法的初始化时期，生态系统服务与自然资本价值的核算理论与计量方法尚未取得突破（刘向华等，2005）。考虑到目前实际的心理和经济承受能力，海洋生态资源经济补偿标准很难一步到位，而且海洋生态资源的生态、社会效益价值和价格计量具有复杂性和难计算性，所以应该先将补偿机制建立起来，项目运营后应相应地对造成的渔业资源的损失向相关部门做出赔偿。

（2）生态功能补偿

某项目建设对周围海域的人工渔礁区产生了不利影响，使其原有的生态功能受到破坏。在项目运营后，为了有效恢复和改善海洋生态环境、增殖和优化渔业资源，某工程业主委托当地海洋与渔业局通过建设人工鱼礁对渔业生境、生态功能进行补偿。

（3）资源补偿

资源补偿作为生态补偿的一个要组成部分，我国已经进行了大量实践。面对近海渔业资源的不断下降，为增加近海资源量，早在20世纪80年代，我国就开始了人工增殖渔业资源的措施，先后在渤海、黄海实施中国对虾的生产性增殖放流，取得了明显的经济效益和生态效益（王守民，2004）。其中，广东省各级海洋与渔业主管部门从1986年开始每年投入大量资金进行鱼、虾、蟹、贝苗的人工增殖放流。广东汕尾市海洋与渔业局自2005年起，每年在遮浪角东人工鱼礁区附近海域进行人工放流红笛鲷、黑鲷、真鲷、黄鳍鲷、平鲷等海水鱼苗 140 多万尾，每年投入增殖放流资金约 50 万元。

3. 保护措施

从工程项目自身的合理选址选线、合理的工程设计方案、合理的施工建设方式和有效的管理出发来减少生态环境影响，是最有效的方法，也最具有可行性。这些措施也是项目建设者应尽的环保责任。

（1）合理选址选线

从环境保护出发，合理的选址和选线主要是指：

①选址选线避绕敏感的环境保护目标，不对敏感保护目标造成直接危害，这是"预防为主"的主要措施。如在施工作业避开保护区和主要保护物种的繁育期和敏感期。

②选址选线符合地方环境保护规划和环境功能（含生态功能）区划的要求，或者说能够与规划相协调，即不使规划区的主要功能受到影响。

③选址选线地区的环境特征和环境问题清楚，不存在"说不清"的科学问题和环境问题，即选址选线不存在潜在的环境风险。

④从区域角度或大空间长时间范围看，建设项目的选址选线不影响区域具有重要科学价值、美学价值、社会文化价值和潜在价值的地区或目标，即保障区域可持续发展的能力不受到损害或威胁。

（2）工程方案分析与优化

从以经济为中心转向"以人为本"，实行可持续发展战略，不仅是经济领域的重大战略转变，也是环境保护战略和环评思想与方法的重大转变。因为可持续发展就是追求经济—社会—环境整体效益的最佳化，或者说发展战略以单一经济目标转向经济—社会—环境综合目标。因此，一切建设项目都须按照新的科学发展观审视其合理性。环境影响评价中，亦必须进行工程方案环境合理性分析，并在环保措施中提出方案优化建议。从可持续发展出发，工程方案的优化措施主要是：

①选择减少资源消耗的方案。最主要的资源是海域资源和生物资源。一切工程措施都需首先从减少海域占用，尤其是减少永久占用海域进行分析。给出海域源损和生物资源失最少、社会经济影响最小的替代方案建议。

②采用"环境友好"的方案。"环境友好"是指建设项目设计方案对环境的破坏和影响较少，或者虽有影响也容易恢复。这包括从选址选线、工艺方案到施工建设方案的各个时期。例如，为降低泥浆排放对海水水质、底质及海洋生物的影响，在钻井作业过程中，不使用毒性较大的油基泥浆和混油泥浆，选择无毒的环保型天然聚合物水基泥浆，减少了环境损害。

③采用循环经济理念，优化建设方案。目前，在建设项目工程方案设计中采用的一些方法，如填海工程考虑采用开挖海底隧道和隧道人工岛的疏浚泥及外购海砂进行填海，这样可以减少海洋废弃物的倾倒量，减少了对海洋环境的二次污染，实现废弃

物再资源化，体现了循环经济的理念，符合清洁生产的要求。循环经济包括"3R"（Reduce 减少，Recycle 循环，Reuse 再利用）概念，也包括生态工艺概念，还包括节约资源、减少环境影响等多种含义。利用循环经济理念优化建设方案，结合建设项目及其环境特点等具体情况，创造性地发展环保措施。尤其需不断学习和了解新的技术与工艺进步，将其应用于环评实践中，推进建设项目环境保护的进步与深化。

④发展环境保护工程设计方案。环境保护的需求使得工程建设方案不仅应考虑满足工程既定功能和经济目标的要求，而且应满足环境保护需求。例如，管线穿越了自然保护区，需要设计专门的环评专章进行分析评价；文物的搬迁和异地重植、水生生物繁殖和放流等，都需要提出专门的设计方案，而且都需要在实践中检验其是否真有效果。因此，建设项目环评中不仅应提出专门的环境保护工程设计的要求，而且往往需要提出设计方案建议或指导性意见和一些保障性措施，才可能使这些措施真正落实。

（3）施工方案分析与合理化建议

施工建设期是许多建设项目对生态环境发生实质性影响的时期，因而施工方案、施工方式、施工期环境保护管理都是非常重要的。

施工期的生态环境影响因建设项目性质不同和项目所处环境特点的不同会有很大的差别。在建设项目环境影响评价时需要根据具体情况做具体分析，提出有针对性的施工期环境保护工作建议。一般而言，下述方面都是重要的：

①建立规范化操作程序和制度。

以一定程序和制度的方式规范建设期的行为，是减少生态环境影响的重要措施。例如，管线施工中控制作业带宽度，可大大减少对周围地带的破坏和干扰。

②合理安排施工次序和季节。

合理安排施工次序，不仅是环境保护需要的，也是工程施工方案优化的重要内容。程序合理可以省工省时，保证质量。

合理安排施工季节，对野生生物保护具有特殊意义，尤其在生物产卵、孵化、育幼阶段，减少对其干扰，可达到有效保护的目的。

③改变落后的施工组织方式，采用科学的施工组织方法。

建设项目的目标是明确的，并且一定可以实现，需要讲究的是项目实施过程的科学化、合理化，以收到省力省钱、高质高效的效果。要做到科学化、合理化，就必须精心研究、精心设计、精心施工，把工夫下在前期准备上。开挖和吹填过程采用了自航耙吸式挖泥船和绞吸式挖泥船。搅动的土体直接被泥泵送至吹填区或泥驳，对海洋污染较小。因此，从环境保护的角度出发，了解施工组织的科学性、合理性，提出必要的合理化建议，是十分必要的。

（4）加强工程的环境保护管理

加强工程的环境保护管理，包括认真做好选址选线论证，做好环境影响评价工作，做好建设项目竣工环境保护验收工作，做好"三同时"管理工作等。根据建设项目生态环境影响和生态环境保护的"过程性"特点，以及建设项目生态环境影响的渐进性、累积性、复杂性、综合性特点，有两项管理工作特别重要：

①施工期环境工程监理与施工队伍管理；

②营运期生态环境监测与动态管理。

（5）典型海洋工程生态保护措施

①炸礁工程生态环保措施。

水下爆破对周围鱼类影响较大，因此应制订科学、严谨、周密的施工方案，尽量减少爆破量。主要保护对策如下：

采用先进的施工工艺，如水下钻孔爆破，其施工可靠，爆破效果好，可最大限度地减少爆破量；在爆破控制上，应采用对生态影响较小的方法，如延时爆破法，可以减缓冲击波对鱼类的影响；在鱼类产卵和渔汛期减少施工次数，而在非产卵和非渔汛期加紧施工进度，这样既能保证工程进度，又能减少对渔业资源的影响。

根据以往的工程经验，鱼类在嗅到炸药产生的气味后会远离爆区，故在施工初期爆破应选用较小药量在杀伤半径范围内试爆，并采取其他驱赶措施，以便鱼类远离后，再逐次增大爆破药量；最好安排一至两次试爆，采用"先试后爆"的施工方案，根据现场爆破影响试验实际监测结果观察，来决定是否减少最大起爆药量。

此外，在炸礁期间可安排爆破影响科研试验，进行渔业资源跟踪调查，技术方案如下：在一定范围内，假定选取某个量级的炸药量，以爆点中心为圆心，分别在半径为 50 m、100 m、150 m、200 m、300 m、400 m、500 m 和 1 000 m 的圆周上选取站位。分别同时采用如下手段对炸礁爆破对渔业资源的影响进行监测。

a. 爆破区附近水域渔损状况观察和死鱼样品检验。在爆破后立即前往爆区附近水域观察渔损状况，收集海面死伤鱼类和其他水产种类，进行生物学测定和损伤检验，在爆破次日重复进行一次观察和检验。

b. 底栖渔业资源试捕调查。在爆破的当日和次日在爆破区周围海域采用虾拖船进行试捕调查。对各网次的渔获物进行分类、测定和损伤检验。

c. 定点吊笼检测。在爆破区附近水域按爆距 50 m、100 m、150 m、200 m、300 m、400 m、500 m 和 1 000 m 的圆周上选取站位，于爆破前一天布设吊笼监测点（含不同品种鱼虾贝类），爆破后立即收笼，检测情况。

d. 进行现场照相和录像，并进行爆破前后的环境水质监测。

②跨海桥梁工程生态环保措施。

a. 策划桥桩施工方法时，优先考虑围水干排钻孔方式；若采用撞击式打桩方法，应采用环保型油压式打桩机，在打桩现场周围水下设置气泡屏幕，削减水下噪声超压。

b. 施工期造成的泥沙悬浮、排放船舶含油污水、车辆冲洗废水、生活污水及垃圾向海域的倾倒，运营期排放桥面径流污水和生活污水，交通事故造成有毒有害物质的泄漏等，都将对附近海洋生态环境产生一定影响，因此应按照有关环境保护措施中提出的具体要求加以实施，认真落实，严格管理。

c. 施工应尽可能选择在海流平静的潮期，避免对敏感目标造成影响；同时尽量减少在底栖生物、鱼类的产卵期、浮游动物的快速生长期及鱼卵、仔鱼、幼鱼的高密度季节进行作业。同时，应对整个施工进行合理规划，尽量缩短工期，以减轻施工可能带来的水生生态环境影响。

d. 制定珍稀生物应急救护预案，在开工前连同施工组织方案报送珍稀生物保护区管理处备案；如在施工过程中发现受伤、搁浅或误入港湾而被困的珍稀生物，应当及时采取紧急救护措施并报告渔政管理机构处理；发现已经死亡的珍稀生物应当及时报告渔政管理机构，必要时应暂停施工检查原因。穿越保护区的桥体路面可全部采用改性沥青，可以削减噪声的产生强度，减少可能对珍稀生物造成的不利影响。穿越保护区的桥位段，避免在珍稀生物繁殖高峰期间施工。

e. 考虑加装海鸟及候鸟能够识别的特殊灯光，使鸟类飞行到桥区时能主动绕避。

f. 施工单位在施工前期充分做好生态环境保护的宣传教育工作，组织施工人员学习《中华人民共和国自然保护区条例》等有关法律法规，增强施工人员对海洋珍稀动物保护的意识；建议施工单位制定有关海洋生态环境保护奖惩制度，落实岗位责任制。

g. 施工期间和工程建成后，应对项目附近的生态环境进行跟踪监测，掌握生态环境的发展变化趋势，以便及时采取调控措施。

③填海工程生态环保措施。

某填海工程在施工前，委托专业部门，参照以往同类项目经验，将周围施工影响范围内现存珊瑚全部移植。在安全的前提下，尽量采用紧密的平面布置，减少占用海域的面积。填海采用先围后填的施工方案，减少对海洋环境的影响程度。

爆破及填海工程避开影响区域渔业资源的敏感期，在爆破及填海工程施工作业前加强观测，采用环境友好的爆破方式，并采取驱赶措施，降低爆破施工对海洋生物的影响，避免对珍稀生物造成损害。

减轻围填、护岸形成、疏浚过程对海洋生态环境的影响，除减少各施工工程对海水水质的影响措施外，为减少其施工活动的影响程度和范围，施工单位在制定施工计划、安排进度时，应充分注意到附近海域的环境保护问题，在水产养殖的育苗及养殖高峰期，以及旅游高峰期应尽量将施工点安排在远离敏感点的区域，或不安排施工，同时注意敏感点的反应，加强管理，及时调整施工进度。

海中施工不可避免地会对海洋捕捞作业产生影响，为减少海捕损失和保障渔业生产安全，在水工作业之前，除告知有关部门外，还应出具通告或告示，说明水工作业时间、地点、范围、作业方式等，并在施工区周围设立明显的标志。

根据悬沙和溢油等的浓度扩散范围的模拟预测数据，当产生不可避免的事故时，应及时告知海洋和渔业管理部门、养殖企业，使之及早准备，减少生产损失。

制定合理的施工计划，缩短填海作业周期。严格控制施工宽度，减少对不开发区域的破坏。通过对护坡进行垂直绿化来减轻对景观的影响。选择适合于水生生物附着生长的水工设施材料和结构设计方案，管桩外壁尽量粗糙，以利于水生生物附着。

加强对施工人员的管理，制定严格的环保规章制度，保证红线外山体陆地生态不受破坏。教育船舶工作人员，一旦发现珍稀生物，应主动避让，并停止施工，用驱赶的方法将其驱逐出作业海域，再进行作业。

三、生态修复措施

1．水域生态修复

水域生态修复就是通过采取一系列措施，将已经退化或破坏的水生生态系统恢复、修复，基本达到原有水平或超过原有水平，并保持其长久稳定。修理恢复水体原有的生物多样性、连续性、充分发挥资源的生产潜力，同时起到保护水环境的目的，是水域生态系统转入良性循环，达到经济和生态协调与同步发展。

通过保护、种植、养殖、繁殖适宜的水中生长的植物、动物、微生物，改养生物群落结构和多样性，增加水体的自净能力，消除或减轻水体污染，生态修复区域在城镇和风景区附近，应具有良好的景观作用，生态修复具有美学价值，可以创造城市优美的水域生态景观。湿地的生态修复一般需要经过较长一段时间才能趋于稳定并发挥其最佳作用。种植水面植物能在较短时间发挥作用，可作为先锋技术采用，3～5 年可初步发挥作用，10～20 年才能发挥最佳作用，治理工作必须立足长治久安，遵循生态学基本规律。

2．渔业资源增殖放流

渔业资源增殖放流是指：对野生鱼、虾、蟹、贝类等进行人工繁殖、养殖或捕捞天然苗种在人工条件下培育后，释放到渔业资源出现衰退的天然水域中，使其自然种群得以恢复。

我国长期的渔业资源增殖研究和放流活动，目标是恢复天然水域渔业资源种群数量，保证渔业生产的持续发展，维护生物多样性，保持生态平衡。从 20 世纪 50 年代开始首先在黄渤海开展了中国对虾增殖放流，随后在沿海水域开展了一定规模、持续的渔业资源增殖放流，增殖品种有中国对虾、长毛对虾、大黄鱼、梭子蟹、扇贝、海蜇等。2002 年，辽宁、山东、福建、广东等沿海地区放流了对虾、扇贝、大黄鱼、海蜇等海水品种 17.6 亿尾（只）。

多年的实践证明，渔业资源增殖放流是目前恢复水生生物资源量的重要和有效手段，应充分发挥其应有的作用。

目前存在的问题及对策为：我国渔业资源增殖放流数量与资源恢复的需要还有很大差距。放流工作尚未引起有关领导的充分重视，大部分地区没有制定长期增殖放流的规划，放流的重要意义和作用宣传不够，资金支持不足。缺乏统一的规范和科学指导，个别地方存在着无序放流、放流品种种质不纯等问题，影响了放流效果。农业部渔业局组织有关专家经过调研和广泛征求意见，发出了《关于加强渔业资源增殖放流的通知》，制定《渔业资源增殖放流管理规定》，要求进一步规范增殖放流行为及其管理，将此项工作作为政府的一项常规性管理工作。鼓励相关科研单位加强资源增殖科学研究，为恢复资源提供先进的技术，有效增殖资源，不断取得更好的生态和经济效益。

3．人工鱼礁生态恢复技术

人工鱼礁是指为保护和改善海洋生态环境，增殖渔业资源，在海洋中设置的构筑物。人工鱼礁按照功能分为以下三类：

（1）生态公益型人工鱼礁。投放在海洋自然保护区或者重要渔业水域，用于提高渔业资源保护效果的为生态公益型人工鱼礁。

（2）准生态公益型人工鱼礁。投放在重点渔场，用于提高渔获质量的为准生态公益型人工鱼礁。

（3）开放型人工鱼礁。投放在适宜休闲渔业的沿岸渔业水域，用于发展游钓业的为开放型人工鱼礁。

四、生态补偿方案

积极建立建设项目资源与生态补偿机制，减少工程建设的负面影响，确保遭受破坏的资源和生态得到相应补偿和修复。对围垦、海洋海岸工程、海洋倾废区等建设工程，环保或海洋部门在批准或核准相关环境影响报告书之前，应征求渔业行政主管部门意见；对水生生物资源及水域生态环境造成破坏的，建设单位应当按照有关法律规定，制订补偿方案或补救措施，并落实补偿项目和资金。相关保护设施必须与建设项目的主体工程同时设计、同时施工、同时投入使用。建设单位应主动采取增殖放流等修复措施，以促进生态环境的恢复，对受损的海洋生物资源、水产资源进行补偿。

1．生态资源等量补偿

生态补偿按照等量补偿原则确定。项目实施前应与有关渔业主管部门沟通和协商，评估渔业生物资源损失进行经济补偿。并将对渔业资源的补偿费用纳入环保投资。

生态资源等量补偿应首先了解和掌握工程开发项目对渔业生态环境和生物资源的影响，工程项目实施后，应对施工区域及邻近海域进行渔业生态环境和生物资源跟踪监测。渔业资源的损失进行经济补偿主要用于渔业主管部门增殖放流、渔业资源养护与管理，以及进行渔业资源和渔业生态环境跟踪调查等，使渔业资源得到尽快恢复和可持续利用。如某油田综合调整项目，其中 65%左右（138.0 万元）用于增殖放流购买苗种。5%左右（11.60 万元）用于渔业资源养护与管理，30%左右用于渔业资源和渔业生态环境跟踪调查，每年跟踪调查费用约 21 万元（包括租船费、化学试剂、低值易耗品、分析测试、人员工资、办公用品等），工程建设后连续 3 年进行跟踪监测。渔业资源养护与管理费用主要用于：增殖放流用车、用船；渔业资源养护及监督管理等工作。

2. 增殖放流

据渔业部门以往运作经验，在海域连续三年进行海洋生物资源的人工放流，基本可弥补项目施工等造成的渔业资源损失。增殖放流主要考虑放流的品种和数量、放流前后的管理，从而实施增殖放流的计划。

（1）放流品种和数量

根据当地的自然环境及当地适宜的放流品种，确定本项目附近海域的放流品种和数量，筛选适应当地生态环境和能较大批量苗种生产的品种，如墨吉对虾、长毛对虾、新对虾、锯缘青蟹、鲈鱼、黄鳍鲷等。

（2）放流前后的管理

放流前的管理：放流前后的现场管理主要由渔政管理部门承担。一是时间的选择，放流工作将安排在定置张网禁渔和伏季休渔期间；二是放流前清理放流区域的作业，并划出一定范围的临时保护区，保护区内禁止的作业除了国家规定禁止的作业类型及伏季休渔禁止的拖网、帆张网等作业之外，禁止 10 m 等深线以外的定置作业，同时禁止沿岸、滩涂、潮间带等 10 m 等深线以内的定置作业、迷魂阵、插网、流网、笼捕作业等小型作业；三是在渔区广为宣传，便于放流品种的回捕、保护、管理等工作的顺利开展。

放流后的现场管理：拟由当地海洋渔业主管部门组织有关渔政力量加强放流区域的管理，并落实监督、检查措施。

（3）人工增殖放流计划

增殖放流，可补偿本项目造成的生态损失的货币价值。建设单位应切实保障予以落实。

如某填海工程，其根据《大亚湾生物资源护养增殖规划》，中央列岛海域主要为鲷科鱼类，结合当地海洋部门的人工放流，项目人工放流方案见表 7-3。

表 7-3　人工放流方案

地点	种类与数量	时间	频次	投资
大亚湾芒洲岛周围海域	真鲷 40 万尾/年、黑鲷 40 万尾/年、巴菲蛤 50 万粒/年	每年 6 月	施工结束后 6 年内	每年 150 万元

3．贝类底播

根据具体项目的提点，确定底播的种类、时间和地点，与人工增殖放流一样，实行贝类底播可补偿本项目造成的生态损失的货币价值。建设单位应切实保障予以落实。

如珠江口某海洋工程的贝类底播种类、时间和地点如下：

底播种类：泥蚶、文蛤、缢蛏、扇贝、花蛤等适合在珠江口海域生长的经济贝类。

底播时间：根据南海休渔时间，建议在 6 月初进行。

底播地点：可以选择在工程附近的青洲水道西贝类增殖区和青洲—头洲浅海贝类增殖区进行。

4．人工鱼礁建设方案

根据项目特点，结合区域的人工渔礁建设规划，参与人工渔礁建设以补偿建设项目造成的生态损失。

如某石化项目位于大亚湾，此海域有蓝圆鲹、小公鱼、青鳞、丽叶鲹、六指马鱼友、裘氏小沙丁鱼、乌鲳、真鲷、舌鳎、鱿鱼等资源。岸边岩礁还有鲍鱼、海胆、海参等。根据《惠州市沿海人工鱼礁建设规划（2002—2011）》，计划建十座人工鱼礁群，具体包括：惠东大星山鱼礁群、青洲鱼礁群、灯火排鱼礁群、惠东小星山鱼礁群、三门岛鱼礁群、大辣甲南部鱼礁群、三角洲人工鱼礁区、西虎屿人工鱼礁区、三门岛西南人工鱼礁区、大辣甲东北部人工鱼礁区。

建设单位结合该规划，拟投入 400 万元资金协助渔业部门在此建设一个开放型的人工鱼礁区。该人工鱼礁区选址经纬度为 114°38′42″E、22°35′24″N，水深 14～16 m。春夏季这里是浮水鱼类索饵的主要场所之一。

该项目资助的人工鱼礁建设，对于增殖大亚湾海洋生物资源有帮助，其长期正面生态效益将超过本项目施工造成的生态损失。

5．珊瑚移植计划

珊瑚移植在国际上已有 30 年历史，技术上较成熟。我国也有四次珊瑚移植的记录，尤其是刚刚完成的"中国海油惠州炼油项目珊瑚移植项目"，积累了大量珊瑚移植的经验。实施移植活动前对实施移植的各类工作人员和潜水员进行培训，以保证珊瑚移植的效果，并且预先安排一些小规模的试验，包括大块珊瑚固定实验和水下胶水与速硬水泥将珊瑚黏结在预制水泥板上的试验。

（1）珊瑚的采挖和运输

某海区珊瑚以块状的蜂巢珊瑚、刺星珊瑚、扁脑珊瑚和滨珊瑚为优势种，这些珊瑚相对容易操作。用铁橇、铁钎和铁锤将整个珊瑚群体采挖出来。采挖出来的珊瑚分两种处理，取其中较小个体（＜20 cm）全部拿到船上的大塑料缸里暂养，并取很小部分进行分类、拍照、测量等各种统计调查。珊瑚经过黏固在移植板上然后移植到新的栖息地；其他大块的珊瑚（＞20 cm）直接放入一张吊在海里的网箱或拿到船上的大塑料缸里暂养，以后直接用船拖运到新的栖息地。

运输速度视海流和海况等因素而定，船速一般为 3～4 km/h，直接运到目的地。在移入地，直接解下网上、绳子上的珊瑚，或从架子或水箱搬挪出移植珊瑚。

（2）移植珊瑚在迁入地的固定

大块的珊瑚（＞20 cm）则直接放入移入地，尽量利用水下地形，将珊瑚放入石缝中固定，或在迁入地用铁钎、角铁、预制水泥板等固定大块的珊瑚。小块珊瑚（＜20 cm）则用水下胶水黏结在预制水泥板上，水泥板或用水泥钉加固固定在海床上或以三角铁四周固定。

（3）珊瑚移植后的监测

移植完成后分别在移植后 2 个月、半年各进行一次监测，主要监测珊瑚移植后存活率、死亡率、死亡原因、珊瑚种类、覆盖率的变化。具体内容有：活珊瑚种类及覆盖率、底质类型、硬珊瑚死亡率、珊瑚礁病害、长棘海星等敌害生物的情况和石珊瑚白化情况。

第八章 海洋工程环境影响评价应关注的问题

海洋工程环境影响评价工作应分析、评价工程建设与海洋功能区划和海洋环境保护规划的符合性，与区域和行业规划的符合性，工程建设与国家产业政策、清洁生产政策、节能减排政策、循环经济政策、集约节约用海政策等的符合性，工程选址（选线）合理性，工程平面布置和建设方案的合理性，分析评价工程建设引发的污染类、生态类环境影响的可接受性，阐明建设项目的环境可行性分析评价结论。

一、项目选址（线）与布置的环境合理性

项目选址（线）与布置的环境合理性分析是海洋工程环境影响评价中应予以关注的重要评价内容，宜在深入开展分项环境影响评价的基础上进行分析，必要时设专章进行分析论证。

项目选址、选线，顾名思义，需要有备选的项目位置、线路以及相关建设内容，项目建设内容的具体布置往往也需要进行多方案比较。因此，应首先对比选方案概况进行介绍，然后再分析不同方案与海洋功能区划、城市总体规划等相关规划以及受影响保护区管理要求的相符性，以及自然基础条件和社会条件的适宜性，最后对不同方案的优缺点进行列表对比分析，并提出综合分析结论及环评推荐方案。

从项目的选址合理性分析开始，就必须对项目涉及的环境制约因素给予判定，就海洋环境而言，要了解项目所在区域的海洋环境功能区划及环境质量控制指标，对可能涉及的环境制约因素进行调查分析。所谓环境制约因素主要包括重要的生态资源水产资源保护区，产卵场，洄游路径，近岸海滨浴场，海水增养殖区等。国家现行相关法律法规对上述区域都有严格的保护控制要求，一般情况下，若无法回避，则项目位置从环境保护角度是不适宜的。

通过对海洋工程建设项目的选址（选线）、工程平面布置方案和建设方案进行比选和优化，分析、评价其环境合理性，有助于尽可能降低工程建设对海洋环境的影响。以图 8-1 为例，某海洋工程建设前低潮时的影像显示，浅滩潮道畅通，而项目建成后低潮时的影像则显示，浅滩潮道严重淤积，项目以西的一段几乎淤死。从海洋环境保护、经济效益、工程布局优化等方面对项目区域填海方案进行多种工程设计方案的比选；新的填海规划有利于恢复原先的潮流系统，保护海洋环境、保护两大港口潜力区、提升景观、增加岸线和改善水循环，详见图 8-2。

　　再例如，某海洋工程项目方案比选后，大大减少填海面积，有效减缓了工程建设对海洋环境的影响，见图 8-3。

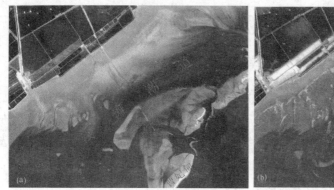

图 8-1　评价海域浅滩潮道被项目阻断前后的卫星影像对比

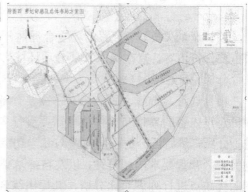

图 8-2　项目区填海规划图方案对比

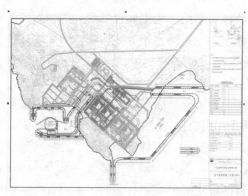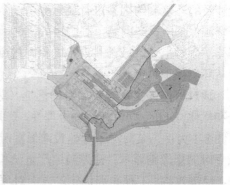

图 8-3　某海洋工程总平面图规划比选

二、与海洋功能区划和海洋环境保护规划的符合性

《海洋环境保护法》第四十七条第一款规定："海洋工程建设项目必须符合海洋功能区划、海洋环境保护规划和国家有关环境保护标准"。《防治海洋工程建设项目污染损害海洋环境管理条例》第五条规定："海洋工程的选址和建设应当符合海洋功能区划、海洋环境保护规划和国家有关环境保护标准，不得影响海洋功能区的环境质量或者损害相邻海域的功能。"

《国务院关于全国海洋功能区划的批复》指出："海洋功能区划是海域使用管理和海洋环境保护的依据，具有法定效力，必须严格执行。"海洋工程的选址和建设要符合海洋功能区划的要求，在近岸海域的还要符合近岸海域环境功能区划的要求。

建设项目的选址、类型和规模应符合现行有效的海洋功能区划和海洋环境保护规划的要求。评价工作应给出详细、准确并带有图例的海洋功能区划图、海洋环境保护规划图和相应的海洋功能区登记表等文字说明内容，明确海洋功能和环境质量的要求；分析项目建设与海洋功能区划、海洋环境保护规划等的符合性。

三、与区域和行业规划及规划环评的符合性

建设项目环境影响评价应分析该项目建设与区域和行业规划相关规划及规划环评的相符性。为此，在环境影响报告书相应章节中应设专节，说明海洋工程建设项目所在地的区域和行业规划及规划环评的开展情况，如城市总体规划、区域经济发展规划、海洋石油开发规划等，相关规划环评的详细要求及其审查批复主要意见；在环境影响报告书相关章节中应设专节说明相关规划中与本项目建设相关的规划要求，分析本项目与相关规划的相符性，包括建设项目的选址、类型和规模是否符合海洋经济发展规划、区域发展规划、城市发展规划、行业发展规划等现行有效的相关规划的内容和要求，并应详细阐明带有图件、图例的相关规划及相应的文字内容；阐述项目建设与区域和行业规划的符合性分析结果，指出可能存在的与有关规划不相协调的问题及解决建议。

在环境影响报告书的其他相关章节，特别是环境风险评价、保护区环境影响评价、环保对策等篇章，应按照相关规划环评及其批复的具体要求，逐一加以分析落实。

四、工程建设的政策符合性

应分析、评价建设项目与国家产业政策的符合性，所采用的技术措施和环境对策与清洁生产政策、节能减排政策、循环经济政策、集约节约用海政策、环境保护标准

等的符合性,给出具体的分析评价结果。

五、项目建设引发的污染、生态影响及污染防治、生态保护措施

海洋工程建设项目往往涉及对海洋水文动力环境、地形地貌与冲淤环境、水质环境与沉积物环境、生态环境和渔业资源所造成的一定的不利影响,其中围填海工程、人工岛工程、海上石油开发工程、海底管线工程、海底采砂及海上倾废工程等的影响尤为显著,有些还是长期或不可逆的。

因此,工程建设中的污染防治、生态保护与恢复对策措施是否科学、合理、适用、到位,将决定了可否能够尽可能避免和减缓对生态环境的不利影响,对于确保社会环境经济的协调可持续发展意义重大。

为此,项目业主单位、设计单位和环评单位要紧密协作,积极采用环境影响小的项目选址(线)和建设方案,合理安排施工工艺及工期,系统全面深入地分析识别直接、间接、累积影响的因子,在开展细致深入的工程分析和环境现状调查分析的基础上,按照相应的评价方法和规范,逐项定性分析不利的海洋水文动力、地形地貌与冲淤环境、水质环境、生态环境与渔业资源的影响,并定量计算环境影响范围与资源损失量;进而逐项研究制订避免和尽可能减缓影响的对策措施,例如:对不合理的选址选线提出环评替代方案,海上施工避开重要渔业资源的繁殖高峰期,水下爆破作业采用毫秒微差爆破工艺,并严格控制单段爆破炸药量等环保措施,采用等损失量生态补偿,制订增殖放流品种及放流计划,采用人工鱼礁等方式进行生态恢复补偿,对受影响保护物种要制订切实可行的保护及恢复方案等。

六、注意自然与社会环境概况调查以及清洁生产与总量控制

自然与社会环境概况为环境影响评价提供了相应的环境背景状况及基础资料,例如:气象水文地质泥沙等,对于项目建设必要性、基础环境条件及重点保护目标分析、模拟预测情景设定等均具有重要参考价值。因此,环评中要注意调查建设项目所在海域地理位置、气象条件、水文概况、地质地貌、工程地质概况、自然灾害、社会经济环境、项目所在海域渔业生产、港航资源、湿地资源与开发利用现状等,为后续评价奠定良好基础。

清洁生产与总量控制作为传统性的环境影响评价内容,随着建设"资源节约型、环境友好型"、"海洋生态文明"社会的发展进程,相应的评价要求和具体内容应进行比较显著的调整与更新,主要针对海洋工程的施工工艺及设备、废弃物处置、运行期生产环节等进行分析论述,此外还应从污染物排放总量控制、集约节约用海、能源节约和工程用水节约等节能减排环节进行分析。

七、环境风险评估

海洋工程建设项目存在较大的环境风险，如海上石油平台及其运输设施溢油事故等，环评中除应按照相关导则和法规标准的要求，开展施工期和运营期的环境风险识别、灾害性天气影响分析、污染事故风险致因分析、污染事故概率及最大可信事故源项分析、污染事故环境危害后果模拟预测与评价、风险等级和可接受程度矩阵分析等风险评估工作，在调查评估环境风险防范对策措施、应急预案及设备配备的基础上，给出风险是否可接受的明确评价结论。其中，溢油污染影响模拟预测的事故源项除应选择最大可信事故源项外，还可注意选择有代表性的溢漏因子、溢出规模进行预测，环境条件除应选择具有代表性的情境外，还应选择对环境敏感目标不利的气象条件，连续模拟预测溢油污染漂移扩散的时间应不低于 48 h，风险防范对策应包括对敏感保护目标的风险防范和保护对策。此外，还应提出环境风险应急预案的具体编制要求，以及相应的风险控制对策措施及应急处置设施设备配备要求。

八、污染类、生态类环境影响的可接受性

环评应依据环境现状、环境影响预测的结果，分析工程建设产生的污染类、生态类环境影响的性质、范围、程度，评估其环境压力和隐患，评价其环境影响的可接受性。

环评应从建设项目向海域排放的污染物种类、浓度、数量、排放方式、混合区范围，对评价海域和周边海域的海洋环境、海洋生态和生物资源、主要环境保护目标和环境敏感目标的影响性质、范围、程度，对水动力环境、地形地貌与冲淤环境不可逆影响的范围、程度，产生环境风险或环境隐患的概率、影响性质、范围。

九、公众参与

公众参与是海洋工程建设项目环境影响评价中的重点和难点之一，与陆上建设项目不同的是，其利益相关群体不一定能够在项目建设区域或附近寻找到，从而使得公众意见的调查和统计难度相应增大。为了有效解决以上问题，环评中应加强对利益相关群体以及受影响内容的分析，有的放矢地设计公众参与调查表，有针对性地发放和回收调查表，有效开展环评信息公开、环评报告简本公开以及公众意见统计分析工作。此外，各地对公众参与的内容和形式通常会有具体的指导意见，环评应严格遵守相关法规和指导意见。

第九章　典型案例

案例 A——冀东南堡油田 4 号构造 14 号和 15 号人工岛油气开发工程

一、工程概况

1. 项目概况

项目名称：冀东南堡油田 4 号构造 14 号和 15 号人工岛油气开发工程

项目性质：新建

地理位置：拟建工程位于河北省唐山市曹妃甸工业区东侧的西坑坨沙岛上，曹妃甸东北约 30 km。

建设内容：14 号、15 号人工岛、两岛之间的连接道路、邻近 14 号岛的登陆点和引桥、4 号陆岸终端以及连接陆岸终端和人工岛的海底管线。

占用海域：工程临时征用海域面积 2.68 km^2，永久征用海域面积 0.84 km^2，取砂区面积为 1.15 km^2，取砂厚度为 2～5 m。

项目总投资及工期：本工程总投资为 30.6 亿元；施工总工期为 17 个月。

2. 开发方案比选

基于油气处理、污水处理场所不同，工程总体布局方案有 3 个。

方案 1：以 15 号人工岛为集中处理站，建设油气分离、原油稳定、天然气处理、污水处理站、注水站、35 kV 变电站等设施。14 号岛为计量站，油井产出液经加热、计量后混输到 15 号岛集中处理，处理合格的原油外输到高一联；天然气输送到 1 号陆岸终端进南堡油田天然气外输管线；液化气通过液化气船拉运、稳定轻烃通过专用油轮拉运到陆岸。处理合格的污水增压后分岛回注地层。

方案 2：以 4 号终端为集中处理站，建设油气分离、原油稳定、天然气凝液处理、污水处理设施，14 号、15 号岛为计量站，在岛内分别建设注水站、35 kV 变电站。稳定原油管输至高一联；合格天然气输送至 1 号陆岸终端；液化气、稳定轻烃通过汽车外运；污水陆地处理达标后，返输至岛内，分岛回注。

方案 3：在 15 号岛内布置原油脱水、污水处理设施，14 号、15 号人工岛生产污水在 15 号岛内集中处理，达标后分岛回注。初步处理后的油气分输至 4 号终端，在 4 号终端站布置油气分离、原油稳定、天然气凝液处理设施。稳定原油管输至高一联，进高迁管线；合格天然气输送至 1 号陆岸终端进南堡油田天然气外输管线；液化气、稳定轻烃通过汽车外运。3 个方案的比较见表 9A-1。

表 9A-1　工程总体布局方案对比

方案	方案名称		优缺点对比
方案 1	15 号岛为集中处理站	优点	1. 环境影响：污水全部分岛回注，不返输，减少污染环境的概率； 2. 节约能源：原油脱水与稳定之间流程短，设备共用，利用稳后油为原油脱水提供热量，可实现能量梯级利用，节约天然气消耗量 $1.5 \times 10^4 \, m^3/d$； 3. 管理优势：油气水集中处理，生产统一管理，集中维护，公用工程共享；陆上不需其他设施
		缺点	1. 环境风险：岛内流程特别复杂，液化气、轻烃外运工具为油轮，需要专门运输工具，容易发生碰撞导致油气泄漏发生火灾爆炸，环境风险较大； 2. 投资费用：管理成本高，管理难度大
方案 2	陆地建设集中处理站	优点	1. 环境影响：污水全部回注，降低了对环境的影响； 2. 节约能源：原油脱水与稳定之间流程短，设备共用，利用稳后油为原油脱水提供热量，可实现能量梯级利用，节约天然气消耗量 $1.5 \times 10^4 \, m^3/d$； 3. 管理优势：油气水集中处理，生产统一管理，集中维护，公用工程共享；海上流程最简单，管理最方便
		缺点	1. 投资费用：污水在岛内和终端站大规模返输，平均每年污水返输运行成本高达 1 168.3 万元； 2. 环境影响：需要建设海底管线进行污水输送，有可能管线破裂污染环境
方案 3	岛内污水处理、陆地油气集中处理站	优点	1. 环境影响：污水处理后全部分岛回注，减少污染环境的概率； 2. 投资费用：污水处理与注水流程短，处理后污水，无须返输；不需建海底污水返输管线，大大减少费用投入； 3. 环境风险：岛内流程简单，设备较少，油气均为管线输送，减少船舶碰撞导致火灾爆炸事故，环境风险较小
		缺点	原油脱水与稳定之间，热量难以接替利用

　　由于 14 号、15 号人工岛距离陆上较远，在岛上建脱水站、污水处理站、海水处理站、原油稳定站、天然气处理站，液化气运输码头等，使岛上流程复杂化，环境风险发生环节增多，管理难度也增大。原油脱水、污水处理和海水处理过程中各种药剂

的运输、人员的运输、污水处理产生的含油污泥的运输都降低了海上生产的可操作性。另外，设备多，人员多，使人工岛抗灾害风险能力，应对突发事件如火灾、地震、事故等能力明显降低。

因此，综合考虑环境影响保护、环境风险、日常管理、投资估算等因素，选择方案3。该方案原油就地脱水，污水就地处理，海上处理流程相对简单，管理点少，生产管理相对集中。在油田开发全过程中，污水全部回注，从环境保护和环境风险的角度来看，海上流程简单，设备少，潜在污染释放源少。

3. 工程组成及规模

根据南堡油田开发方案比选结果，为满足4号构造油藏开发需要，拟在西坑坨及其北侧高滩分别布置14号、15号人工岛，两岛之间采用路堤连接，14号人工岛南侧布置有登岛点码头，之间用引桥、引堤与人工岛连接。工程位置图见图9A-1，工程总平面布置图见图9A-2，钻完井期间拟布置600口井进行滩海油田开发，其中400口井作为开发井，200口井作为调整井。此外还需要建设4号构造陆岸终端1座，铺设连接陆岸终端和人工岛的海底管线。具体工程内容如表9A-2和表9A-3，4号构造集输管网见图9A-3。

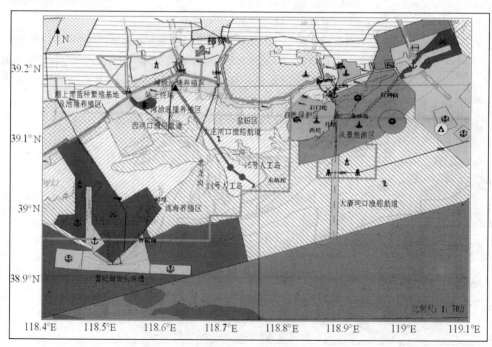

图 9A-1　工程位置

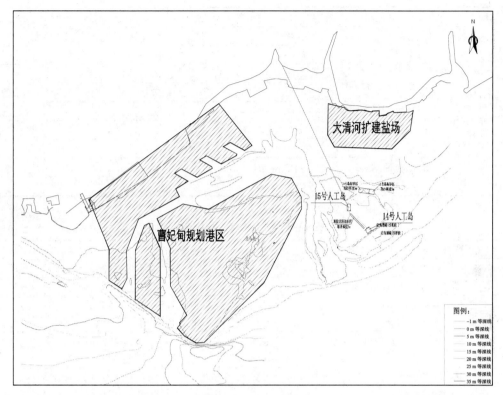

图 9A-2 工程平面布置

表 9A-2 整体工程组成

类别	设施名称		规模	备注
主体工程	14 号人工岛		平面尺度为 340 m×224 m	造地面积为 0.074 5 km²
	15 号人工岛		平面尺度为 521 m×283 m	造地面积为 0.136 km²
	连岛道路堤		长 2.252 km，宽 12.5 m	
	登岛点码头		2 000 t 级	
	登岛点与 14 号人工岛之间的进岛通道		总长 2.378 km	其中引堤长 1.207 km，引桥长 1.171 km，顶宽 8 m
	15 号岛—4 号终端海底管线		总长度约 15 km	包括输油管线、输气管线和输水管线及两条电缆线
	陆岸终端		平面尺度为 450 m×365 m	占地面积为 0.165 km²
配套工程	14 号人工岛	计量站	井口槽	6 个
			计量橇块	3 套
			水套加热炉 2 500 kW	2 套
			配水阀组	6 套
		注水站	0.432×10⁴ m³/d	1 座
		变电站	35 kV	1 座
		生活污水处理站	一体化装置	1 套

类别		设施名称	规模	备注
配套工程	15号人工岛	计量站	井口槽	6个（每个50口）
			计量橇块	3套
			水套加热炉 2 500 kW	2套
			配水阀组	6套
		原油脱水站	300×10⁴ t/a	1座
		污水处理站	3.0×10⁴ m³/d	1座
		注水站	2.788×10⁴ m³/d	1座
		海水处理站	1.8×10⁴ m³/d	1座
		变电站	35 kV	1座

表 9A-3　陆上终端工程组成

序号	类别	设施名称	单位	规模	备注
1	生产装置	原油稳定装置	10⁴ t/a	300	占地 21 140 m²
		天然气凝液回收装置	10⁴ m³/d	180	占地 13 043 m²
2	储运工程	原油储罐区	m³（总罐容）	50 000	占地 16 525 m²
		液化气储罐区	m³（总罐容）	4 000	占地 11 159 m²
		轻油储罐及原油外输泵房区	m³（总罐容）	10 000	占地 14 492 m²
		装车区	鹤位（台）	6	占地 16 977 m²
		输油管线	km	0.8	管线走向为柳21至陆上终端，穿越土堤/土路2处。管道结构和保温与海底管道一致，需钢材 100 t
		输水管线	km	0.8	
		输气管线	km	0.8	
		电缆（两根）	km	0.8	
3	公用工程	消防站	L/s	30	占地 10 044 m²
		变电所	套	1	占地 10 044 m²
		自控系统	套	2	SCADA 系统和 DCS 系统
		通信系统	套	2	油气处理区通信系统和 110 kV 变电站通信系统
		供热和暖通			占地 8 997 m²
		防腐系统	套	4	阴极保护系统
4	环保工程	放空火炬	根	2	高压放空火炬 1 根，低压放空火炬 1 根，占地 1 600 m²
		雨水收集池	m³（容积）	5 000	初期雨水收集
		消声装置			隔声、消声装置
		一体化生活污水处理装置			化粪池等设施对污水进行收集
		工艺污水收集罐		ϕ36 mm×14 800 mm	收集工艺中分离出的含油污水
5	辅助设施	办公楼、道路和绿化等			绿化面积 10%

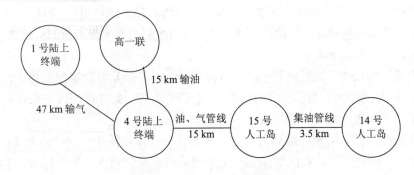

图 9A-3　4 号构造集输管网图

4．点评

大型海洋工程建设项目须进行项目选址的比选和环境优化，在拟选地址、建设规模、工程总体布置、工程主要结构和尺度等方面，以环境影响的方式、范围、程度，对周边海洋生态和海洋功能的影响，环境风险等为比选要素，以环境质量标准为判据，进行多方案比选和环境优化。

本案例中优化了工程总体布置和人工岛位置、面积，优化了取砂区位置、面积。优化后的人工岛和取砂区面积减少了 50% 以上，填海工程量减少了约 40%；按照比选后采用的连岛路堤方案，增加了 4 处连岛路堤的过水涵洞。优化后的工程总体布置方案较原工程方案减轻了环境压力，改善了水流条件，减少了对二沟、老龙沟深槽影响稳定性的风险。经过比选后的工程建设方案的总体布局基本体现了集约、节约用海和人工岛建设的用海政策，也充分体现了海洋工程环评工作的意义和作用。

值得指出的是，本案例细化 14 号人工岛至 15 号人工岛之间连岛路堤和连岛栈桥的方案比选的具体内容，详细分析连岛栈桥的施工难易、技术方法和预期冲淤后果、废弃期的处置与影响等内容，充分论证选择连岛路堤的理由和可行性。依据 14 号、15 号人工岛附近的水深和地形地貌条件，若采用连岛栈桥方案需开挖深度大于 4 m 以上的施工航道，对海洋生态环境的影响较大，投资大量增加，而建成后对周边水文条件的影响并不明显优于连岛路堤方案。评审组专家认为推荐的连岛路堤方案技术经济指标较优并具有环境可行性。

二、工程分析

本项目主要污染物来自建设阶段和生产阶段。

1．建设阶段

建设阶段产污环节见图 9A-4。本工程建设阶段主要包括：两个人工岛及连接路堤的建设、引桥和码头的建设、海底管线的铺设、取砂区作业、陆上终端的建设等。

钻井过程中，将排放钻井泥浆、钻屑、生活污水和生活垃圾等。

人工岛吹填过程中，吹填将产生悬浮沙，绞吸挖泥船将产生少量的机舱含油污水、生活污水、生活垃圾等。

海上设施的安装、调试过程中，将有浮吊船、铺管船及驳船等参加作业，这些船舶将产生少量的机舱含油污水、生活污水、生活垃圾等。此外在工程安装过程中还将产生金属切割的边角料等工业垃圾。

海底管线铺设采用预挖沟和后挖沟方式结合进行，将挖起一定量的海底沉积物，形成悬浮沙，同时参与作业的船舶将产生少量的机舱含油污水、生活污水、生活垃圾等。同时，引桥施工采用预挖航道的方法进行，将产生悬浮沙，作业挖泥船产生的污染物与管线铺设类似。

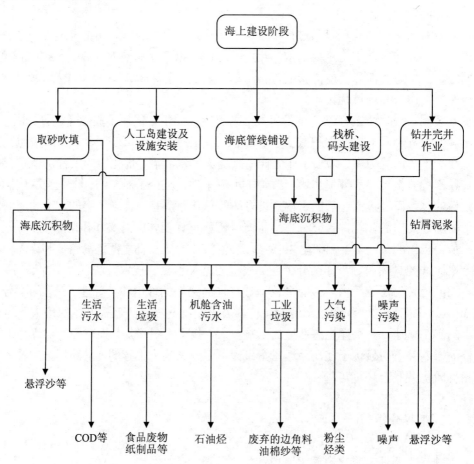

图 9A-4　海上建设阶段产污环节

本工程建设阶段污染物产生量汇总见表 9A-4。

表 9A-4　建设阶段污染物产生量

阶段	污染源	产生量	污染因子	排放速率或浓度	处理方式和去向
人工岛建设	悬浮沙	挖泥 96 422 t 溢流口 3 456 t	SS	挖泥 3.72 kg/s 溢流口 0.07 kg/s	在人工岛周围海区自然沉降
	机舱含油污水	450 m³	石油类	0	回收统一处理
	生活污水	1 350 m³	大肠菌群、BOD₅、SS、COD	3 m³/d	处理达标后排海
	生活废水	7 200 m³	BOD₅、SS、COD	16 m³/d	
	生活垃圾	67.5 t	食品固体废弃物	150 kg/d	环卫部门接收统一处理
连接路堤建设	悬浮沙	挖泥 4 008 t 溢流口 138 t	SS	挖泥 1.16 kg/s 溢流口 0.04 kg/s	在路堤周围海区自然沉降
	机舱含油污水	60 m³	石油类	0	回收统一处理
	生活污水	90 m³	大肠菌群、BOD₅、SS、COD	1.5 m³/d	处理达标后排海
	生活废水	480 m³	BOD₅、SS、COD	8 m³/d	
	生活垃圾	4.5 t	食品固体废弃物	75 kg/d	环卫部门接收统一处理
码头及引桥建设	悬浮沙	挖泥 2 004 t 溢流口 69 t	SS	挖泥 1.16 kg/s 溢流口 0.02 kg/s	在路堤周围海区自然沉降
	机舱含油污水	2 250 m³	石油类	0	回收统一处理
	生活污水	1 080 m³	大肠菌群、BOD₅、SS、COD	2.4 m³/d	经处理达标后排海
	生活废水	5 760 m³	BOD₅、SS、COD	12.8 m³/d	
	生活垃圾	54 t	食品固体废弃物	120 kg/d	环卫部门接收统一处理
海底管线铺设	悬浮沙	4.57×10⁵ m³	SS	15 000 m³/d	连续排海
	机舱含油污水	300 m³	石油类	0	回收统一处理
	生活污水	583.2 m³	大肠菌群、BOD₅、SS、COD	4.86 m³/d	经处理后达标排海
	生活废水	3 110.4 m³	BOD₅、SS、COD	25.92 m³/d	运回陆地处理
	工业垃圾	15 t	废材料、棉纱等	—	运回陆地处理
	生活垃圾	29.2 t	食品固体废弃物	—	环卫部门接收统一处理
钻完井阶段	钻屑（不含油）	131 623 m³	SS	20.4 m³/d	间歇排海
	钻屑（含油）	15 376 m³	—		运回陆地处理
	泥浆（不含油）	12 960 m³	SS	22.5 m³/h	循环使用，废泥浆排海
	泥浆（含油）	540 m³	—		运回陆地处理
	机舱含油污水	1.5 m³/月	石油类	0	回收统一处理
	洗井废液	4 800 m³			运回陆地处理
	工业垃圾	300 t	废旧器材	—	运回陆地处理

阶段	污染源	产生量	污染因子	排放速率或浓度	处理方式和去向
钻完井阶段	生活污水	5 400 m³	大肠菌群、BOD₅、SS、COD	5.4 m³/d	岛上处理达标后排海
	生活废水	288 000 m³	BOD₅、SS、COD	28.8 m³/d	
	固废	工业垃圾 300 t、生活垃圾 2 700 t			运回陆地处理
陆上终端建设	含油污水	1 050 m³	石油类	5 m³/d	收集处理后回注
	生活污（废）水	3 150 m³	大肠菌群、BOD₅、SS、COD	15 m³/d	
	废气	0.12～0.78 mg/m³	TSP	0.12～0.78 mg/m³	周围大气环境
	生活垃圾	8 400 kg	食品固体废弃物	40 kg/d	环卫部门处理

2．生产阶段

生产阶段人工岛的产污环节及污染物种类分析见图 9A-5。生产阶段所有含油生产污水处理后回注地层，无含油污水外排。人工岛油井的修井作业将产生少量的修井废液，废液将回收运回陆上处理。

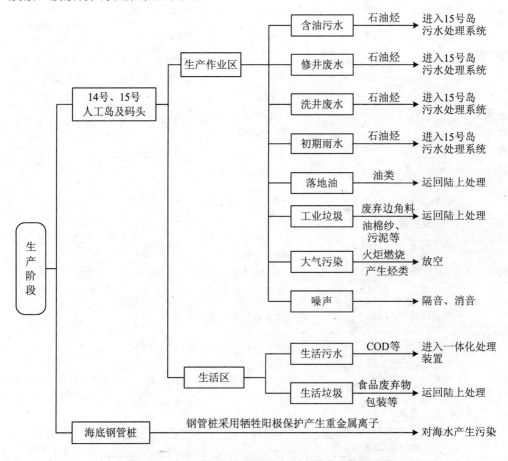

图 9A-5　海上工程生产阶段的产污环节及污染物种类

在油气分离出现非正常工况时，有一定量的天然气放空及少量的分离废液。

参加生产作业的船舶和人员还将产生少量的生活污水、生活垃圾及少量的工业垃圾。另外，海底管线建成采用水压试验，试验废水进终端站附近柳南污水处理站。在非正常工况下，含油生产水经处理后无法回注时，生产污水将短期通过海底管线送入柳南污水处理厂进行处理。

本项目，海上工程生产阶段污染物源强汇总见表 9A-5。

表 9A-5　海上工程生产阶段污染物排放

产污环节	污染物	产生量	排放速率	主要污染因子	排放方式
采油排污	修井废液	$8\ 000\ m^3$	$220\ m^3/a$	石油烃、酸等	人工岛污水系统处理后回注
	油层产出水	$9.04\times10^6\ m^3/a$	$2.74\times10^4\ m^3/d$	石油烃	
船舶排污	机舱含油污水	$11\ m^3/a$	$0.5\ m^3/d$	石油烃	运回陆地处理
	生活污水（黑水）	$66\ m^3/a$	$3\ m^3/d$	COD、BOD_5、大肠菌群、SS	达标间断排放
	生活废水（灰水）	$352\ m^3/a$	$16\ m^3/d$	COD、BOD_5、SS	
	生活垃圾	$3.3\ t/a$	$150\ kg/d$	食品废弃物、包装物	环卫部门接纳处理
人工岛排污	冲洗废水	$448.8\ m^3/a$	$9.35\ m^3/次$	石油类、悬浮物	处理后回注地层
	初期雨水	$4\ 199.7\ m^3/次$	$210\ m^3/min$	石油烃	增设收集系统，经污处理后回注
	生活污水（黑水）	$534.6\ m^3/a$	$1.62\ m^3/d$	COD、BOD_5、大肠菌群、SS	达标间断排放
	生活废水（灰水）	$2\ 851.2\ m^3/a$	$8.64\ m^3/d$	COD、BOD_5、SS	
	生活垃圾	$17.82\ t/a$	$54\ kg/d$	食品废弃物、包装物	环卫部门接纳处理
	含油污泥（HW08）	$680\ t/a$	$2.1\ t/d$	石油类	运回陆地处理
	落地油（HW08）	$220\ t/a$	$0.67\ t/d$	石油类	
其他排污	工业垃圾	$200\ t/a$	$606\ kg/d$	边角料、油渣、油棉纱等	运回陆地处理

工程陆上终端生产阶段污染物产生量汇总见表 9A-6。

表 9A-6　陆上终端生产阶段污染物排放量核算

项目		产生量	削减量		排放量
			环保设施削减量	最终处置削减量	
废气	废气量/（m^3/a）	5.96×10^8	0	0	5.96×10^8
	SO_2/（t/a）	6.82×10^{-3}	0	0	6.82×10^{-3}
	NO_x/（t/a）	116.42	0	0	116.42
	烟尘/（t/a）	9.66	0	0	9.66
	NMHC/（t/a）	295.82	0	0	295.82

项　目		产生量	削减量		排放量
			环保设施削减量	最终处置削减量	
废水	废水量/（t/a）	43 787.84	0	43 787.84	0
	COD$_{Cr}$/（t/a）	37.69	0	37.69	0
	石油类/（t/a）	24.53	0	24.53	0
	氨氮/（t/a）	0.36	0	0.36	0
固废	分子筛填料/（t/a）	4.7	0	4.7	0
	油泥/（t/a）	6	0	6	0
	生活垃圾/（t/a）	26.4	0	26.4	0

3. 点评

海洋工程分析得到的环境影响内容及其主要表现形式，一般应包括工程分析给出的全部内容。

案例中建设阶段和生产阶段的产污环节介绍清楚，工程污染源强较为完整、清晰。

三、环境现状

1. 自然环境和社会环境概况（略）

2. 环境质量现状

（1）海洋现状调查

于 2007 年 4 月（春季）和 7 月（夏季）分两次对本工程海域进行了现场调查。工程区附近海域共布设 20 个环境现状调查站位，其中水质调查站位 20 个，沉积物和生物调查站位各 12 个站，海流调查站位 3 个，分别进行水质、沉积物、海洋生物一次取样分析及海流实测，在 7 月进行了高、低潮取样对比分析。潮间带设置了 3 条断面，调查时间与水质调查同步，调查站位在潮间带设三条断面（高、中、低潮带各一条）取样。

①水质调查因子包括 pH、盐度、溶解氧、悬浮物、化学耗氧量、石油类、活性磷酸盐、无机氮（硝酸盐氮、亚硝酸盐氮、铵氮）、挥发酚、铜、铅、锌、镉、总汞、总铬、砷、硫化物。

②沉积物调查因子包括硫化物、有机碳、油类、铜、铅、锌、镉、总汞、铬。

③海洋生物质量调查采集鱼、虾、贝、螺四种生物样品，按规范方法对各类生物体中铅、镉、铬、铜、锌、汞的含量进行分析。

（2）海洋水文动力环境

本章节资料主要依据 2006 年 7 月在工程海域设立 6 个测流点，大、小潮期海流观测资料；2007 年 8 月在工程海域设立 3 个测流点，小潮期海流观测资料。调查方法按照《海洋调查规范》中的相关要求进行。调查内容包括海流、潮流和余流。

（3）地形地貌与冲淤环境

本章节资料引用 2007 年 11 月《冀东南堡油田 4 号构造 14、15 号人工岛物理模型试验研究》报告的历史资料。调查了工程海域泥沙特点、工程区滩槽稳定性及近年的冲淤变化情况。

（4）海洋生态环境

调查分别于 2007 年 4 月下旬和 2007 年 7 月底进行，调查内容包括叶绿素 a、浮游植物、浮游动物、底栖生物和潮间带生物几个方面。

（5）渔业资源状况

根据近年来（1998—2006 年）有关研究单位对渤海海域所进行的渔业资源调查资料，给出了评价海域的鱼类、头足类及甲壳类的资源状况和产卵场分布。

（6）陆上终端环境现状调查（略）

3．点评

本案例对工程附近海域水质和海洋生态开展了两季调查，对水动力和沉积物开展一个潮期调查，并收集了水动力和地形地貌冲淤环境专题调查成果，调查站位、调查因子、调查频次布设合理，调查方法符合规范要求，为科学评价油田开发建设对海洋环境影响提供了基础依据。

报告对工程附近海域渔业资源仅收集了历史调查成果，未专门针对工程特征开展渔业资源调查，略有不足。

四、环境影响识别和评价因子筛选

1．环境影响识别

（1）污染环境影响要素识别（海上环境）

本工程在建设岛基、连岛路、采砂和管线挖掘工程时，导致悬浮泥沙浓度增高，会对海水水质和海洋生物造成危害；在钻井及生产期非含油钻屑和泥浆排海对底栖生物等造成损害；生产期含油生产废水经过污水处理厂处理后回注地层不外排，船舶含油污水全部运回陆地处理，生活污水经一体式生物膜处理装置处理后达到《海洋石油勘探开发污染物排放浓度限值》（GB 4914—2008）一级标准后外排。环境风险事故状态下的油气泄漏可能会对海水水质和海洋生物等造成危害。具体环境影响要素识别见表 9A-7。

表 9A-7　海上污染环境影响要素识别

开发阶段	污染物	主要污染因子	排放方式	影响对象	影响程度
建设阶段	机舱含油污水	石油烃	运回陆地处理	—	无
	生活污水（黑水）	COD、BOD$_5$、大肠菌群、SS	生活污水处理装置处理后达标间断排放	海水	小
	生活废水（灰水）	COD、BOD$_5$、SS		海水	小
	生活垃圾	食品废弃物、包装物	运回陆地处理	—	无
	工业垃圾	边角料、油渣、油棉纱等	运回陆地处理	—	无
	铺管作业、人工岛、连岛路建设和取沙作业悬浮沙	悬浮沙	连续排放	海水、生物	大
	钻屑（含油）	悬浮沙、石油烃	运回陆地处理	—	无
	钻屑（不含油）	悬浮沙	间断点源排放	底栖生物	无
	泥浆（含油）	悬浮沙、石油烃	运回陆地处理	—	无
	泥浆（不含油）	悬浮沙	间断点源排放	海水	中
	洗井废液	石油烃、酸等	运回陆地处理	—	无
生产阶段	天然气分离废液	石油烃	运回陆地处理	—	无
	机舱含油污水	石油烃	运回陆地处理	—	无
	生活污水（黑水）	COD、BOD$_5$、大肠菌群、SS	达标间断排放	海水	小
	生活废水（灰水）	COD、BOD$_5$、SS	达标间断排放	海水	小
	生活垃圾	食品废弃物、包装物	运回陆地处理	—	无
	工业垃圾	污水处理厂污泥、落地油、边角料、油渣、油棉纱等	运回陆地处理或综合利用	—	无
	初期雨水	石油烃	处理后回注地层	—	无
	修井废液	石油烃、酸等	运回陆地处理	—	无
	生产废水（非正常工况）	石油类等	送回陆上处理后回注地层	—	无

（2）非污染环境影响要素识别（海上环境）

由于填海和人工岛建设引起的水文动力、海域生态等非污染环境影响要素识别见表 9A-8。

表 9A-8 海上非污染环境影响要素识别

开发阶段	工程行为	影响方式	影响性质	影响对象	影响程度
建设阶段	钻完井	非含油泥浆钻屑排放覆盖海床	间断点源排放	沉积物环境	中
	人工岛等建设、海管铺设	占用海域	永久占用	海洋生态环境	中
生产阶段	项目运营，人工岛、连岛路等设置	改变水文动力和冲淤方向及潮汐通道	永久、长期影响	二沟、曹妃甸甸头、老龙沟	大
	人工岛、路堤、码头存在和钻具等的架设	改变项目附近浅滩局部景观	长期	东、西坑坨浅滩局部景观	小

（3）陆上终端环境要素识别（略）

2. 评价因子筛选

（1）海洋环境质量现状评价因子

根据本项目污染物排放特征，拟建项目所在地区环境特征、《环境影响评价技术导则》的有关要求，确定本项目环境评价因子见表 9A-9。

表 9A-9 建设项目环境评价因子

序号	工作内容		评价因子
1	水环境	现状监测与评价	水质：pH、DO、COD、石油类、无机氮、挥发酚、活性磷酸盐、硫化物、铜、铅、锌、镉、铬、汞 沉积物：有机碳、硫化物、石油类、铜、铅、镉、锌、汞、总铬
2	海洋生态	现状监测与评价	叶绿素 a、初级生产力、浮游植物、浮游动物、底栖生物、生物质量（铅、镉、铬、铜、锌、汞）、渔业状况
3	环境空气	环境影响分析	SO_2、NO_2、TSP、PM_{10}、NMHC
4	环境风险	风险预测与评价	石油等

（2）海洋环境影响预测因子

根据海域周围环境的复杂性和工程自身特点，选取以下内容进行预测分析：人工岛建设前后的潮流形态和泥沙冲淤，人工岛吹填和海管理设产生的悬浮沙，钻井作业期外排泥浆和钻屑、发生事故时的海面溢油等，详见表 9A-10。

表 9A-10   建设项目环境预测因子

序号	预测内容	预测因子	影响对象
1	水动力环境	人工岛、连岛路堤、引堤及取砂区、码头引桥引起水动力环境改变	老龙沟、二沟潮、曹妃甸甸头深槽汐通道、东西坑坨、取砂区内流速及流向变化
2	地形地貌与泥沙冲淤环境	人工岛、连岛路堤、引堤及取砂区，引起泥沙冲淤环境改变	老龙沟、曹妃甸甸头深槽、二沟潮汐通道，东西坑坨、取砂区内工程前后水深地形变化；岸滩的稳定性分析
3	海洋水质环境	岛体吹填、取砂区取砂、码头引桥建设、海管铺设、钻屑泥浆排放产生的悬浮沙	项目附近海域水质环境
4	海洋沉积物环境	水工建设后改变泥沙冲淤环境以及岛体取砂吹填、码头引桥建设、海管铺设、钻屑泥浆的排放	项目永久用海和临时用海区的局部沉积环境
5	海洋生态环境与渔业资源	人工岛及进岛路吹填、取砂区、码头引桥建设、海管铺设、钻屑泥浆的排放	悬浮泥沙对周围海域生物和水产养殖可能产生影响
6	自然保护区以及其他敏感目标附近环境	环境风险事故下的溢油	自然保护区以及其他保护目标周围的水环境和海洋生态环境

（3）陆上环境质量现状评价因子（略）

（4）陆上环境影响预测因子（略）

3. 评价内容与评价重点

（1）评价内容

根据项目和环境特点，确定本次环境影响评价的评价内容主要为：人工岛建设等海上施工及油田开发正常生产过程中产生的各种污染物对环境的影响评价；对海床稳定性的影响；对海底沉积物的环境影响评价；对海洋生态的环境影响评价以及潜在的事故性溢油对海洋生态和渔业资源的影响评价以及陆上终端的建设、运营及风险状态下对环境空气、水环境、声环境等的影响。

（2）评价重点

①建设阶段。

人工岛建设与海底管道铺设等所搅起的海底泥沙对项目附近海水水质、底质、底栖生物、渔业资源及海洋生态环境的影响。

钻井泥浆与钻屑排放对开发工程设施周围海水水质、底质、底栖生物、渔业资源及海洋生态的影响。

建设阶段环保措施与生态保护措施分析。

②生产阶段。

钻井、油气输送等过程的清洁生产和节能减排措施的分析。

人工岛、陆上终端等正常生产过程中环保措施分析。

人工岛、连岛路及路堤建设对海洋潮流形态和冲淤环境的影响。

③事故风险阶段。

码头、管道溢油事故风险分析及防治对策。

4. 评价范围

（1）正常生产情况下评价范围

①海洋现状评价范围。

根据"海洋监测规范"及《海洋工程环境影响评价技术导则》（GB/T 19485—2004），并参照以往同类海上油气开发工程项目评价范围，确定本次海洋环境质量现状调查评价范围为以人工岛连接道路中心为中心，向海延伸 10 km，向岸延伸至陆地，顺岸两侧 20～23 km，约 300 km² 海域。具体评价范围区域四周点坐标见表 9A-11。

表 9A-11　环境质量现状评价范围界址点坐标

界址点	经度（E）	纬度（N）
A	118.623°	39.161°
B	118.625°	38.960°
C	118.856°	38.990°
D	118.887°	39.165°

②海洋环境影响预测及海洋生态评价区域。

依据相似工程污染物扩散、漂移范围一般不超过距排放点 4～5 km 距离，因此影响评价区域同现状评价范围。

③陆上环境评价范围（略）。

（2）事故情况下评价范围

①事故溢油情况下海洋环境影响评价范围。

溢油的影响范围取决于溢油漂移的速度和应急反应时间及处理效果。根据该海区以往同类工程溢油漂移数值预测结果，溢油漂移的速率在 2 km/h 左右，并考虑到溢油应急反应时间以及海上应急作业时间，则可取距工程设施 15 km 范围作为溢油事故对海洋环境影响的重点评价范围。

②陆上终端风险评价范围（略）。

5. 评价工作等级

（1）海洋环境

本项目新建两个人工岛、连岛路、引桥、码头、海底管线和陆上终端。项目与石臼坨诸岛省级自然保护区最近距离为 8.7 km，周围还有海水养殖场、盐田区等生态敏感目标，施工阶段的钻井泥浆排放和铺管作业搅起的悬浮沙会对工程附近海域生态环境产生一定的影响，因此，参照《海洋工程环境影响评价技术导则》（GB/T 19485—2004）的评价工作等级的划分标准，本工程的水动力环境影响评价、地质地貌与冲淤环境影响评价、水质环境影响评价、沉积物环境影响评价和海洋生态评价工作等级均定为 1 级，详见表 9A-12。

在生产阶段，有可能发生管道溢油，同时，本项目码头将承担设备和人员上下人工岛的功能，运输船舶停靠转运功能，船舶可能发生碰撞溢油事故，同时项目距离环境敏感区较近，因此根据《建设项目环境风险评价技术导则》的要求，风险评价等级定为 1 级。

表 9A-12　　海洋环境评价等级判定

工程类型	本工程规模	工程所在海域和生态环境类型	单项海洋环境影响评价等级				
			水文动力环境	水质环境	沉积物环境	生态环境	风险评价
海上人工岛	所有规模	生态环境敏感区	1	1	1	1	一级

（2）陆上环境（略）

6. 环境敏感区与环境保护目标

（1）污染控制目标

①海上工程。

冀东油田 4 号构造开发工程海上部分污染控制目标是确保油田开发工程投产后，所有工程设施上的各种污染物均能有效处置，将环境影响降到最低。根据有关标准及工程所在海域海洋环境功能区划，污染控制目标要求如下：

钻井泥浆和钻屑：钻井过程中向海水中排放的水基泥浆和钻屑，其生物毒性允许值不低于《海洋石油开发污染物生物毒性分级》（GB 18420.1—2009）中的限值。

铺管作业：通过采用先进铺管技术和合理选择铺管施工期，尽量减轻或避免铺管作业对海洋生物资源和海洋生态环境的影响。

含油废水：污水处理站处理后回注地层。

固体废弃物：除食品废弃物外，一切工业和生活垃圾将全部运回陆地处理。

油气泄漏：采取合理有效的防范措施，尽可能避免油气泄漏事故的发生。

②陆上终端（略）。

（2）环境保护目标

①海洋环境。

工程正常作业下的环境保护目标为工程周围海水水质，海洋沉积物质量、海洋生物质量，主要依据《海水水质标准》（GB 3097—1997）、《中华人民共和国海洋沉积物质量》（GB 18668—2002）、《海洋生物质量》（GB 18421—2001）的要求，所排放的污染物确保不影响邻近功能区的水质、沉积物、海洋生物；本项目海洋工程引起的水动力环境、泥沙冲淤环境变化可能对曹妃甸甸头深槽、老龙沟和二沟等潮汐通道以及潮滩的稳定性产生非污染性影响，因此工程周围海域的地形地貌亦作为本项目的环境保护目标。

工程区域位于滩涂养殖区内，周围海域为浅海养殖区等，工程建设主要环境保护敏感目标包括工程海域周围的滩涂和浅海水产养殖区、池塘养殖取水区、大清河盐场、自然保护区及附近航道等。风险溢油情况下的环境敏感目标为油田周围的海洋捕捞区、渔业资源、海洋生态及乐亭石臼坨诸岛省级自然保护区等。

本项目的主要环境敏感目标详见表 9A-13。

表 9A-13　主要海洋环境敏感目标

环境保护目标	方位	距离	现状
潮上带苗种繁殖基地及池塘养殖区	北	距离人工岛 22 km，最近距离海底管线 3 km	苗种繁殖和工程化养殖及部分潮上带养殖池塘
滩涂池塘养殖区	北	距离人工岛 14 km，海底管线穿越	养殖池塘及未利用滩涂
滩涂底播养殖区	工程区北侧及所在浅滩	最近约 10 km	滩涂贝类养殖及未利用滩涂
浅海养殖区	工程所在浅滩周围海域	最近约 3 km	捕捞
捕捞区	南	8～9 km	捕捞
大清河盐场	北侧沿岸	最近约离海底管线 1 km	盐田及滩涂
乐亭石臼坨诸岛省级自然保护区	东北	最近为 8.7～10 km	省级自然保护区
曹妃甸甸头深槽	西南侧	25 km	潮汐通道
二沟	北侧	2.9 km	潮汐通道
老龙沟	西侧	3 km	潮汐通道
大清河口航道	东侧	14 km	渔船航道
西河口航道	西北侧	13 km	渔船航道
大庄河口航道	西北侧	7 km	渔船航道

②陆上环境（略）。

7. 点评

本案例根据总体开发方案，按照《海洋工程环境影响评价技术导则》（GB/T 19485—2004）和《建设项目环境风险评价技术导则》要求，环境影响和评价因子识别基本全面，评价等级的判定准确，评价范围划定合理。根据本油田开发工程特征和所在海域环境特征，评价重点较突出。环境保护目标明确。

五、环境影响预测

本项目涉及工程内容较多，人工岛及连岛路堤建设、取砂区取砂、码头引桥建设以及海底管线铺设等工程对周围环境的非污染和污染影响是多方面的，尤其是对周围水动力环境、地形地貌环境、生态环境会带来不同程度的影响。

1. 水文动力环境影响

水文动力环境影响采用二维潮流运动模型进行预测。

（1）预测情景

①计算组合 1：曹妃甸规划前。

②计算组合 2（工程前）：曹妃甸按 2006 年 10 月规划实施完成+大清河盐场扩建工程完成。

③计算组合 3（本工程后）：曹妃甸按 2006 年 10 月规划实施完成+大清河盐场扩建工程完成+本工程，取砂。

（2）评价结果

①4 号构造平面调整后，工程对流场的影响主要在人工岛及进海路附近，对曹妃甸甸头、老龙沟深槽流场基本没有影响。

②工程后人工岛迎流面潜堤头部流速有所增加，总的来说人工岛周围流速量值不大。14 号岛位于蛤坨高滩之上，部分区域不过水，岛周流速较小，最大涨急流速 0.3 m/s 左右，落急流速在 0.1 m/s 以下；15 号岛周最大流速 0.6 m/s 左右。

③14 号岛周围最大涨急流速 0.2 m/s 左右，落急流速在 0.1 m/s 左右，15 号岛周最大流速 0.7 m/s 左右。14 号岛进岛通道引堤段使岛南侧流速有较大幅度减小，不过由于引堤位于高滩边缘，其外为开阔海域，引堤头部的绕流流速增加并不多，工程后涨落急流速分别为 0.7 m/s 和 0.45 m/s，较工程前分别增加 0.08 m/s 和 0.02 m/s。

④工程取砂区对曹妃甸甸头深槽没有影响，流速变化主要在各取砂区附近。推荐方案的 14 号岛与 15 号岛取砂区位于二龙沟深槽边缘，取砂后二龙沟局部断面加大，取砂区北侧深槽流速略有减小，其余区段流速变化不大。两岛连接堤的取砂区北侧头部流速增加较多，涨急流速最大增加了 0.75 m/s，局部流速达到 1.0 m/s。

（3）点评

评价海域水文动力环境较敏感，邻近的海洋开发活动较多，已规划有曹妃甸填海工程、大清河盐场扩建工程等，工程与周边的其他已建和拟建项目可能存在着环境影响叠加效应。本案例中，设置了多个预测情景，运用数值模拟法，评价人工岛及进岛通道工程对曹妃甸浅滩流场、曹妃甸深槽流场以及对整体河势岸滩的影响，评价了对曹妃甸甸头深槽、老龙沟和二沟等潮流通道的影响。评价思路合理，评价内容较全面，评价结论依据较为可信，同类项目评价工作中可参考借鉴。

2．冲淤环境影响（略）

3．水质环境影响

（1）悬浮泥沙

工程施工产生的悬浮泥沙随流输运扩散采用二维全流悬沙模式计算。对溢流口悬浮泥沙影响、管线铺设悬浮泥沙影响、人工岛吹填和连岛路堤吹填工程取砂的悬浮泥沙影响、泥浆钻屑悬浮泥沙影响进行了预测。

14 号人工岛溢流口设置拟设置西边，溢流口悬浮泥沙浓度增量 10 mg/L 的等值线的最大扩散距离为 80 m，影响面积为 0.015 km^2。

15 号人工岛溢流口拟设置在西南角，溢流口悬浮泥沙浓度增量 10 mg/L 的等值线的最大扩散距离为 100 m，影响面积为 0.014 km^2。

海底管线铺设悬浮沙扩散增量浓度超过 10 mg/L 的面积 33.59 km^2，最大影响距离 1 870 m，超三类面积 7.93 km^2，最大影响距离 550 m，超四类面积 5.57 km^2，最大影响距离 130 m。由于该海域沉积物粒径较粗，水深浅，只有高潮前 2～3 h 有水，水中悬浮物沉降速度快，悬浮沙停止排放后，短时间内海水水质将恢复至本底水平。

取沙区悬浮沙扩散增量超二类水质标准面积 13.09 km^2，最大影响距离 2 450 m，超三类面积 1.125 km^2，最大影响距离 210 m。

15 号人工岛泥浆钻屑入海悬浮沙扩散增量超二类水质标准面积 5.30 km^2，最大影响距离 2 900 m，超三类面积 0.56 km^2，最大影响距离 190 m，超四类面积 0.12 km^2，最大影响距离 70 m。

14 号人工岛泥浆钻屑入海悬浮沙扩散增量超二类水质标准面积 1.92 km^2，最大影响距离 1 300 m，超三类面积 0.19 km^2，最大影响距离 90 m。

（2）含油污水

根据工程分析施工期共产生机舱含油污水 3 060 m^3，运回陆地统一进行处理，不排海。

根据工程分析，码头、引桥和人工岛初期含油雨水产生量为 4 199.7 m^3/次。人工岛初期雨水由排水沟收集至污水处理池进行处理后回注地层。码头和引桥在设计阶段未设置初期雨水收集系统，本次环评建议增设初期雨水收集装置，将码头和引桥的初期雨水收集进污水处理池进行处理后回注地层。

在油井试采阶段码头平台和引桥将定期进行冲洗。每年冲洗水量约 448.8 m^3，冲洗水主要污染物为石油类、悬浮物。冲洗水由排水沟收集至污水处理池进行处理后回注地层。

根据工程分析，只有在油层地层压力出现变化，注水水质配伍性差出现井筒结垢或水中杂质过多堵塞井筒等非正常情况下，含油污水无法全部回注，此时生产系统中将使含油污水通过海底管线送入陆上终端进行处理，不排海。根据油田多年运行经验，这种非正常情况出现的概率非常低。

根据上述分析，机舱含油污水、冲洗水、初期含油雨水和非正常工况下含油污水不会入海，对海水水质不产生影响。

（3）点评

本案例中运行期含油生产水全部回注地层，出现油层地层压力异常化，生产水无法回注的非正常工况，将含油污水通过海底管线送入陆上终端进行处理，明确含油生产水不排海。因而油田开发对海水水质环境的影响主要在施工期海底管线道、人工岛、连岛路堤和取砂区等工程开挖、取砂、吹填和泥浆排放的悬浮物扩散对水环境影响，影响因子确定，影响目标明确。

4．沉积物环境影响（略）

5．生态环境影响

根据对本工程分析，连岛路及人工岛的总填海总面积为 0.84 km^2，造成的底栖生物总损失量约为 30.59 t；钻井泥浆、钻屑掩埋共计影响面积 0.866 km^2，将损失底栖生物约 31.53 t；取砂区面积为 1.23 km^2，底栖生物损失以 100%计，同时因边坡坍塌、扰动影响底栖生物生存面积为 0.51 km^2，底栖生物损失以 50%计，估算底栖生物损失合计 54.07 t；管线施工挖沟与占用面积 0.72 km^2，计算底栖生物损失按 100%，估算底栖生物损失量为 26.22 t。总的底栖生物损失量为 142.41 t，其中连岛路及人工岛造成的底栖生物损失量 30.59 t 为永久损失，其他类为一次性损失量，共 111.82 t。根据《建设项目对海洋生物资源影响评价技术规程》（SC/T 9110—2007）要求：一次性生物资源的损害补偿为一次性损害额的 3 倍；永久损害的补偿年限按不低于 20 年计算。本工程造成底栖生物永久损失的补偿金额为 917.7 万元，造成底栖生物一次性损失的补偿的金额为 503.19 万元。

综上所述，本项目鱼卵仔鱼经济损失额 31.31 万元，底栖生物经济损失额 1 420.89 万元，总计渔业资源经济损失额 1 452.2 万元。

6．点评

本案例主要根据《建设项目对海洋生物资源影响评价技术规程》（SC/T 9110—2007）中规定，评估了人工岛、连岛路堤、取砂区、海底管道和钻完井等工程建设对浮游植物、浮游动物、鱼卵、仔鱼、游泳生物、底栖生物等海洋生物和渔业资源的影响及损失量，评估依据较为客观。

六、环境风险预测与评价

1．源项识别

在海上油气田开发过程中所接触的是易燃易爆的石油和天然气。在钻井和油气生产、输运和储存过程中，如若发生井喷、爆炸、火灾等事故，就会导致油气泄漏，进而造成大的灾害。潜在的危险性单元主要有：

（1）砂石人工岛钻井井口区；

（2）砂石人工岛采油井口区；

（3）油气处理区；

（4）海底油气管道和立管。

2．风险分析

由于缺乏海上油气田工程发生突发性事故的大量统计资料，要定量地描述发生突发性事故可能性大小是很困难的。这里根据所掌握的资料，就油气田井喷事故、输油气管道破裂、立管油气破裂、人工岛火灾事故和船舶碰撞等造成的油气泄漏事故予以定量估算。

对油田溢油事故中环境风险相对高的井喷、海管/立管破裂、人工岛生产设施装置起火爆炸、船舶碰撞进行环境风险树分析，以确定事故情况下的环境风险级别。

本工程二维溢油模型拟采用的是国际上得到广泛应用的"油粒子"模型进行溢油漂移扩散预测。

对于本工程溢油事故而言，环境敏感区主要为浅滩、池塘养殖区、盐田、自然保护区等，一旦发生溢油事故而又没有任何应对措施，油膜在风和潮流的共同作用下将在最短时间（1~8 h）很快抵达敏感区并造成严重污染，需要项目建设单位予以足够重视并采取必要措施确保在环境安全的前提下进行海上石油开采活动。

3．点评

海上油田开发过程中，最大的环境风险是井喷溢油、输油管道泄漏、船舶碰撞等所造成溢油事故，此类项目开展溢油风险评价中，应按照判明的溢油源强。考虑流场及油粒子的扩散特征，结合风场条件，选择代表性风向、风速和典型控制潮时、潮型，考虑周边的生态和环境敏感目标，开展溢油的数值分析预测，应阐明溢油预测分析的边界条件控制和取值方法，明确油品的蒸发、乳化及其在溢油预测中的处理方法；明确溢油到达生态和环境敏感目标的时间和残留油量等数据，明确各种预测条件下溢油特征指标并图示。

七、环境保护措施

1．建设阶段环保措施

海上施工阶段采用先围后填的方式，降低悬浮泥沙对海域水质的影响；本工程钻屑和含油泥浆运回陆地处理；作业的船舶产生的机舱水将按照《沿海海域船舶排污设备铅封程序规定》的要求，污水运回陆地处理；生活垃圾和工业垃圾等，将运回陆地集中处理。

2．生产阶段环保措施

油气生产过程中产生的含油污水经处理达标后回注地层，不向海域排放；人工岛上的生活污水通过污水处理装置处理达标后回注；人工岛设有开闭式排放系统，用于收集初期受污染的雨水，打入污水处理系统处理。在生产阶段，所有生活垃圾和工业垃圾全部送回岸上处理。

3．风险防范措施

为确保油田生产阶段的安全生产，油田在设计阶段将充分考虑油田各部分的保护措施并提供防火、防爆保护，提供充分的消防设备；各部分合理布放，对危险区采取有效的隔离措施来降低危险程度；对于易于发生泄漏的管路采取相应措施确保安全，并设有相应的应急关断系统。

4．点评

具有溢油风险的工程，应根据海洋工程建设项目编制环境风险应急预案，根据风险分析，应急设施的配备，污染事故的处理要求，阐明海洋工程应急预案制定和实施的具体目标、方法、措施和应急设施配置要求等。本工程在 15 号人工岛上应配备一定数量的围油栏、吸油粘及储油设施等，确保在区域应急设备到达事故现场之前，最大限度地控制溢油扩展趋势。同时，要提高浅海滩涂溢油应急能力，增设气垫船；船式滩涂车和油拖网等应急设施。

八、总量控制（略）

九、经济损益分析（略）

十、公众参与（略）

十一、环境管理与监测计划（略）

十二、结论

冀东油田 4 号构造开发方案中考虑了该项目可能对环境造成的影响，从工艺设计和施工方案上采取了一定的污染治理和环境保护措施，采用了相对先进的生产工艺，清洁生产水平为二级，达到了国内先进清洁生产水平。

本工程为石油、天然气勘探与开采项目，属于《产业政策调整指导目录》（2005年本）中的鼓励类，工程的建设符合国家产业政策。冀东油田4号构造位于河北省东部海域，其用海符合《全国海洋功能区划》、《河北省海洋功能区划》要求。开发工程在建设和生产运行过程中所产生的污染物种类较少，拟采取的清洁生产和污染防治措施得当，所有生产水全部回注，做到了增产不增污。鉴于工程所在海域环境较为敏感，建设单位在落实渔业资源补偿措施和本报告中提出的各项环境保护措施和溢油、陆上终端风险防范措施的前提下，从环境保护角度讲，本工程的开发建设是可行的。

点评

本案例中油田开发工程由两个人工岛填海工程、连岛路堤工程、栈桥码头工程、海底管道工程和陆岸终端工程组成，工程组成复杂，基本包括了海洋工程的典型类型，本案例对开展海洋工程环评工作具有较好的借鉴作用。

评价结论应结合油田开发过程特点，从采用的工程开发形式、工程所在海域环境特点，给出油田开发的工程可行性和环境可行性，本报告这方面的结论性评估略显不足。

案例B——泉州湾跨海通道项目

一、总论

1. 项目由来

泉州市地处福建省东南部，枕山面海，与台湾隔海相望，是国务院首批公布的24个历史文化名城之一，也是著名侨乡和台湾汉族同胞的主要祖籍地。为扩大泉州市城区规模，完善泉州市沿海交通网络，泉州市政府决定修建泉州湾跨海通道工程，建设单位泉州市交通局委托国家海洋局第三海洋研究所承担该工程项目环评任务，在现场踏勘与资料搜集基础上，根据有关技术规范开展现状调查、公众参与和分析计算，编制了环境影响报告书，提交建设单位审查。

2. 评价目的（略）
3. 编制依据（略）
4. 评价等级和评价范围
（1）评价等级
① 海洋环境：海洋生态环境、海域水质环境、沉积物环境和海洋水文动力环境的评价等级均为一级，海洋地形地貌和冲淤环境的评价等级为二级。

②大气环境：环境空气质量影响评价定为三级。

③声环境：定为二级评价。

④环境风险：评价等级为一级。

（2）评价范围

①海洋环境：根据环境要素评价等级和工程可能的影响范围，以及工程所在地的环境特征，本工程海域评价范围包括晋江入海口以东泉州湾内湾海域和玉前—大坠岛—祥芝连线以东外海海域。

②大气环境、声环境：路中心线两侧 200 m 以内区域。

③陆域生态：公路中心线两侧各 300 m 以内的区域，及 300 m 以外的取土、弃渣场和临时用地等，沿线涉及泉州湾河口湿地省级自然保护区评价范围扩大至整个保护区范围。水土流失评价以公路施工中产生的填、挖方边坡坡面，取、弃土（渣）场及临时工程占地为主。

5. 评价标准（略）

6. 评价重点

（1）分析工程水工构筑物对海洋水动力环境和冲淤环境的影响；

（2）工程建设对海洋生态的影响分析及环境保护措施；

（3）工程运营期交通噪声对周边环境的影响分析；

（4）工程陆域生态环境影响评价；

（5）工程环境风险评价。

7. 环境保护目标

（1）海洋环境保护目标。

本工程海洋环境保护目标主要包括工程周边海域海水水质、沉积物和海洋生物质量、泉州湾主航道、石湖港区、位于工程区南侧的浅海养殖区、泉州湾河口湿地省级自然保护区（本项目穿越了其核心区、缓冲区和实验区）、白屿和金屿无居民岛礁。

（2）陆域生态环境保护目标（略）。

（3）声环境、大气环境保护目标（略）。

（4）地表水环境保护目标（略）。

8. 点评

"总论"包括海洋工程项目环境影响评价的目的、依据、主要内容、重点、保护目标、标准及功能区划、等级、范围、步骤等，在很大程度上决定了评价工作深度、广度，并且事关整个环评工作的成败，因此应客观、全面、清晰地反映相关内容，除文字表达外，必要时要附图表说明。本案例评价等级的确定正确，评价标准、重点、环境保护目标适当，建议补充主要评价内容及步骤，说明相关规划、规划环评的成果及其批复中提出的环境保护要求，作为项目环评的依据。

二、工程概况

1．项目地理位置和路线走向

拟建项目全线位于泉州市境内，依次经过石狮市、晋江市和惠安县，全长27.445 km，按双向六车道高速公路标准建设，设计车速100 km/h，路基宽度33.5 m，桥梁与路基同宽，分泉州湾跨海大桥工程和接线工程两大部分，其中泉州湾跨海大桥（K17+655—K30+365）长12.71 km（海上部分长9.7 km），接线工程长14.735 km（石狮侧0.555 km，惠安侧14.18 km）。

推荐路线（K线方案）起点与泉州环城高速公路晋江至石狮段相连，起于晋江市南塘村K17+100。路线向东北方向延伸，泉州湾跨海大桥桥梁起点桩号K17+655，经雪上村、雪上村与水头村之间的软土区，入海点位于石狮市蚶江镇水头村，在K23+210处海域设置蚶江互通，经白屿，出海点位于惠安县百崎镇秀涂村东侧（K30+365），并向北侧延伸，路线继续穿过惠南工业区，经山前、仑前、张坂、塘南、玉园、塔埔，接上泉州市环城高速公路南惠支线的塔埔枢纽互通，终点（K44+545）。

2．交通量预测

拟建项目交通量预测近期22 070～24 403 pcu/d［（pcu/d）表示标准小汽车/日］，中远期可达37 206 pcu/d和55 208 pcu/d，运营期各类车型比为：小型车∶中型车∶大型车＝0.892 5∶0.059 1∶0.048 3，昼夜比为4∶1。

3．技术标准及工程数量（略）

4．泉州湾跨海大桥工程（略）

（1）总体概述及用海平面布置

泉州湾跨海大桥（含1座蚶江互通）桥梁起点桩号为K17+655，终点桩号为K30+365，全长12 710 m，其中通航主桥长800 m，引桥长11 900 m。跨海大桥工程通航主桥推荐采用主跨400 m双塔双索面预应力混凝土斜拉桥，引桥深水区推荐采用70 m预应力混凝土连续箱梁，桥孔布置为12×（6×40 m）+17×（5×50 m）+8×（5×70 m）+（62+138+400+138+62 m）+6×70 m+6×50 m+5×（5×50 m），共7个区段240个桥墩。

蚶江互通匝道长2 982 m，其中单向双车道宽10.5 m，长2 010 m，双向双车道宽15.5 m，长972 m。

（2）设计方案

根据拟建的泉州湾跨海大桥的海域特点，以主航道为界，由南向北把大桥划分为南岸上区引桥、南浅水区引桥、南深水区引桥、通航主桥、北深水区引桥、北浅水区引桥和北岸上区引桥，共七个区段239跨。

（3）蚶江互通（略）

（4）桥面排水设施及防污染措施方案（略）

本项目桥面排水采用相对集中排放，桥面每隔一定距离设集水井，集水井汇聚桥面水后通过排水管输送到桥墩处，由沿墩设置的纵向管向下排入海床附近。为防止桥面污染物排入海中，可在集水井处增加防护措施限流阀，以在桥面发生污染时紧急封闭排水管。

（5）路基、路面工程（略）

（6）征地与拆迁

根据工程报告，本项目永久占地约 2 778.11 亩，项目建设将造成一定数量的建筑物拆迁，其中大部分为居民住宅，拆迁面积约 90 600 m^2。

（7）交叉工程（略）

（8）沿线设施（略）

5．施工方案简介

（1）泉州湾跨海大桥施工

①施工总体方案

泉州湾跨海大桥所处位置的气象、水文、地质、地形等情况都十分复杂，根据可研，桥梁下部墩身和承台结构按现浇施工考虑，深水区桥梁上部结构采用预制施工，其余区段采用现浇的施工方案。

海上作业因受风浪、潮汐、材料供应、作业场地等因素影响，采用船舶作业方式条件有限，因此采用全线搭设栈桥的施工方案，混凝土、钢筋等材料均通过栈桥供应，提高施工进度。施工时，先施工栈桥，利用栈桥搭设钢管桩施工平台，插打钢护筒进行钻孔灌注桩施工，承台采用钢围堰现浇施工，桥墩采用支架加翻模浇筑施工；利用桥面吊机或架桥机对称悬臂拼装上部箱梁或现浇，施工两侧桥台、桥面及附属设施。

②钻孔灌注桩施工方法（钻孔桩清孔；泥浆的制作；泥浆的处理及再利用）。

③承台及墩身施工方法。

④上部结构施工方法（移动模架逐孔现浇；架桥机逐孔拼装；节段挂篮悬浇）。

⑤各区段桩基施工情况。

⑥各区段承台、墩身施工情况。

⑦各区段梁部结构施工情况。

（2）箱梁预制场及施工码头（略）

（3）钻渣堆放场地（略）

（4）施工栈桥（略）

（5）接线工程施工（略）

6．桥梁防撞方案（略）

7．土石方数量

泉州湾跨海通道总挖方量约为 231.59 万 m^3，其中土方约 133.76 万 m^3，石方约

97.83 万 m^3；填方总量约为 144.05 万 m^3；经土石方平衡后，工程挖方回填利用 123.17 万 m^3，剩余废土方 91.13 万 m^3，废石方 17.27 万 m^3，共弃方 108.4 万 m^3，借方 20.86 万 m^3。

8. 取、弃土（渣）场布设情况（略）

9. 防腐蚀工程（略）

10. 建筑材料来源和运输条件（略）

11. 投资估算及工期安排

项目总投资 55.86 亿元，2010 年 1 月开工，2013 年 12 月建成通车，施工期 4 年。

12. 点评

"工程概况"应涵盖从建设到运营的全部工程内容，以及依托工程、附属工程、配套工程、已建相关工程、相关规划的情况，改扩建工程还应介绍现有工程的建设及运营状况，其内容是否清晰、完整、全面，符合实际情况，对于环境影响识别、评价因子筛选、工程分析、影响预测、环保对策等环评工作是否能够有的放矢地顺利开展十分重要。本案例工程概况介绍清楚、详细，符合跨海大桥的特点，为后续开展该项目建设期和运营期环境影响评价提供了良好的基础材料。建议补充说明相关规划的具体内容，分析本项目建设与相关规划的相符性，指出可能的冲突问题，并提出解决方案建议。

三、工程分析

1. 主要工程行为

本工程施工期主要工程行为包括工程征地（海域、陆域）、居民搬迁、建筑物拆除、建材运输、挖填土方、施工栈桥的搭设与拆除、桥梁下部结构施工（钻孔桩基础及承台、桥墩）、桥梁上部结构、混凝土搅拌、沥青炼制、互通桥涵施工、路基和路面施工。

运营期主要工程行为包括车辆通行、道路及桥梁养护等。

2. 施工期环境影响因素

（1）施工工艺分析

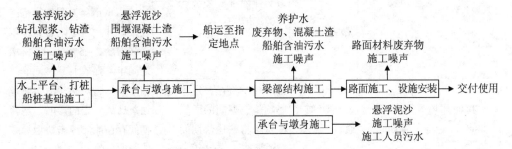

图 9B-1　桥梁施工过程污染物产生环节示意

（2）跨海大桥基础施工钻渣产生量（略）

（3）桥梁基础施工源强分析（略）

（4）钻屑泥浆收集、输运和处置方式（略）

3．运营期环境影响因素（略）

4．工程建设生态类影响因素

表 9B-1　生态类环境影响要素清单

序号	生态类环境影响要素	产生环节	主要控制因子	环境影响方式、内容及范围	可能产生的后果
1	海洋生态	桥梁基础施工	底栖生物	桥墩等基础施工将导致其下的底栖生物被永久填埋，影响范围主要在桥墩的占用海域内	工程区大部分底栖生物死亡，造成底栖生物损失
			浮游动植物、鱼卵仔稚鱼	桥梁基础施工的悬浮泥沙将对浮游动植物、鱼卵仔鱼造成影响，影响范围在桥墩周围 100 m 范围内	对滤食性浮游动物和进行光合作用的浮游植物的影响较大，并会造成部分鱼卵仔鱼死亡
2	陆域生态	路基施工	陆域植被	工程区范围内植被被清除，遭受永久性破坏	施工期间将产生暂时性的地表裸露，并产生水土流失
			陆域野生动物	工程施工可能占用野生动物的栖息地和觅食地，并对其栖息觅食等造成影响	工程区周边的野生动物会迁移至别处
3	海洋水文动力与冲淤环境	工程建成后的桥墩等水工构筑物	潮流场	泉州湾跨海大桥桩基础上构建的承台和桥墩等占据海域，将对工程附近海域潮流和泥沙淤积等水文动力和岸滩冲淤环境产生一定的影响	泉州湾大桥建成后，涨落潮流经过各桥墩周边时，流速减小为 0.02～0.3 m/s 不等。桥墩之间流速值有所增加，涨落潮流速增加值为 0.03～0.08 m/s
			泥沙回淤		主桥墩附近悬沙年淤强增加 2～20 cm/a，年淤强增加范围较大，非主桥墩附近悬沙年淤强增加 2～5 cm/a。各桥墩之间年淤强减小 1～2 cm/a
4	其他环境影响	施工及运营间	泉州湾航道通航	施工栈桥将在一定程度上影响施工期间的通航，工程桥墩将在运营期间对主航道通航造成一定影响	施工期间将对泉州湾主航道通航造成一定的影响，运营期间存在船舶撞击桥墩导致的溢油风险

序号	生态类环境影响要素	产生环节	主要控制因子	环境影响方式、内容及范围	可能产生的后果
4	其他环境影响	施工及运营期间	溢油	溢油后,油膜将在潮流场和风场的作用下扩散。低潮时刻发生溢油,第 6 小时(即高潮时)油膜分布于晋江及洛阳江一带,厚度大于 15 μm 的油膜面积约为 1.94 km²	溢油将对海水水质及海洋生态、滨海景观造成严重的影响
		工程运营期间	海上景观	工程建设将形成新的海上景观	工程建成后将形成新的壮美景观

5. 环境影响要素识别和评价因子筛选

通过对本项目各项工程施工期间和运营期间对环境的影响分析,本工程环境影响要素的识别结果见表 9B-2。

表 9B-2 环境影响要素和评价因子分析

评价时段	环境影响要素	评价因子	工程内容及其表征	影响程度与分析评价深度	分析评价内容所在章节
建设期	海洋生态	底栖生物	桩基作业	+++	6.3 节
		浮游动植物、鱼卵仔稚鱼	桥梁桩基作业产生悬浮物	+++	6.3 节
	海洋水文动力和冲淤环境	潮流场	桥墩与承台施工	+++	6.1 节
		泥沙回淤		+++	6.1 节
	海水水质	悬浮物	泉州湾跨海大桥基础施工产生悬浮物	+++	6.2.1 节
		施工废水、生活污水、固体废弃物	施工过程	++	6.2.1 节
	海洋沉积物	悬浮物	泉州湾跨海大桥基础施工产生悬浮物	++	6.4.1 节
	大气环境	TSP	施工现场、运输道路产生扬尘	++	6.8.1 节
	声环境	L_{Aeq}	施工现场、运输道路产生噪声	++	6.7.1 节
	陆域生态	植被、水土流失	施工期间将铲除植被,导致水土流失	+++	6.5 节
	环境事故	溢油	施工船舶碰撞	++	8.3 节

评价时段	环境影响要素	评价因子	工程内容及其表征	影响程度与分析评价深度	分析评价内容所在章节
运营期	海水水质	水质	桥面雨污水、生活污水、桥墩防腐等	+++	6.2.2 节
	海洋沉积物	沉积物	桥面雨污水、生活污水、固体废弃物	++	6.4.2 节
	大气环境	SO_2、NO_2 和油烟等	汽车尾气、餐饮油烟	+++	6.8.2 节
	声环境	L_{Aeq}	交通噪声	+++	6.7.2 节
	地形地貌与冲淤变化		泉州湾跨海大桥桥墩与承台	+++	6.1.5 节
	环境事故	溢油事故	船舶碰撞桥墩事故	+++	8.3 节

+ 表示环境影响要素和评价因子所受到的影响程度为较小或轻微，需要进行简要的分析与影响预测；

++ 表示环境影响要素和评价因子所受到的影响程度为中等，需要进行常规影响分析与影响预测；

+++ 环境影响要素和评价因子所受到的影响程度为较大或敏感，需要进行重点的影响分析与影响预测。

6. 点评

"工程分析"是开展定性、定量环境影响评价的基础之一，重点要开展全过程环境影响识别、评价因子筛选、污染源和环境影响源的分析计算，以及水平衡、土石方平衡分析，并应注明计算方法和参数，列表汇总源强清单，在施工和运行工艺详尽分析的基础上，给出施工期和运营期不同类型环境影响的流程识别及说明图、水平衡和土石方平衡图。本案例工程分析比较清晰，环境影响因素识别全面细致，评价因子的筛选以及评价深度的确定适当，并给出了评价要素清单，以便于落实和核实后提供相应的评价内容和深度。建议补充施工期和运行期不同类项环境影响的流程识别及说明图、水平衡和土石方平衡图，注意生态类环境影响要素清单一览表中不必加入后续环境风险模拟的结果等。

四、自然与社会环境概况（略）

五、环境现状评价

1. 海域水文特征现状调查与评价

（1）潮汐特征。

泉州湾为强潮海湾，根据崇武站潮位调和常数，主要全日分潮与半日分潮振幅比值 $(H_{K_1} + H_{O_1})/H_{M_2}$ 为 0.27，小于 0.5，表明该地区的潮汐性质属正规半日潮。

2009 年 2 月 11 日至 3 月 13 日海洋三所在蟳埔、石湖、祥芝设置 3 个临时潮位站进行一个月的逐时潮位观测。

（2）桥址附近验潮站月平均海平面分析（略）。

（3）波浪（略）。

（4）潮流特征（略）。

（5）泥沙（略）。

（6）晋江和洛阳江的径流资料分析（略）。

2. 海域地形地貌与冲淤环境现状调查与评价

（1）海域地质地貌（略）。

（2）桥位工程区附近海底沉积特征（略）。

（3）桥位工程区附近泥沙运移（略）。

（4）冲淤变化（略）。

（5）沉积速率分析（略）。

3. 海域水环境现状调查与评价

（1）监测站位、时间、层次。

海洋三所于2007年6月3日大潮期和2007年6月10日小潮期在评价海域分别进行一个航次的监测，共布设15个站位（01～15测站）；2008年4月9日、10日大潮期厦门海洋环境监测中心站在泉州湾祥芝外海海域进行的5个站位的水质现状监测（16～20测站）。采表层水样。同时收集了福建海洋研究所2007年2月28日小潮期和2007年3月16日大潮期在泉州湾海域进行的20个站位的水质监测资料（1～20测站）。

（2）监测项目。

监测项目包括水温、pH、盐度、悬浮物、溶解氧、化学需氧量、生化需氧量、无机氮（硝酸盐氮、亚硝酸盐氮）、活性磷酸盐、石油类、重金属（铜、铅、锌、镉、汞、砷）共15个项目。

（3）监测结果与评价（略）。

4. 沉积物质量现状调查与评价

（1）监测站位、时间与监测项目。

海洋三所2007年6月10日沉积物监测站位为水质调查站位中的01、02、05、10、13、15共6个站位，监测项目：有机碳、石油类、硫化物、铜、铅、锌、镉、汞、砷共9项。

厦门海洋环境监测中心站2008年4月9日监测站位为水质调查站位中的17、18、20共3个站位，监测项目：有机碳、石油类、硫化物、铜、铅、锌、铬、镉、汞、砷共10项。

福建海洋研究所2007年5月31日低平潮期沉积物监测站位为水质站位中的01、02、04、06、08、09、10、13、16、19测站共10个站位，监测项目：石油类、有机碳、硫化物、铜、铅、锌、铬、汞和砷。

（2）调查结果与评价（略）。

5．海洋生物质量现状调查与评价

（1）监测时间、站位布设、调查项目和采样方法。

①海洋三所在 2007 年 6 月大潮期间开展 1 个航次的海洋生物质量调查，选取下洋、秀涂和白奇共 4 个样品进行生物质量监测。

调查品种为黄鳍鲷、菲律宾蛤仔和缢蛏，监测项目包括铜、铅、锌、镉、汞、砷、石油类 7 个项目。

②收集福建海洋研究所 2007 年 3 月在蚶江水头海域采集的大缢蛏和小缢蛏、祥芝古浮湾海域采集的菲律宾蛤仔样品进行生物质量监测的数据，生物质量监测项目为铜、铅、锌、镉、汞、砷和石油烃 7 个项目。

（2）调查结果与评价（略）。

6．海域生态环境现状调查与评价

（1）调查站位布设。

海域生态调查时间为 2007 年 6 月 4 日，调查内容包括：叶绿素 a 和初级生产力、浮游植物、浮游动物、潮间带底栖生物、潮下带底栖生物。海域生态现状调查范围西至洛阳江的后诸港和晋江的蟳埔，东至祥芝以东，包括整个泉州湾海域，共 12 个生态大面调查站位、3 条潮间带断面。

同时收集 2008 年 5 月福建省海洋环境监测中心在泉州湾进行的现状调查资料，共在泉州湾内布设 8 个调查站位。

（2）叶绿素 a 和初级生产力（略）。

（3）浮游植物（略）。

（4）浮游动物（略）。

（5）潮间带底栖生物（略）。

（6）潮下带底栖生物（略）。

7．渔业资源现状调查与评价

（1）游泳动物。

①调查时间、站位布设和调查方法。

游泳动物资源调查采用底层单拖作业大面积探捕调查为主，定置张网渔具作业方式为辅的调查方法。

游泳动物资源调查共布设 12 个调查站位。其中单拖作业布设 8 个调查站位（T_1—T_8）；定置张网作业布设 4 个调查站位（Z_1—Z_4）。单拖作业调查时间为 2008 年 11 月 11—15 日和 2009 年 5 月 13 日、张网作业调查时间为 2008 年 11 月 11—15 日和 2009 年 5 月 8—12 日。

②调查结果与评价（略）。

（2）鱼卵仔鱼。

① 调查时间、站位布设和调查方法。

泉州湾鱼卵、仔鱼调查采样时间为 2008 年 11 月 13 日和 2009 年 5 月 12 日，共在泉州湾海域设置 12 个调查站位。

利用浅水 I 型浮游生物网（口径 50 cm，网长 145 cm，孔径 0.505 mm），进行垂直拖网和水平拖网。两种网具的网口分别系有垂直网口流量计、水平网口流量计。垂直拖网采样时，当网具沉子触及海底时垂直拉起；水平拖网采样时，则让网具在海区表层拖曳 10 min。采集的样品用 5% 的福尔马林溶液现场固定，在实验室内进行鱼卵和仔稚鱼的挑选计数、分类鉴定。垂直拖网和水平拖网的密度分别用个（尾）$/m^2$ 和个（尾）$/m^3$ 表示。

② 调查结果与评价（略）。

（3）渔业生产现状（略）。

8. 陆域生态环境现状调查与评价（略）

9. 大气环境现状监测与评价（略）

10. 声环境现状监测与评价（略）

11. 点评

"环境现状调查与评价"是科学、客观反映工程所在区域环境背景状况的重要工作，同时也是开展定性、定量环境影响评价的基础之一，其所涉及的调查与评价的内容和工作量需符合评价等级和相关标准、规范、导则的要求，并应以文字和图表的方式加以清晰、完整、规范地描述。本案例环境现状调查内容丰富，调查站点、频次安排基本适当，调查数据具有时效性，数据分析内容规范，体现了海洋工程环境现状调查与评价的特点，为后续评价奠定了良好基础。海洋生态调查频次按一级评价应不少于两个代表性季节，本案例对此有所欠缺，在今后的环评工作中应予以改进。

六、环境影响评价

1. 海域水动力和冲淤环境影响分析

（1）潮流场数学模型。

潮流场方程选用平面直角坐标下的二维浅水潮波方程。

（2）计算区域及边界条件。

① 计算区域。为正确反映工程区潮汐潮流特征，本项工程模拟区域分为台湾海峡和泉州湾扩大海域（含工程区海域）。

a. 台湾海峡。

台湾海峡计算区域北面边界为三都澳东冲—台湾富贵角断面，南面边界为广东南澳—台湾布袋。潮流场控制方程的计算坐标 Y 轴为南北方向，X 轴为东西方向，网格为正方形网格,整个台湾海峡采用 1 km×1 km 网格,共约 95 000 个网格点计算,时间步长 180 s。

b.泉州湾扩大海域。

包含围头以东、崇武以南的海域和整个泉州湾。建立了为模型模拟泉州湾扩大海域非结构网格,其在泉州湾大桥工程区附近海域进行加密,最大网格边长约 1 000 m,最小三角形边长约 5 m,全海域网格结点约 20 000 个,网格数约 40 000 个。

外海流体开边界共两个断面:在计算海域东南角取一控制点,记为 SE 点,开边界断面南边为围头——SE 连线,东边为崇武——SE 连线。

②边界条件。

海岸线为固体边界,取法向流速为零。潮滩采用变边界处理。

台湾海峡大网格外海流体开边界采用强制水位,根据东冲—富贵角和南澳—布袋调和常数(34 个分潮),组合协振潮水位过程,水位为时间的已知函数[式(9B-1)]

$$E = \sum_{i=1}^{34} f_i \cdot H_i \cdot \cos(\sigma_i t + v_{0i} + u_i - g_i) \qquad (9B\text{-}1)$$

其中,E 为潮位,g_i、H_i 分别为分潮的调和常数,σ_i 为分潮的角速率,v_{0i} 为分潮格林威治天文初相角,u_i、f_i 分别为分潮的交点订正角和交点因子。

在潮位表达式中,代入每个分潮与实测资料同步的交点因子 f_i 和格林威治天文相角 $v_{0i} + u_i$,即可预报出与实测资料同步的各开边界控制点的潮位曲线作为潮流场开边界条件。泉州湾扩大海域潮流场开边界水位由台湾海峡潮流场所得潮位提供。

(3)潮流场的验证。

①台湾海峡潮波模型验证与分析。

台湾海峡潮波验证采用台湾海峡西岸川石岛、娘宫、深沪、厦门和东山潮位站潮汐表潮汐预报值和计算值的比较,潮波计算值与潮汐预报值吻合较好,台湾海峡潮波模型提供的开阔水域上网格点的预报值,能满足近岸水域流场计算边界水位控制的工程需要。

②泉州湾扩大海域潮流场验证。

泉州湾扩大海域潮流场模拟的计算由台湾海峡潮波模型提供外海边界条件。为了检验潮流场的可靠性,计算泉州湾扩大海域潮流场,进行潮位、潮流的验证。

a.潮位验证。2009 年 2 月蟳埔、石湖、祥芝临时潮位站大、中、小潮测流期间潮位计算与实测值对比结果显示,两者基本吻合。

b.潮流验证。2009 年 2 月 11—12 日 1#～5#潮流站大潮实测值与计算值比较结果显示,整体上各站计算流速流向基本与实测值吻合。

(4)泉州湾扩大海域潮流场分析。

桥位工程区附近网格尺度小,能刻画出桥位工程区附近海域的细部流场变化。

通过潮流场潮位、潮流的验证及潮流场分析,说明本模型具有良好的重现性,模拟的潮流场结果是可信的,可据此进行桥位工程方案的潮流场和泥沙场的模拟试验。

（5）工程后潮流场变化与分析。

①方案概述及其岸线。

根据工程可行性研究，泉州湾跨海大桥采用 k 线方案，该轴线海面宽度约 9 180 m，全桥长 12 710 m，海上设蚶江互通。本次模拟共进行三个工程区方案的模拟，具体如下：

方案零，在现状岸线基础上，石湖作业区 1#～10#顺岸泊位已实施，作业区陆域以回填滩涂形成。并且人工岛回填已实施。

方案一（六车道），在方案零基础上实施泉州湾跨海大桥，海上桥墩网格化时，根据不同桥墩、承台结构和尺寸，将每跨的桥墩概化为长方形的岛状实体，通航主桥墩实体尺寸为 39 m×26 m，主桥墩两侧副桥墩实体尺寸为 25 m×16 m，其余桥墩实体尺寸为 14 m×7 m。

方案二（八车道），泉州湾大桥拟将原六车道路面改为八车道，八车道桥位走向仍为 k 线方案，海上桥跨数（160 跨）、桥墩位置均与六车道相同，但桥墩结构和尺寸有所改变。将八车道方案记为方案二。

方案一、二潮流场模拟时，晋江流量采用年平均流量为 155 m^3/s。

②工程前后断面流量变化。

③方案一（六车道）实施后大潮潮流场变化与分析（略）。

④方案二（八车道）实施后大潮潮流场变化与分析（略）。

⑤方案二（八车道）洪水下潮流场分析（略）。

（6）对海域冲淤环境的影响分析。

①悬沙输运方程及海床变形方程。参照窦国仁等导出的波浪与潮流共同作用下的输沙方程，并考虑动力扩散效应，用平均粒径近似代表全范围的悬沙粒径，得二维平均悬沙输运方程和海床变形方程。

②泥沙场的验证。泉州湾内主要泥沙来源于晋江泥沙的下泄。晋江流域面积 5 060 km^2。其多年平均流量为 155.1 m^3/s，最大年径流量 84.1 亿 m^3，最小年径流量 28.1 亿 m^3；最大年输沙量 429 万 t，最小年输沙量 76 万 t，多年平均输沙量 223 万 t，年平均含沙量为 0.438 kg/m^3，属含沙量较高的河流。泉州湾内的泥沙回淤主要是悬沙淤积，各处海区悬沙中值粒径相差不大，基本上在 0.01 mm 左右。

为了校验悬沙场数模试验结果，进行三个内容验证：

a. 2009 年 2 月 11—19 日 5 个临时水文泥沙测站水体垂直平均含沙量的验证（大、中、小潮），测验时间与潮流测验同步；

b. 中潮潮况下，高潮、落急、低潮和涨急四个典型潮时泉州湾水体含沙量平面分布变化；

c. 泉州湾悬沙年淤强分布验证。

从悬沙含沙量、年淤强分布、泉州水体含沙量调查与海底淤泥淤厚统计结果看出，泉州湾内泥沙场变化主要是在潮动力作用下悬沙运移的结果，悬沙场数值模拟结果与泥沙实际调查变化趋势基本一致，量值也相近，说明潮流场和泥沙场数模试验具有一定重现性，其计算结果基本可信。

（7）工程前后悬沙场模拟试验。

计算了泉州大桥工程前后方案零和方案一、方案二泉州湾中潮下潮情况下的悬沙分布和悬沙年淤强。

2．水质环境影响评价

（1）施工期水环境影响分析。

①施工悬浮泥沙对海域水质环境影响分析。

根据本桥梁工程所处海域的环境特征以及工程拟采用的施工方法，施工引起的悬浮泥沙对海域环境的影响主要采取类比分析的方法进行预测评价。类比对象为厦门环岛路南段演武大桥和环岛路北段钟宅湾大桥桥墩基础施工。上述两个工程所处海域主要为潮间带滩涂或浅海区，桥墩均为钻孔灌注桩基础，也均采用搭设施工栈桥进行钢护筒钻孔灌注桩的施工，并采用钢围堰进行承台施工，而且泉州湾和厦门湾相邻，拟建泉州湾跨海大桥所处海域水文动力环境和桥梁下部（含桩基础、承台、桥墩）施工方式与其均具有较好的可比性。

根据评价单位对厦门环岛路南段演武大桥和环岛路北段钟宅湾大桥桥墩基础施工现场的实地观察，在栈桥平台架设过程仅少量海底表层泥沙受钢桩冲击悬起，钢桩平台架设后，采用钢护筒进行钻孔灌注桩作业，施工过程泥沙浆（加入黏性红土）经滤取粗颗粒物（小碎石）后循环使用，滤渣经收集运走。在围堰内进行承台浇筑，可有效阻隔围堰内外水体的交换，施工过程泥沙入海量很低，施工海域水体悬浮泥沙肉眼可视的影响范围一般在作业点周围 100 m 左右，随不同潮时有所变化，总体上其造成的海域悬浮泥沙影响范围很有限，一般在施工区周围 50～100 m。一般情况下，施工停止 3～4 h 后，悬浮泥沙绝大部分沉降于海底，海水水质可逐渐恢复到原来状态。

类比上述桥墩基础施工的实际观测，泉州湾跨海大桥工程采用钢护筒钻孔灌注桩、钢围堰浇筑承台的工艺进行桥墩基础施工时，只要注意预防泥沙浆的外溢入海，并收集好滤取的颗粒物，则打桩施工过程泥沙入海量很低。另外循环使用后的钻浆应收集运到陆域进行沉淀处理，滤取的钻渣应及时收集，可考虑作为接线工程陆域路基填地的材料。

②施工场地生活污水环境影响分析（略）。

③施工船舶污水的处置（略）。

（2）运营期水环境影响评价（略）。

3．海洋生态环境影响评价

（1）施工悬浮泥沙对海洋生物的影响分析。

①对浮游生物的影响。

悬浮泥沙对浮游生物的影响首先主要反映在悬浮泥沙入海导致的水体混浊度增

大，透明度降低，不利于浮游植物的繁殖生长。此外还表现在对浮游动物的生长率、摄食率的影响等。比照长江口航道疏浚悬浮泥沙对水生生物的毒性效应的试验结果，当悬浮泥沙浓度达到 9 mg/L 时，将影响浮游动物的存活率和浮游植物光合作用。

泉州湾跨海大桥桥墩桩基础采用钻孔灌注桩工艺，钻孔泥浆经滤出颗粒物后循环使用，因此桥梁基础施工引起悬浮泥沙入海主要发生在承台浇注前的围堰和堰内挖泥阶段，根据基础施工工艺以及工程所处海域自然条件，潮流流速较小，且退潮时工程线位露滩面大，类比厦门环岛路演武大桥和钟宅湾大桥施工的实际观察，其悬浮泥沙影响范围有限。由此可推断施工期对作业点附近海域浮游生物有一定的影响，但局限在桥位两侧近距离（50～100 m）范围内；且这种影响是暂时的，随着施工结束而消失。一般情况下，施工停止 3～4 h 后，丢失的悬浮泥沙绝大部分沉降于海底，海水水质可逐渐恢复到原来状态。

②对底栖生物的影响。

跨海大桥的桥梁桩基将永久性占用一部分海域和滩涂。施工过程扰动海床，造成周围泥沙再悬浮激起悬浮泥沙的二次沉淀也将掩埋周围的底栖生物。大桥桩基直接占用区域内的底栖生物将遭到毁灭性的破坏。此外，根据有关文献，桥梁桩基周围 100 m 范围内也将有约 30%的底栖生物受到致命的伤害。但工程结束后桥墩周边的底栖生物群落将逐渐得到恢复并重新建立，因此工程建设对海域底栖生物生物量、密度、种群结构等不会产生大的影响。

③对游泳生物的影响。

游泳生物主要包括鱼类、虾蟹类、头足类软体生物等。海水中悬浮物在许多方面对游泳生物产生不同的影响。首先是水体中悬浮微粒过多时将导致水的混浊度增大，透明度降低的现象，不利于天然饵料的繁殖生长，其次海水中大量存在的悬浮物也会使游泳生物特别是鱼类造成呼吸困难和窒息现象，因为悬浮微粒随鱼的呼吸动作进入鳃部，将沉积在鳃瓣鳃丝及鳃小片上，损伤鳃组织或隔断气体交换的进行，严重时甚至导致窒息。

施工作业引起水体悬浮物含量变化，并因此造成水体混浊度的变化，其过程呈跳跃式和脉冲状，这必然会引起鱼类和其他游泳生物等的回避反应。由于本工程施工期间悬浮泥沙影响范围较小，海湾水域相对较开阔，鱼类的规避空间大，受此影响较小；而虾蟹类因其本身的生活习性，大多对悬浮泥沙有较强的抗性，因此施工悬浮泥沙对该海域游泳生物的影响不大。

本项目施工期间施工机械噪声对施工区邻近海域中的鱼类将产生一定的影响，对噪声敏感的鱼类可能会受到惊吓而远离大桥施工现场。

④对鱼卵、仔鱼的影响。

悬浮泥沙对鱼卵、仔稚鱼的影响主要表现为：影响胚胎发育，降低孵化率；悬浮物堵塞幼体鳃部造成窒息死亡，大量的悬浮物造成水体严重缺氧而死亡；悬浮物有害物质二次污染破坏水体正常的生物化学过程，破坏鱼类的产卵场、索饵场，破坏鱼类资源的自我更新机制，也使鱼卵、仔稚鱼体内的生理机制发生改变，体内残毒增多，成活率降低。不同种类的海洋生物对悬浮物浓度的忍受限度不同，一般说来，仔、稚鱼对悬浮物浓度的忍受限度比成鱼低得多。由于局部悬浮物浓度增高，水色透明度下降，抑制浮游植物繁殖生长，从而导致海域初级生物力下降，进而影响以浮游植物为食的浮游动物的丰度，影响鱼类幼体的摄食率，最终影响其发育和变态。万瑞景等（2002）发现鳀鱼卵、仔稚幼鱼的密集分布中心正是叶绿素 a 的高值区。朱鑫华等（2002）也认为鳀鱼卵、仔稚鱼分布对透明度要求较高。Miller（1974）在研究夏威夷近岸鱼类分布时发现，浊度是影响仔鱼丰度的最主要指标之一，浊度与仔鱼丰度呈负相关关系。他认为：混浊的水体减小了仔鱼的视野范围，影响它们的集群，从而难以抵御水流对集体运动一致性干扰。Blabert 等（1997）在研究 Sarawak 和 Sabah 河口的鱼类浮游生物多样性时，发现恶劣的物理条件如高浊度等，导致该两河口的多样性要比其他热带河口低得多。悬浮泥沙沉降后，泥沙对鱼卵的覆盖作用，使孵化率大幅度下降；同时大量的泥沙沉降掩埋了水底的石砾、碎石及水底其它不规则的类似物，从而破坏了鱼苗借以躲避敌害、提高成活率的天然庇护场所。总之，悬浮物增加以及在物理条件和饵料生物减少的共同作用下，会降低鱼卵的孵化率，还会对已孵化的仔、稚鱼的生长和生存带来不利影响，降低鱼类种群密度，影响渔业资源。

（2）对渔业资源的影响。

①对海区水产苗种的影响。

工程项目地处泉州湾河口区域，常年受晋江、洛阳江径流带来的大量淡水和各种营养物质的影响，十分有利于海洋浮游生物的繁殖、生长。目前在泉州湾口形成一定生产规模的水产苗种主要是日本鳗鲡、大弹涂鱼、锯缘青蟹、丽文蛤和缢蛏等五种。

施工期水中大量存在的悬浮微粒将随日本鳗鲡苗种的呼吸进入鳃部，影响鳗苗的正常呼吸，严重时甚至可能会堵塞鳃部导致窒息死亡。但鳗苗活力很强，对恶劣生态环境具有一定的回避能力，施工期对其苗种影响不大。

泉州湾是大弹涂鱼和锯缘青蟹苗种栖息生长的重要场所。由于目前泉州湾锯缘青蟹的资源密度还不高，锯缘青蟹的成蟹及其苗种仅是渔笼、插网、建网、手推网和手抄网等多种渔具类型的重要兼捕对象之一。因此，施工期悬浮泥沙对锯缘青蟹苗种生产的影响是由于主捕对象受影响间接造成的。大弹涂鱼和锯缘青蟹苗种因其本身的生活习性，大多对悬浮泥沙有很强的抵抗性，施工期悬浮泥沙对其苗种直接影响很小，但会影响饵料生物的供给，从而造成间接影响。

施工期悬浮泥沙对缢蛏苗种的危害最大。泉州湾陈埭东部滩涂为缢蛏繁育区域，跨海通道在该区域东南部附近通过，施工产生的悬浮物和其他污染物将会对缢蛏的生长、繁殖、附苗产生不利影响，进一步降低天然苗种产量。施工期悬浮泥沙对缢蛏苗种的危害主要来自两个方面，一是悬浮泥沙入海将导致海水的混浊度增大，透明度降低，影响缢蛏苗种饵料生物——浮游植物的光合作用和繁殖生长；二是悬浮泥沙超标易造成缢蛏苗种的外套管和水管受到堵塞致死。

泉州湾跨海通道工程西部还是丽文蛤和僧帽牡蛎的重要繁育场所。在丽文蛤和僧帽牡蛎繁殖期，施工期大量的悬浮泥沙将造成水体严重缺氧，影响其卵子的胚胎发育，降低孵化率；在丽文蛤和僧帽牡蛎生长期，施工期大量的悬浮泥沙也将抑制海区饵料生物的繁殖生长，从而对其造成影响。

②对海洋捕捞业的影响。

大桥工程区域及邻近海域主要是泉州市张坂镇、百崎回族乡、陈埭镇、蚶江镇、祥芝镇等乡镇渔村小型近岸捕捞作业的传统生产海区。据调查，常年在这一海域生产的捕捞渔船主要有流刺网、笼壶和张网作业三种作业类型。据有关研究，人为增加水体悬浮物质浓度大于 10 mg/L 将对鱼类生长造成不利影响。大桥下部结构施工过程中，悬浮泥沙将在一定范围内形成高浓度扩散场。此外，项目施工噪声对施工区邻近海域的鱼类产生一定的影响，噪声敏感的鱼类可能会受到惊吓而远离施工海域，因此，项目施工会导致游泳动物群聚资源逃离迁徙到其他海区，施工区域游泳动物资源密度将一定程度下降，从而失去捕捞生产价值。

此外，项目栈桥建设后，船舶仅能从通航主桥处经过，且施工船舶也会对本海区船舶通航造成一定制约影响，惠安县、丰泽区、晋江市和石狮市海洋与渔业局统计资料表明，泉州湾内从事海洋捕捞生产的渔船总数量有 1 479 艘，因此，大桥建设会对捕捞作业产生一定不利影响，建设单位施工期间应考虑渔船通航需求。

③对海水养殖区的影响。

泉州湾跨海通道工程建设期间，悬浮泥沙主要产生于桥梁基础钻孔桩等施工环节。而周边海水养殖区主要位于工程区的南侧，以及跨海通道工程北端西北部，主要养殖品种为花蛤、缢蛏等；僧帽牡蛎石蛎增养殖区则分布在跨海通道工程区西部。有关研究表明，悬浮物的增加轻则可造成浮游植物生长缓慢，导致滤食性贝类食物数量的减少；重则易造成贝类的外套管和水管受到堵塞致死。桥梁基础施工总体上造成的海域悬浮泥沙影响范围很有限，一般在施工区周围 50～100 m，因此建设单位应在工程建设前完成对工程区及附近海域水产养殖的征用与赔偿。

综上所述，结合本工程所在海域水产养殖的实际情况，除对工程直接用海区的水产养殖区进行永久征用外，工程桥位南、北两侧尚有一定的水产养殖区，建议在施工前对桥梁线位两侧 100 m 范围内的水产养殖区一并进行临时征用。

④对鸟类觅食的影响（略）。

（3）桥墩基础建设导致海洋生物量损失的估算。

①桥梁基础建设导致的底栖生物损失。

根据在该海域调查所得的单位面积底栖生物平均生物量水平乘以占用面积加以粗略估算。工程海域底栖生物量取 13.33 g/m^2。

由于桥墩建设占用海域导致生物量是永久性的，是不可逆的，为此，本评价在计算生物量损失时，对桥墩建设所带来的生物量损失按 20 年计算，桥墩直接占用海域面积 8.51 hm^2，具体如下：

生物量总损失=桥墩永久占用海域面积×底栖生物量×20 年=85 100 m^2×13.33 g/m^2×20=22.7 t。

②悬浮物导致的鱼卵、仔稚鱼损失。

悬浮物对鱼类产生影响明显的是鱼卵和仔稚鱼，鱼卵、仔稚鱼的死亡率按 10%计，而成鱼在混浊水域一般会作出回避反应，迅速逃离施工区域。

本项目对鱼卵、仔鱼栖息水环境的影响主要是桥梁基础钻孔桩引起的悬浮物浓度增加。根据前述分析，桥梁基础施工引起海域水体悬浮泥沙超过 10 mg/L 以上的范围一般在作业点周围 100 m 左右，钻孔桩共计 1 044 根，则 SPM 影响面积共计 3 278 万 m^2。在现实施工中，首日以后作业的影响水域与首日水域基本重叠，损失量不必完全重复计算。但是除作业首日影响外，前一天和隔天施工间隙仍有一定量的生物资源随潮流进入影响海域，并在次日施工中再次受到损害。假定施工作业的第二天开始其损失量是首日的 30%，这一部分损失量需要根据实际施工天数逐日累计。评价海域鱼卵、仔鱼的平均密度分别为 221.46×10^{-2} 粒/m^3 和 8.32 尾×10^{-2}/m^3，每个钻孔桩基础施工的时间按 10 d 计，则：

鱼卵：SPM 影响面积（3 278 万 m^2）×水深（4 m）×鱼卵平均密度（221.46×10^{-2} 粒/m^2）×10%+SPM 影响面积（70 万 m^2）×水深（4 m）×鱼卵密度（221.46×10^{-2} 粒/m^2）×10%×30%×（10-1）=10 744 万粒；

仔鱼：SPM 影响面积（3 278 万 m^2）×水深（4 m）×仔鱼平均密度（8.32 尾×10^{-2}/m^3）×10%+SPM 影响面积（3 278 万 m^2）×水深（4 m）×仔鱼平均密度（8.32 尾×10^{-2}/m^3）×10%×30%×（10-1）=404 万尾。

由上述计算可见，桥墩工程建设导致的底栖生物总损失为 22.7 t，鱼卵总损失为 10 744 万粒，仔鱼总损失为 404 万尾，具体见表 9B-3。这些海洋生物量损失应该给予相应的生态补偿，具体见环保对策章节。

表 9B-3　泉州湾跨海通道工程施工引起的海洋生物损失量统计

生物类别＼工程	桥墩永久占用海域	钻孔灌注桩作业、施工栈桥打入及拆除作业	合计	备注
底栖生物/t	22.7	—	22.7	桥墩占用海域为永久性损失，钻孔桩、施工栈桥打入及拆除作业造成的悬浮物影响为临时性损失
渔业资源 鱼卵/万粒	—	10 744	10 744	
仔鱼/万尾	—	404	404	

（4）栈桥施工对海洋生态系统服务功能影响分析（略）。

4．沉积物环境影响分析

（1）施工悬浮泥沙对沉积物环境的影响。

根据调查，本工程所在泉州湾海域沉积物环境质量良好。本工程属生态类影响型建设项目，对海域环境的扰动主要表现在桥梁基础施工阶段。但施工栈桥平台架设采用钢管桩，不会改变沉积物环境，钢护筒钻孔灌注桩施工时钻孔泥浆循环使用，滤取的钻渣则经收集运送陆域，而承台施工仅对滩涂的表层淤泥有所扰动，整个桥梁施工过程产生的悬浮泥沙主要来源于既有海域表层沉积物本身，对既有的沉积物环境产生的影响甚微，不会引起海域总体沉积环境的变化。

（2）运营期桥面雨水对沉积物环境的影响。

本桥梁工程运营期海洋污染物主要为雨水冲刷桥面产生的初期桥面径流，其污染特征为 SS 和油类，但含量较小。桥面初期雨水污染强度较低，且不是长期连续的排放，间歇性较大，其携带少量污染物进入海域后，在潮流的作用下，随海水的流动而扩散、稀释，对海域沉积物环境产生的影响很小。

5．陆域生态环境影响分析（略）

6．环境空气影响分析（略）

7．固体废物影响分析（略）

8．景观影响分析

泉州湾跨海通道工程的景观设计着眼于可持续发展的战略思想，在对大桥周围地区经济背景、环境背景、历史文化背景进行充分调查分析的基础上，对大桥的建筑造型、大桥与环境的关系、大桥的夜景、色彩、大桥与旅游等各种景观因素进行综合考虑，以超前、完善的设计理念对大桥景观进行设计，力求与区域自然景观和历史文化背景和谐统一。

（1）大桥与自然景观的和谐度评价。

泉州湾跨海大桥采用部分斜拉桥设计，部分斜拉桥是介于连续梁桥和斜拉桥之间的半柔半刚性桥梁。与连续梁桥相比，部分斜拉桥多了塔柱与斜拉索，结构的表现内容丰富。拟建跨海大桥塔柱采用与桥墩钢结构形式，在视觉效果上让人产生部分斜拉桥桥塔不矮的错觉；两塔柱分离，使得视野开阔，行车时不会产生压迫感。同时，塔墩一体的形式也使得整个桥梁结构变得轻巧，易于融入周围环境之中。

随着跨海大桥的建成，以前海面一到夜晚便漆黑一片的状况将得到很大改善，每逢夜幕降临，在泉州湾上将出现一道彩桥，桥上的灯光映射到海水中，更能为整个海景增色不少。

（2）大桥景观分析。

①海上（船上）观桥。

泉州湾跨海大桥所处泉州湾海域航务繁忙，大桥建成后，来往船只上的人们可以乘船从不同方向，由远及近地观看大桥的英姿和气势，观赏全桥在海中延伸的虚无缥缈之感，是观看全桥优美姿态的最佳点，在大面积天空的映衬下，泉州湾跨海大桥犹如一道长虹横跨珠江海域，构成新的壮美景观。

②桥上观桥。

车行桥上是欣赏桥塔雄伟姿态的最佳视点，也是观赏大桥与大海一望无际宽阔的最佳视点，可以观赏海中风光和两岸城市的景色；桥上的护栏通透性好、造型美观，与桥上的灯光一起共同观赏构成了一道独特的风景线。

9. 点评

"环境影响评价"是报告书的最为核心的内容，通常每一节代表了不同类型环境影响的评价内容。评价中首先应完整地介绍所采用的评价方法、模型、参数，说明其适用性和有效性，必要时还应分析说明方法和模型的模拟预测精度是否能够满足相关标准和规范的要求，然后需要在工程分析和现状调查的基础上实施建设项目环境影响的模拟预测，并以文字和图表清晰、完整地表达预测成果和评价结果，给出是否符合相关环境标准和影响是否可以接受的明确的评价结论。

本案例评价内容全面、规范，评价方法和技术路线恰当，水动力影响及冲淤影响达到一级评价的深度，所建立的预测评价模型经过了验证，与实测数据比较吻合，能够满足预测评价的准确性要求，水动力模型空间分辨率细化到局部 5 m，从而实现了对桥墩建设影响的仿真模拟，其模拟预测方法优于以往的局部调整底摩擦系数的方法，评价技术方法有创新，在准确地反映跨海大桥建设环境影响方面有重要突破。此外，泥沙冲淤影响模型的验证结果良好，在评价技术上也有较大的突破。相关评价技术方法为相关评价技术规范的完善提供了有价值的参考。此外，环境景观评价内容也较好地体现了跨海大桥工程环境影响评价的特点。建议海洋生态环境与渔业资源的影响评价在水动力和冲淤影响评价的基础上，进一步定性定量地分析相应的生态影响，以及其他间接和累积影响，有助于更为科学、客观地反映真实的环境影响，进而提出更为全面、合理的避免和减缓不利影响的对策措施。

七、工程建设对泉州湾河口湿地省级自然保护区的影响分析

鉴于泉州湾河口湿地省级自然保护区的重要性和敏感性，建设单位泉州市交通局。专门委托福建省野生动植物与湿地资源监测中心编制了《泉州湾跨海大桥工程建设对泉州湾河口湿地省级自然保护区及湿地生物多样性影响评价报告书》，本段将归纳该报告的主要内容、结论等。

1. 泉州湾河口湿地自然保护区概况（略）

2. 工程与自然保护区的相互关系（略）

3. 拟建跨海大桥建设对自然保护区的影响评价

（1）对生态系统的影响（略）。

（2）对生物群落（栖息地）的影响（略）。

（3）对种群/物种的影响（略）。

（4）对生物安全的影响（略）。

4．对保护区内主要保护对象的影响

（1）对湿地的影响（略）。

（2）对鸟类的影响（略）。

（3）对红树林的影响（略）。

（4）对中华白海豚的影响（略）。

（5）对中华鲟的影响（略）。

5．生物多样性保护措施

（1）施工期生物多样性保护措施（略）。

（2）运营期生物多样性保护措施（略）。

6．穿越泉州湾河口湿地自然保护区的环境可行性结论

根据《自然保护区生物多样性影响评价技术规范（试行）》，分析泉州湾跨海大桥工程建设对泉州湾河口湿地省级自然保护区及周边湿地生物多样性的影响，定量综合评价结果总分为 18.00 分，项目建设对保护区及湿地生物多样性综合影响较小，从生物多样性的角度分析论证，项目建设是可行的。

7．点评

当建设项目涉及保护区环境影响，通常应列专章单独进行科学、系统、全面、深入和有针对性的环境影响评价，包括保护区概况、影响保户区的工程概况（主体及配套工程、施工方案、运营情况等）以及与保护区的相关关系、保护区相关区域生态环境调查（水质、底质、水生生态、保护对象、渔业资源、渔业生产）、主要保护对象的生态习性及分布规律（保护对象特征、觅食、栖息、繁殖、抚幼、生长等生态习性、种群分布特征、产卵场、索饵场、越冬场分布及敏感时间、产卵特性等）、工程对主要保护对象的影响及保护措施、评价结论及建议等评价内容，以确保相关的环境影响得以正确地识别和评价，并配套提出可确保将影响减缓至可接受水平的切实可行的保护对策措施。

本案例报告书列专章进行项目建设对保护区的影响评价是适当的，但不宜仅简单地列举专项评价报告的内容，尤其是当该专项评价似乎力图说明该项目建设对保护区的影响较小，项目建设可行时，更应注意避免将其直接作为环境影响报告书的篇章内容，而是应在参考借鉴的基础上作出独立、客观、公正、科学的分析评价，以真正发挥列专章评价预期应达到的对保护区实施有效保护的环评功效。

八、环境风险评价（略）

九、公众参与及社会影响分析（略）

十、替代方案及工程选线的环境合理性分析

根据《泉州湾跨海通道工程可行性研究》，结合泉州湾港区规划、洛秀组团规划及两岸路网规划，泉州环城高速公路的总体走向等综合研究后，拟定跨海通道位置，对跨海路段提出了4个跨海轴线位置，桥梁3个、隧道1个，分别为K线、A线、B线和C线（隧道）。

1. 方案比选

（1）比选方案概况。

（2）环境比选。

K线方案基本符合泉州市城市总体规划用地布局和石狮规划；B线和C线对石狮石湖工业园区干扰较大，将石湖工业园区一分为二，不符合石狮规划，实施可能性小；A线不符合泉州市城市总体规划，且穿越泉州湾河口湿地保护区核心区。与A线相比，K线更有利于蚶江以及石湖港区与泉州环城高速的连接，根据《泉州湾跨海通道工程可行性研究》，其造价略低。从服务功能、海洋环境影响、港口集疏等方面综合评价，本评价推荐K线方案。

2. 项目选线环境合理性综合论证

（1）与相关规划的相容性分析。

①海洋功能区划。

a．海洋功能区划的协调性分析（略）。

b．工程建设与项目所在及周边海洋功能区的关系。

i．对"河口湿地自然保护区"的影响（略）。

ii．对"泉州湾贝类增养殖"的影响（略）。

iii．对"泉州湾航道区"的影响（略）。

iv．对"石湖港口区"、"后渚港口区"、"秀涂港口预留区"以及"蟳埔陆岛交通码头区"、"大坠岛陆岛交通码头区"的影响（略）。

v．对"秀涂限养区"的影响（略）。

vi．对其他功能区的影响（略）。

②泉州市城市总体规划（略）。

③泉州市干线公路网规划（略）。

④泉州港总体规划（略）。

⑤与保护区功能区划管理要求的相符性（略）。

（2）自然基础条件适宜性（略）。

①桥位工程区斜穿泉州湾中西部的海滩，冲刷槽（泉州湾航道），潮流沙瘠，海蚀残丘和潮滩等地貌单元，水下地形有一定起伏，但水深总体偏浅，海底地形稍较复杂。

②根据泉州湾跨海通道工程可行性研究资料显示，本跨海通道区虽然位于地质断裂构造较为发育，地震活动较为强烈地区，但目前跨海通区已被有一定厚度的大面积第四系沉积物覆盖，场地相对稳定。

③泉州湾跨海大桥工程区海域的泥沙来源为晋江河流、洛阳江河流和早期陆域、周边海岸侵蚀来沙；海域来沙也是工程海域泥沙来源之一，但其量值不大。桥位工程区北侧岸滩属于基本稳定状态，南侧岸滩处于缓慢的淤积状态。

④根据桥位工程区附近海域表层沉积物调查结果可知：桥位跨越的中北部泉州湾进港航道区海底，属于水动力作用稍弱沉积环境区，沉积物以细颗粒的黏土质粉砂沉积物为主，而桥位的中部海底处于岛礁、滩槽交错分布区，水深偏浅，流、浪、潮等动力条件相对较强，属于动力条件较强的沉积环境区，沉积物以粗颗粒的砂质沉积物为主。

⑤根据桥位工程海域的水文泥沙测验资料结果表明：工程区海域水中悬沙含量相对较高，整个工程海域各测站大、中、小潮全潮净输沙方向，均指向湾内，但总体净沙输值很小，对工程海域来说以过境为主，对工程海域的淤积作用影响甚微。

⑥泉州湾跨海大桥工程海域海底基本不受潮流和湾内小风区波浪冲刷，但根据泉州湾偏东向外海以涌浪为主的大浪的极端高水位 50 年一遇的波浪计算结果表明波浪对桥位区海底有较强冲刷作用。因此，建桥后需对各桥墩实施相应的护墩工程，以确保跨海大桥的安全。

⑦根据新老测图资料对比分析表明：桥位工程区北侧岸滩自 1972—1998 年，再从 1998—2009 年经历了从稳定至冲刷的变化过程，而后期的冲刷主要发生在航道的边坡，即航道北侧边滩，主要是由于 1995—1998 年的航道整治而引起的边滩调整结果，目前该处边滩处于基本稳定。桥位跨越航道区海底已由 1972 年至 1998 年呈淤积状态，到 1998 年至 2009 年呈稳定状态。桥位区南侧岸滩自 1972 年至 2009 年一直处于缓慢淤积状态，根据 ^{210}Pb 测年结果显示该区的沉积速率为 1.85 cm/a。就泉州湾跨海大桥工程海域整体而言，桥位跨越的泉州湾海床处于动态平衡至基本稳定状态，桥位区跨越海底没有出现大冲大淤局面，适合于跨海大桥的建设。

（3）社会条件适宜性分析（略）。

3. 小结

综上所述，拟建跨海大桥选址全面考虑了项目地区的自然环境和社会环境，并考虑了与相关规划的衔接，最终选线方案是对环境和生态影响最小的、可接受的方案，所涉及的环境和生态问题可通过采取一定的措施予以减缓。从环境保护角度来看，项目选线是合理的。

4．点评

该案例环评报告书设置专章开展"替代方案及工程选线的环境合理性分析"，符合跨海大桥建设项目环评的特点，方案比选中重点进行了方案概况介绍和环境比选，项目选线环境合理性综合论证包括与相关规划的相容性分析、自然基础条件和社会条件适宜性分析，内容比较全面，分析细致、周到，评价结论可信。

十一、清洁生产与总量控制（略）

十二、环境保护对策措施及其技术经济论证

1．设计阶段环保措施

（1）生态环境保护措施。

①减少占地措施（略）。

②保护熟土及土地复垦（略）。

③植物资源及植被保护和植被恢复（略）。

④弃渣场防治措施及变更选址要求（略）。

（2）声环境和大气环境保护措施（略）。

（3）其他环境保护措施（略）。

2．施工期环保措施

（1）施工前期招投标。

为确保施工期环保措施得到有效实施，施工前期招投标中应明确环保义务，具体包括：

①建设单位在招标文件的编制过程中，应将审批通过的该项目环境影响报告书及其批复中所提出的各项环保措施建议编入相应的条款中。

②承包商在投标文件中应包含环保措施的落实及实施计划。

③建设单位议标过程中应注意对投标文件的环保部分进行评估、论证，对中标方的不足之处提出完善要求。

（2）钻孔泥浆及钻渣的处理。

①钻孔桩作业时，一般配备专用的泥浆船，在船上设置泥浆槽、沉淀池和储浆池，用泥浆泵压送泥浆。钻孔桩产生的泥浆废水首先将在泥浆船上得到足够时间的沉淀，上清液再回用于施工过程，利用钻机的反循环泥浆泵抽出含渣量较大的泥浆到钻孔平台上的沉淀池中，经沉淀后，比重较轻的泥浆由孔口自流入孔内进行循环利用，不外排。循环使用后的钻浆不得排入海域，应运送陆域进行沉淀处理。

②桩基钻孔期间会产生大量的钻孔碎渣，这部分碎渣收集后船运至后诸港码头倾倒，作为陆域接线工程的路基填料。

（3）水污染防治措施。

①减少施工泥沙入海的措施。

a. 严格按照先进环保的施工工艺进行施工，桥墩桩基施工采用钢护筒钻孔灌注桩，承台施工应采用钢板围堰后进行开挖浇注，以减少施工悬浮泥沙的产生。

b. 施工中混凝土搅拌和预制件生产过程中产生的废水和施工场地的冲刷雨水，应集中收集，并设置沉淀池处理后回用于砂石材料的冲洗等。

c. 基础施工应尽量选择在低潮露滩时施工，以减少泥沙的入海量。

d. 施工时搭设的临时施工栈桥，应在施工结束后及时拆除，以恢复海域原貌。

②施工船舶污水污染防治措施。

a. 施工船舶污水应落实交通部海事局的铅封管理规定，船舶污水由有资质的单位进行接收处理。根据《中华人民共和国防止船舶污染海域管理条例》和《船舶污染物排放标准》，施工船舶含油污水与施工船舶生活污水一起采用船上配备储污水箱进行收集和储存，再由有资质单位的污水接收船统一接收上岸和集中收集处理，及时运往石湖作业区污水处理站处置（大桥南岸）。

b. 施工船舶垃圾及机械保养产生的固体废弃物不得随意倒入海域，应统一由有资质的单位接收处理。

③施工人员生活污水污染防治措施。

a. 本项目沿线居民点密集，为减少施工营地生活废水对周边环境的影响，应优先考虑租用民房作为施工营地，这样可利用原有的给排水系统。

b. 施工人员的就餐和洗涤采用集中管理，如集中就餐、洗涤等，尽量减少产生生活污水的数量。洗涤过程中控制洗涤剂的用量，采用先用餐巾纸擦拭后再用热水或其它方法替代洗涤剂的使用，以减少污水中洗涤剂的含量。

c. 新建的施工营地，要在附近设化粪池，将粪便污水和餐饮洗涤污水分别收集，粪便用于肥田，餐饮洗涤污水收集在化粪池中处理。化粪池委托沿线村民定期进行清掏，施工结束后将化粪池覆土掩埋。

（4）海洋生态保护措施。

①结合本工程所在海域水产养殖的实际情况，在对工程直接用海区的水产养殖区进行永久征用外，工程桥位南、北两侧尚有一定的水产养殖区，建议在施工前对桥梁线位两侧100 m范围内的水产养殖区一并进行临时征用。

②对于工程建设须破坏的部分红树林应按《福建省沿海防护林条例》等相关条款办理手续，于水头滩涂附近实施等量补植，并加强对周边互花米草的整治。

③基础施工应尽量避开鱼类（4—6月）繁殖季节；尽量缩短工期，减少由于基础施工过程对海域生态环境造成的损害。

（5）陆域生态保护措施（略）。

（6）噪声污染防治措施（略）。

（7）施工船舶事故防范措施（略）。

（8）大气污染防治措施（略）。

（9）施工期环保措施技术经济论证（略）。

3．运营期环保措施

（1）水污染防治措施。

①收费站、服务区污水处理（略）。

②桥梁水体保护措施（略）。

（2）生态补偿方案。

工程建设造成的海洋生物总损失其估算的经济价值损失约 150.3 万元。本评价按照等量生态补偿原则，损失多少补偿多少，主要采取增殖放流进行生态补偿，补偿总费用为 150.3 万元。根据调查，泉州湾海域增殖放流工作由泉州市海洋与渔业局进行统一管理，建议生态修复补偿款交由泉州市海洋与渔业局统筹安排。在生物资源增殖放流过程中，必须坚持科学发展观，当地海洋主管部门应委托有资质的单位进行增殖方案制定、论证和资源研究，科学、合理地对海洋生态环境和资源数量进行修复。

（3）大气污染防治措施（略）。

（4）噪声污染防治措施。

①工程降噪措施（略）。

②工程管理措施及规划控制（略）。

（5）运营期环保措施技术经济论证（略）。

4．点评

"环境保护对策措施及其技术经济论证"是报告书的核心专章之一，对于尽可能避免和减缓建设项目环境影响具有重要指导作用。环评中应在工程分析、环境背景监测、预测评估的基础上，针对项目施工和运营中的全部工程内容及其主要环境问题，借鉴环境工程和环境科学知识、类比工程经验、专家咨询意见等，提出科学合理可行且技术先进可靠的环境保护对策措施及其实施方案，确保达到环保目标和环评指标。本案例首先提出了设计阶段环保措施要求，继而分别针对施工期和运营期，从水、气、声、生态环境保护和污染事故风险防范等方面提出环保措施，并进行技术经济论证，内容比较全面，总体可行。建议进一步完善生态环境修复补偿的对策措施。

十三、环境管理与监测计划

1. 环境管理的目的（略）
2. 环保管理机构及其职责（略）
3. 竣工环境保护验收

见表 9B-4。

表 9B-4　竣工环境保护验收内容

项目	主要环保验收内容
废水	施工船舶污水是否由有资质的专业机构专用船舶接收处理；桥梁施工钻孔桩钻渣的收集处理等落实情况；是否尽量安排在低潮露滩时进行基础作业。沿线服务设施污水排放及处理情况等
陆域生态	路基边坡和互通立交的绿化工程；取、弃土（渣）场排水及工程防护措施、复耕或植被恢复情况；施工期临时工程设施占地的恢复情况；施工期野生动植物保护措施执行情况；排水工程、防护工程措施及其效果，水土流失治理情况
大气	施工期沥青搅拌站设置地点、抑制扬尘措施及其他防治环境空气污染措施；沿线辅助设施清洁能源使用情况
声环境	高噪声作业是否禁止夜间施工；运营期是否在桥梁两端设置明显的限速牌和禁止鸣笛等标志；运营期沿线村庄、学校等敏感点噪声超标情况及采取的措施
固体废物	施工船舶垃圾由专用船舶接收后统一处理
海洋生态	施工期是否采取了必要的防范措施，大桥施工区的防护网是否采取小孔径设计，施工方案是否经过优化论证等
风险防范	是否制定了相应的风险应急计划，大桥两侧是否设置永固护栏等
环境管理和监测	是否按报告书要求成立了专门的环境管理机构，并配备有专门的环境管理人员，并按环评报告的要求进行了施工期和运营期的环境监测
社会环境	沿线通道、天桥、立交等设置情况

4. 环境监测计划（略）
5. 环境监理计划（略）
6. 点评

"环境管理与监测计划"专章主要阐述环境管理的目的和作用、与建设项目相关的管理机构及其具体职责、环境监测的因子、点位、频次、环境监理要求等内容，对于项目施工和运营中的环境保护管理、监督、监测、监理等均具有重要指导作用，报告书应开展广泛深入细致的调查研究，提出符合国家和地方相关要求的管理和监测计划方案。本案例环境管理、监测、监理内容翔实，方案总体可行，根据环评成果编制的竣工环境保护验收内容一览表还应进一步充实完善和细化，以利发挥其对环保验收的支持功效。

十四、环境影响经济损益分析

1. 建设项目的社会、经济效益

（1）项目的社会效益（略）。

（2）项目的经济效益（略）。

2. 工程建设环境影响经济损益分析

（1）环保投资的环境经济效益（略）。

（2）工程建设的环境经济损失。

通过采取各项环保管理措施和工程措施，可有效地将工程建设造成的负面环境影响缓解至最小。根据工程环境影响分析和预测，工程采用钻孔灌注桩基础施工，对海域生态环境和水环境的影响范围和程度有限。在采取水土保持、绿化和降噪措施后，能够有效地防止水土流失，并使所在区域的声环境质量满足相应声环境质量标准要求。

工程在环境经济方面的主要损失在于占用海域部分，本次工程建设导致的底栖生物总损失为 22.7 t，鱼卵总损失为 10 744 万粒，仔鱼总损失为 404 万尾，经济价值以人民币折算，则：

底栖生物经济价值＝底栖生物总损失量×商品价格＝22.7×1.0＝22.7（万元）

鱼卵经济价值＝鱼卵总损失量×成活率×鱼苗商品价格＝10 744×1%×1＝107.4（万元）

仔鱼经济价值＝仔鱼总损失量×成活率×鱼苗商品价格＝404×5%×1＝20.2（万元）

综上所述，本次工程建设导致的海洋生物量经济价值损失共计 150.3 万元。

3. 环保投资

根据拟建项目的环保措施，估算环保投资共计 6 759.68 万元，占工程总投资 55.86 亿元的 1.21%。具体如表 9B-5 所示。

表 9B-5　工程环境保护投资

环保措施及建议		环保投资/万元	效　果	进　度
污染源	环保设施名称			
废水	施工营地化粪池	8.00	减缓施工期生活污水污染	施工期（2010—2013年）实施
	施工船舶污水接收处理	4.00	减缓施工船舶污水污染	施工期（2010—2013年）实施
	二级污水处理设施（4套）	80.00	减缓运营期生活污水污染	施工期（2010—2013年）实施

环保措施及建议		环保投资/万元	效　　果	进　　度
污染源	环保设施名称			
废气	洒水车（每3～4标段1辆，约2辆）	20.00	减缓施工粉尘率70%以上	施工期（2010—2013年）实施
	洒水车（1辆）	10.00	减缓运营期灰尘率70%以上	施工期（2010—2013年）实施
	路面清扫车（1辆）	10.00	减少路面积尘	运营期（2014年）投入使用
	油烟过滤器	2.00	油烟去除率75%	运营期（2014年）投入使用
固废	垃圾车（共计1辆）	10.00	将沿线设施垃圾运往指定地点处理	运营期（2014年）投入使用
噪声	声屏障（2处1 300延米）	390.00	设计指标为降噪5～12 dB	施工期或运营初期（2010—2014年）实施
	隔声窗（10处，共415户）	332.00	一次性解决交通噪声污染	
其他	施工期环境保护标示牌（每标段1个，计8处）	8.00	提醒施工人员，注意野生动植物保护	施工期（2010—2013年）实施
	运营期环境保护标示牌	8.00	警示司乘人员	施工期或运营初期（2010—2014年）实施
水保费用，包含取土、弃渣场、施工场地、便道防护、后期恢复措施费用		4 492.79	复耕或进行生态修复	施工后期实施（2012—2014年）
生态补偿费用		150.3		运营初期（2014年）
环境保护工程设计		60.00	确保环境工程质量	2009年
环境监测		350.00	发挥其施工期和运营期的监控作用	施工期和运营期实施
人员培训		10.00	提高环保意识和环境管理水平	2010年实施
宣传教育		3.00	提高环保意识	2010年实施
环境保护管理		150.00	保证各项环保措施的落实和执行	施工期和运营期落实
环保竣工验收调查费用		50.00	检验环评提出的环保措施落实情况，为运营期环境管理提供决策依据	2014年
以上新增小计		6 437.79	—	
不可预见费（=小计×5%）		321.89	—	
新增环保费用合计		6 759.68	—	

4. 点评

"环境经济损益分析"专章通常包括建设项目社会经济效益、环保投资、经济损益分析等方面的评价内容，重点用于说明建设项目及其配套的环保设施、对策措施所能发挥的社会效益和经济效益，投入产出是否具有经济合理性等。本案例相关评价内容基本适当，但应进一步补充海洋生态与渔业资源保护与恢复的相关经费投入，并应根据环境经济学的理论和方法完善投入产出经济合理性分析等内容。

十五、结论与建议

1. 工程概况（略）
2. 环境现状评价（略）
3. 环境影响评价（略）
4. 主要环保对策措施（略）
5. 公众参与（略）
6. 工程选线的环境合理性（略）
7. 工程建设的环境可行性及评价总结论

（1）工程建设的环境可行性。

拟建泉州湾跨海通道工程选线合理，基本符合《福建省海洋功能区划》的功能定位，符合区域建设发展规划；拟采用的主要建设工艺和设备符合清洁生产的要求，能达到国际先进水平；工程所在海域的海水、沉积物和生物质量现状良好。周边的海洋生态环境较为脆弱，水文动力和冲淤环境敏感，邻近的海洋开发活动较多，工程与周边的其它已建项目有一定的相互制约和环境影响叠加效应。

鉴于泉州湾跨海通道工程穿越泉州湾河口湿地省级自然保护区，工程的施工建设和运营期间必须执行严格的环境保护措施和对策，报告书提出的各项环保措施和对策具有经济可行性和技术操作性，应严格执行并予以落实。

工程建成运营后，将大大缩短惠安与晋江、石狮的公路里程，并显著改善道路条件和交通状况，可节约燃油 59.37 万 t 标准煤/年，能源节约效益显著。

（2）评价总结论。

泉州湾跨海通道工程建设符合《福建省海洋功能区划》《泉州市海洋功能区划》和《泉州市城市总体规划》等。项目区域水文气象及工程地质条件适宜桥梁工程的建设，工程建设对所在海域各环境要素的影响较小，不会对泉州湾水文动力条件、冲淤环境和生态环境造成大的影响。通过在施工阶段、运营阶段落实本环评报告书提出的环保措施后，工程建设所造成的环境影响和环境资源损失在可以接受的范围内，从环境保护的角度考虑，项目建设是可行的。

8. 对策建议

（1）建设单位、设计单位和施工单位必须牢固树立开发建设与保护环境和资源相统一的意识，结合工程建设过程中的实际问题，以科学发展观为统领，制订切实可行的各项规章制度及污染防治对策，把大桥工程建设可能对海域环境和海洋资源造成的影响降低到最低限度。

（2）根据《中华人民共和国自然保护区条例》的有关规定，建设单位应在取得相关主管部门批准的前提下和采取了各种保护措施的条件下，进行大桥施工，同时，建议在暂时调整保护区功能区划兴建大桥的同时，在大桥施工期间和建成后5年，进行持续的跟踪监测调查，并在施工结束后立即开展对海洋生物多样性影响的专项调查与评价工作，依据调查和评价结果，提出相应的措施或功能区布局调整方案。

9. 点评

"结论与建议"通常为报告书的最后一章，可首先对除"总论"之外的各章内容作出概要性总结，继而给出综合评价结论，以及提出必要的建议。本案例各章总结和综合结论均是在完整、深入、细致、规范地开展大量环评工作的基础上归纳得出的，评价结论总体合理、可信，对项目实施中的环境保护工作具有较强的环评指导作用。建议今后进一步加强海洋生态环境与渔业资源、保护区的影响评价以及环境风险评价等方面评价工作的力度，此外还应注重增强第三章评价方案与后续环评实施的呼应，力争取得更好的环评业绩。

参 考 文 献

[1] Pond S, Pickard G. Introductory Dynamical Oceanograph. Butterworth-Heinemann Ltd., 1995.
[2] Thomason R E. Oceanography of the British Columbia Coast. Canada Communication Group, 1991.
[3] Walters R A. A model for tides and currents in the English Channel and Southern North Sea, Adv. Water Resources, 1987: 10.
[4] George R. Buchanan. Finite Element Analysis, Schaum's Outline Series McGraw-Hill, Inc., 1994.
[5] Stronach J A, Bachous J O, Murty T S. An Update on the Numerical Simulation of Oceanogrphic Presses in Waters between Vancouver Island and the Mainland: the GF8 Model, Oceanogr. Mar. Biol. Annu. Rev., 1993, 31: 1-86.
[6] Chu Shaoping, Laurie A McNair, Scott Elliott. Ecodynamics and Dissolved Gas Chemistry Models for Science. China Ocean Press, 1999: 662-678.
[7] Tetsuo Yanagi, Kohichi Inoue, Sigeru Montani, et al. Ecological modeling as a tool for coastal zone management in Dokai Bay, Japan. Journal of Marine Systems, 1997, 13: 123-136.
[8] Fisher H B, et al. Mixing in Inland and Coastal Waters, Academic Press, INC.
[9] Günther Radach, Andreas Moll. Estimation of the variability of production North Sea, Prog. Oceanog, 1993, 31: 339-419.
[10] Julian P McGreery, JR, Kevin E, et al. A four-component ecosystem model of biological activity in the Arabian Sea. Prog. Oceanog, 1996, 37: 193-240.
[11] Steele J H. Environmental Control of Photosysnthesis in the Sea. Limnology and Oceanograph, 1962, 7: 137-150.
[12] Ivlev V S. Experimental ecology of the feading of fishes. Pischepromizdat Moscow, 1955: 302 (transl. From Russian by D. Scott, New Haven: Yale University Press, 1961).
[13] Franks P J S, Wroblewski J S, Flierl G R. Behavior of a simple plankton model with food-level acclimation by herbivores. Marine Biology, 1986, 91: 121-129.
[14] Stronach J A, Webb A J. A Three-Dimensional Numerical Model of Suspended Sediment Transport in Howe Sound. British Columbia, Atmosphere Ocean, 1993, 31 (1): 73-97.
[15] Foreman M G G, Waters R A. A Finite-element Tidal Model for the Southwest Coast of Vancouver Island. Atmosphere-ocean, 1990, 28 (3).
[16] Eppley R W, Rogers J N, McCarthy J J. Half-saturation constants for uptake of nitrate and ammonium by marine phytoplankton. Linbology and Oceanography, 1969, 14: 912-920.
[17] Radach G.. Viriations in the plankton in relation to climate. Rapport et Proces-Verbaux des Reunions Conseil International pour l'Exploration de la Mer, 1984, 185: 234-254.
[18] McAllister C D, Shah N, Strickland J D H. Marine phytoplankton photosynthesis as a function of light intensity: a comparison of methods. J. Fish. Res. Bd. Can., 1964, 21: 159-181.
[19] Yamaguchi M. The growth characteristics of diatom//Report of Ecological Measure for the Toxic Red Tide. Nansei National Fisheries Institute, 1991: 55-66.
[20] McAllister C D. Zooplankton ratios, phytoplankton mortality and the estimation of marine prodaction// Marine food chains. Ed. By J H Steele. Berkley: University of California Press, 1970: 419-457.
[21] Smayda T J. The growth of Skeletonema costatum during a winter-spring bloom in Narragansett Bay, R.I. Norw. J. Bot, 1973, 20: 219-247.
[22] Kishi M J, Nakata K, Ishikawa K. Sensitivity analysis of a coastal marine ecosystem. J.Oceanogr, 1981, 37: 120-134.

[23] Butler E I, Corner E D S, Marshall S M. On the nutrition and metsbolism of zooplankton VI. Feeding efficiency of Calanus in terms of nitrogen and phosphorus. J. Mar. Biol. Assoc. U.K., 1969, 49: 977-1001.

[24] Corner E D S, Head R N, Kilvington C C. On the nutrition and metabolism of zooplankton VIII. The grazing of biddulphia cells by Calanus helgolandicus. J. Mar. Biol. Assoc. U.K., 1972, 52: 847-861.

[25] Fasham M J R, Ducklow H W, McKelvie S M. Anitrogen-based model of plankton dynamics in the oceanic mixed layer. J. of Marine Research, 1990, 48: 591-639.

[26] Smayda T. The suspension and sinking of phytoplankton in the sea. Oceanography and Marine Biology, 1970, 8: 353-414.

[27] Gaudy R. Feeding four species of pelagic copepods under experimental conditions. Marine Biology, 1974, 25: 125-141.

[28] Guohong Fang, et al. Numerical Simulation of Principal Tidal Constituents, in the South China Sea, Gulf of Tonkin and Gulf of Thailand. Continental Shelf Research, 1998.

[29] Mellor GL. Users guide for a three-dimensional, primitive equation, numerical ocean model. Princeton University, 1998.

[30] Blumberg A F, Mellor G L. A Description of a Three-Dimensional Coastal Ocean Circulation Model, in Three-Dimension Coastal Ocean Models. American Geophysical Union, 1987, 4: 208.

[31] Ezer T, Mellor GL. A Numerical Study of the Variability and the Separation of the Gulf Stream induced by Surface Atmospheric Forcing and Lateral boundary flows. J. Phys. Oceanogr, 1992: 22.

[32] Mellor G L, Yamada T. Development of a turbulence closure model for geophysical fluid problems. Geophys.Space Phys, 1982, 20: 851-875.

[33] World Resources Institute. Pilot Analysis of Globe Ecosystems: Coastal Ecosystems. Washington DC: WRI Publication, 2001.

[34] Pemetta J, Elder D. Cross-sectoral, Integrated Coastal Area Planning (CICAP): Guidelines and Principle for Coastal Area Development. Gland, Switzerland: IUCN, 1993.

[35] Robert Costanza, Ralphd 'Arge, Rudolfde Groot, et al. The Value of the World's ecosystem services and natural capital, Nature, 1997, 387: 253-260.

[36] 詹杰民, 吴超羽. 珠江黄茅海河口小尺度动力结构分析与三维斜压模拟[C]//中国科协第三届青年学术年会论文集. 北京: 中国科学技术出版社, 1998: 196-199.

[37] 王辉. 海洋生态系统动力学研究评析[C]//98'青年海洋论坛——海洋可持续发展论文集. 北京: 海洋出版社, 1998: 51-54.

[38] 蔡晓明, 尚玉昌. 普通生态学[M]. 北京: 北京大学出版社, 1995.

[39] 蔡晓明. 生态系统生态学[M]. 北京: 科学出版社, 1999.

[40] 宁修仁. 水域生态环境保护和恢复. 交通部水运工程环境保护培训班培训教材, 2005.

[41] S.E.Jϕrgensen, 1990, 生态模型法原理, 上海翻译出版公司, ISBN 7-80514-572-5/Q·10.

[42] 冯士笮, 李凤歧, 李少菁. 海洋科学导论[M]. 北京: 高等教育出版社, 1999: 272-321.

[43] 高会旺, 冯士笮. 渤海初级生产年变化的模拟研究, 98'青年海洋论坛——海洋可持续发展论文集[C]. 北京: 海洋出版社, 1998: 140-144.

[44] 管玉平, 高会旺, 冯士笮. 海洋生态模型库系统初探[J]. 海洋通报, 1999 (3).

[45] 杨纪明. 海洋渔业资源开发潜力估计[C]//我国海洋开发战略研究论文集, 国家海洋局, 中国海洋学会, 1985: 107-113.

[46] 《中国海湾志》编纂委员会. 中国海湾志——第十四分册（重要河口）[M]. 北京: 海洋出版社, 1998: 239-344.

[47] 姜言伟, 万瑞景, 陈瑞盛. 渤海硬骨鱼类鱼卵、仔稚鱼调查研究[J]. 海洋水产研究, 1988 (9): 121-149.

[48] 王尚毅, 顾元棪, 郭传镇. 河口工程泥沙数学模型[M]. 北京: 海洋出版社, 1990.

[49] 乔冰. 河湾工程悬浮物影响三维预测模型研究[C]//第一届环境影响评价国际论坛论文集[M]. 北京: 中国环境科学出版社, 2005.

[50] 龚政. 长江口三维斜压流场及盐度场数值模拟[D]. 南京: 河海大学图书馆, 2002.

[51] 厦门北通道公铁两用桥工程水下噪声对中华白海豚及渔业资源环境影响评估专题报告[R]. 厦门大学海洋与环境学院, 2005.

[52] 彭晓钢. 控制爆破施工技术在水下基岩开挖中的应用[J]. 探矿工程, 2003, 4: 55-58.

[53] 张志波, 等. 气泡帷幕在水下爆破减震工程中的应用[J]. 爆破, 2003, 20 (2): 75-76, 89.

[54] 马鞍洲爆破海域渔业环境质量和渔业资源影响的监测, 中国水产科学研究院南海水产研究所, 1995.

[55] 洋山深水港一期工程水下爆破对渔业资源影响试验报告, 农业部东海区渔业生态环境监测中心, 2004.

[56] 马严, 张斌, 刘林惠. 太湖新港口河口水域生态系统脆弱性及修复的探讨[J]. 环境污染与防治, 2003 (2).

[57] 陈吉余, 陈沈良. 中国河口海岸面临的挑战[J]. 海洋地质动态, 2002 (1).

[58] 汤天滋, 王文翰. 辽宁海洋资源开发与海洋生态环境保护[J]. 海洋科学, 2002 (1).

[59] 郭伟, 朱大奎. 深圳围海造地对海洋环境影响的分析[J]. 南京大学学报 (自然科学版), 2005 (3).

[60] 陈国平, 黄建维. 中国河口和海岸带的综合利用[J]. 水利水电技术, 2001 (1).

[61] 梁松, 钱宏林. 红树林的保护与防灾减灾[J]. 南海研究与开发, 1998 (1): 1-5.

[62] 全球生态系统服务的价值 (Roush, Science, 276: 1029, 1997).

[63] 张益民, 凌成健. 海洋工程对海洋生态影响及渔业资源损失的定量分析[J]. 海洋开发与管理, 2006 (3): 108-114.

[64] 王茂君. 海洋石油勘探开发勘探开发溢油风险评估——以渤海为例, 国际海事组织、中国海事局、国际石油工业环境保护协会溢油应急反应研讨会文集[C]. 2012.

[65] 交通运输部水运科学研究院. 广西 LNG 项目海域环境影响专题报告, 2012.

[66] 丛岩, 赵国良. 海洋石油设备基础知识[M]. 北京: 中国石化出版社, 2005.

[67] 吴芳云, 陈进富, 赵朝成, 等. 石油环境工程 (上、下)[M]. 北京: 石油工业出版社, 2002.

[68] 周守为. 中国海洋石油高新技术与实践[M]. 北京: 地质出版社, 2005.

[69] 刘振武. 中国石油"十五"科技进展丛书 石油科技[M]. 北京: 石油工业出版社, 2006.

[70] 董国永, 周吉平. 中国石油"十五"科技进展丛书 石油环保[M]. 北京: 石油工业出版社, 2006.

[71] 赵冬至, 张存智, 徐恒振. 海洋溢油灾害应急响应技术研究[M]. 北京: 海洋出版社, 2006.

[72] 国家海洋局 908 专项办公室. 海洋底质调查技术规程[M]. 北京: 海洋出版社, 2006.

[73] 国家海洋局 908 专项办公室. 海洋生物生态调查技术工程[M]. 北京: 海洋出版社, 2006.

[74] 大港油田集团有限责任公司科技开发部. 滩海油田工程技术[M]. 北京: 石油工业出版社, 2006.

[75] 成维松. 海上油气田环境保护基础知识手册[M]. 北京: 海洋出版社, 2002.

[76] 高振会. 海洋溢油对环境与生态损害评估技术及应用[M]. 北京: 海洋出版社, 2005.

[77] 李巍, 张震, 闫毓霞. 油田生产安全评价与管理[M]. 北京: 化学工业出版社, 2005.

[78] 刘东升, 曹云森. 油田环境保护技术综述[M]. 北京: 石油工业出版社, 2006.

[79] 姚泊, 张骥, 李华. 海洋环境概论[M]. 北京: 化学工业出版社, 2007.

[80] 曾一菲. 海洋工程环境[M]. 上海: 上海交通大学出版社, 2007.

[81] 孙文心. 近海环境流体动力学数值模型[M]. 北京: 科学出版社, 2004.

[82] 全国海洋标准化技术委员会. 海洋石油勘探开发污染物排放浓度限值[M]. 北京: 中国标准出版社, 2009.

[83] 农业部. 国家级水产种制资源保护区资料汇编. 农业部渔业局, 2009.

[84] 高振会, 杨建强, 王培刚. 海洋溢油生态损害评估的理论、方法及案例研究[M]. 北京: 海洋出版社, 2007.

[85] 冯士筰, 李凤歧, 李少菁. 海洋科学导论[M]. 北京: 高等教育出版社, 1999.

[86] 黄才安. 水流泥沙运动基本规律[M]. 北京: 海洋出版社, 2004.

[87] 刘智深. 海洋物理学[M]. 济南: 山东教育出版社, 2004.

[88] 国家海洋局. GB/T 19485—2004, 海洋工程环境影响评价技术导则[S], 北京: 中国标准出版社, 2004.

[89] 国家海洋局. GB 17378.1～7—2007, 海洋监测规范[S]. 北京: 中国标准出版社, 2008.

[90] 国家海洋局. GB 12763.1～8—2007, 海洋调查规范[S]. 北京: 中国标准出版社, 2007.